Dᴿ BENI-BARDE

MANUEL MÉD[I]

D'HYDROTHÉRAPIE

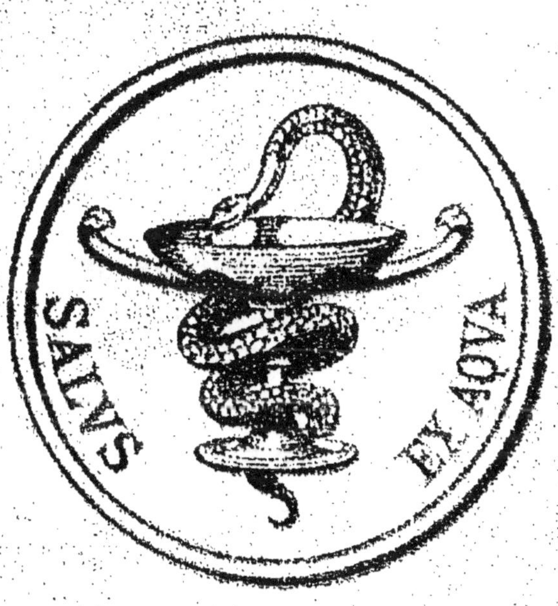

PARIS

G. MASSON ÉDITEUR

MANUEL MÉDICAL

D'HYDROTHÉRAPIE

MANUEL MÉDICAL

D'HYDROTHÉRAPIE

PAR

LE Dr BENI-BARDE

Médecin en chef de l'Établissement hydrothérapique médical de Paris
et de l'Établissement hydrothérapique d'Auteuil
Lauréat de l'Institut
Lauréat de l'Académie de médecine et de la Faculté de médecine
de Paris
Membre de la Société d'hydrologie et de la Société de médecine de Paris
Membre correspondant de l'Académie de médecine
de Belgique, du Brésil, etc.

AVEC FIGURES DANS LE TEXTE

PARIS

G. MASSON, ÉDITEUR

LIBRAIRE DE L'ACADÉMIE DE MÉDECINE

Boulevard Saint-Germain et rue de l'Éperon

EN FACE DE L'ÉCOLE DE MÉDECINE

M DCCC LXXVIII

PRÉFACE

L'hydrothérapie occupe dans la thérapeutique des maladies chroniques et des maladies nerveuses une place importante qu'elle doit à ses nombreux et incontestables succès. Son heureuse influence sur la marche de ces affections spéciales est généralement admise, et il est désormais inutile d'expliquer les motifs de la confiance qu'elle inspire. Cependant, malgré la faveur dont elle est entourée, quelques médecins hésitent encore à la conseiller et lui attribuent des insuccès qui, selon moi, ne doivent pas être mis à sa charge.

Je ne veux pas nier ces résultats et, en me retranchant derrière des faits exceptionnels, plaider pour eux les circonstances atténuantes. Toutefois, j'ai le droit de demander si, dans l'espèce, c'est à l'hydrothérapie qu'il faut attribuer les insuccès dont il est question. N'est-il pas plus juste, au contraire, d'en laisser toute la responsabilité à ceux qui la conseillent sans indication précise ou à ceux qui l'appliquent sans méthode ? A-t-on jamais songé à restreindre ou à proscrire l'emploi des agents puissants de notre pharmacopée, parce que ces médicaments administrés d'une manière irrationnelle ont provoqué des accidents ? Évidemment non. Au lieu de procéder par voie de proscription, les médecins ont entrepris de nouvelles expériences qui ont permis de mieux apprécier l'action curative de ces médicaments, de conjurer leurs mauvais effets et de réglementer leur mode d'administration.

Pourquoi agirait-on autrement pour l'hydrothérapie ? Cette méthode de traitement est soumise, comme toutes les médications puissantes, à des indications précises; appliquée avec discernement, elle produit des effets toujours salutaires et souvent merveilleux; administrée sans méthode, elle peut être nuisible. Que convient-il donc de faire pour la mettre à l'abri des accusations injustes portées contre elle et pour lui conserver la place qu'elle occupe dans notre code thérapeutique? Il faut que son intervention ne soit décidée qu'après une étude approfondie des indications et des contre-indications qui lui appartiennent. Il faut en outre, quand l'hydrothérapie est jugée nécessaire, savoir faire un choix parmi les procédés à mettre en usage et rechercher de préférence ceux qui conviennent à la fois à la nature de la maladie et à la susceptibilité du malade.

Dans mon *Traité théorique et pratique de l'hydrothérapie*, j'ai étudié ce vaste sujet sous toutes ses faces, en donnant aux nombreuses questions qui s'y rattachent un développement conforme à l'étendue de mon livre. Les idées que j'ai défendues ont été, après un examen sérieux, accueillies favorablement par les sociétés savantes et par le plus grand nombre de mes confrères. Heureux de ce résultat, je tiens à le compléter en publiant, sous une forme plus concise, afin d'en faciliter la vulgarisation, les préceptes que j'ai longuement exposés ailleurs. C'est dans ce but que j'ai écrit ce *Manuel*, spécialement destiné à ceux de mes confrères qui, absorbés par les exigences de leur profession, n'ont pas le temps de lire des ouvrages de longue haleine.

Ce *Manuel* formera avec mon *Traité* un travail d'ensemble contenant une exposition aussi complète que possible de la plupart des questions qui concernent l'application de l'hydrothérapie au traitement des maladies chroniques et des maladies nerveuses. Je n'ai pas la prétention d'avoir résolu tous les problèmes qui se sont présentés à mon esprit dans cette immense étude ; quelques-uns cependant se trouvent élucidés comme il convient et paraissent définitivement tranchés ; d'autres, au contraire, ont besoin d'un nouvel examen qui permette d'apprécier si les solutions proposées sont en harmonie avec les données de la science moderne. A cet effet, je vais entreprendre une série de recherches, et je publierai, dans le courant de cette année, une étude détaillée sur le rôle et l'emploi de l'hydrothérapie dans les maladies du cerveau, de la moelle épinière et des nerfs. Aidé par l'expérience de maîtres autorisés et par un travail soutenu qui ne s'est pas ralenti un seul instant pendant plus de seize années consécutives, j'espère accomplir cette œuvre utile pour les médecins et pour les névropathes.

Cette déclaration faite, qu'il me soit permis de présenter, sur l'application de l'hydrothérapie, quelques considérations générales qui me semblent ici parfaitement à leur place.

Depuis un demi-siècle, l'application de l'hydrothérapie a subi des transformations qu'il importe de bien connaître, autant pour comprendre les avantages de cette méthode thérapeutique que pour découvrir les causes de ses insuccès.

Quand Priessnitz eut érigé en véritable système de traitement l'ensemble des procédés dont il s'était servi jusqu'alors pour soigner les malades, des visiteurs en grand nombre accoururent à Græffenberg demander la guérison de leurs maux.

Sa méthode reposait sur l'intervention de la chaleur et du froid combinés ensemble à l'aide de procédés spéciaux que je décrirai dans ce livre. Ce système, dans lequel le calorique jouait un rôle aussi important que l'eau froide, produisit des effets merveilleux, surtout chez les rhumatisants, chez les goutteux et chez les malades qui avaient besoin d'être soumis à une sorte de dépuration. Les succès furent retentissants, et l'on vit accourir dans le village de la Silésie où Priessnitz avait installé son établissement, des malades atteints d'affections les plus diverses. Ceux qui avaient besoin d'être tonifiés supportèrent le traitement de Priessnitz plus difficilement que les rhumatisants ou les goutteux ; quelques-uns n'éprouvèrent pas d'amélioration, et d'autres même virent leur état s'aggraver de plus en plus. Pour éviter ces échecs, il eût fallu modifier les procédés mis en usage et faire jouer à l'eau froide un rôle plus important ; malheureusement Priessnitz ne voulut jamais consentir à faire les changements exigés.

A l'époque où ces insuccès vinrent atténuer l'effet produit sur le public médical par les éclatants triomphes obtenus jusqu'alors à l'établissement de Græffenberg, les anémiques étaient devenus plus nombreux que les pléthoriques. D'autre part, les maladies chroniques avaient déjà subi des modifications importantes dans leur évolution et présentaient ce cachet asthénique qui s'est perpétué jusqu'à notre époque. Les médecins furent forcés de remplacer, dans la thérapeutique générale, la saignée par le fer ou le quinquina ; il fallut conséquemment, dans la méthode hydrothérapique, substituer l'eau froide au calorique.

Cette nécessité fut parfaitement mise en relief par Fleury, qui obtint des résultats merveilleux chez les anémiques par l'application méthodique de l'eau froide employée à titre d'agent reconstituant.

Les deux méthodes, essentiellement différentes par leurs moyens d'action, ont eu l'une et l'autre des succès éclatants ; et, au point de vue

des résultats thérapeutiques, la balance est restée
à peu près égale. Il devait en être ainsi, puisque chacune d'elles était parfaitement appropriée
à la nature et à la forme des maladies traitées. Il
est évident que si Priessnitz avait employé, contre
ses rhumatisants ou ses goutteux, les procédés
de la méthode excitante préconisée par Fleury,
son échec eût été certain. Par contre, Fleury aurait échoué absolument s'il avait soumis les anémiques confiés à ses soins aux procédés empiri-
ques de Græffenberg. C'est donc en adaptant
l'hydrothérapie à la nature des maladies qui ont
dominé à chacune de ces époques, qu'on l'a
rendue efficace et qu'on a pu lui faire conquérir
le rang qu'elle occupe aujourd'hui dans la thérapeutique.

Pour la maintenir à ce rang, il a fallu, tout en
conservant les procédés employés avec succès
d'une part contre les rhumatisants et de l'autre
contre les anémiques, trouver des modificateurs
capables d'agir sur les affections nerveuses si
fréquentes à notre époque. Je n'ai épargné ni
mon temps, ni mes efforts pour obtenir ce
résultat. Depuis de longues années déjà, je
vis au milieu des névropathes ; connaissant
leurs souffrances, j'ai cherché à les apaiser, et

j'en ai trouvé le moyen en introduisant dans la méthode hydrothérapique des modifications inspirées par la pathogénie des maladies chroniques et des maladies nerveuses, telle qu'elle est enseignée aujourd'hui.

L'évolution, la forme dominante et la nature de ces maladies sont sous la dépendance d'influences multiples, au nombre desquelles il faut compter l'hérédité, l'éducation et le milieu dans lequel nous vivons. Nous naissons avec des prédispositions morbides que l'éducation physique et morale peut améliorer ou aggraver, et auxquelles le genre de vie donne un caractère spécial toujours facile à reconnaître. Pour lutter contre ces funestes influences et soustraire l'homme aux maladies dont il est menacé, l'hydrothérapie peut être d'un grand secours, si elle est appliquée avec discernement. Grâce à la multiplicité de ses moyens d'action et à la sûreté de ses effets, elle peut modifier la constitution du sujet, étouffer dans leur germe les prédispositions morbides et permettre à l'organisme de lutter contre l'influence des milieux. Mais, pour être efficace contre les causes multiples de désorganisation auxquelles l'organisme est exposé, il faut que l'application du procédé mis en usage soit absolument subordonnée à la nature de l'affection et au degré de résistance du sujet. C'est ainsi qu'elle pourra combattre avec succès les maladies de notre époque, à la tête desquelles il faut placer les névroses.

Je dois, avant toute chose, reconnaître et déclarer que l'eau froide est l'agent fondamental de la méthode hydrothérapique, telle que je la comprends; c'est à elle seule qu'il faut demander les effets excitants, toniques ou reconstituants. Son action sédative ou calmante est plus incertaine ; pour la produire, il est nécessaire de soumettre les malades à des applications préliminaires dans lesquelles le rôle de l'eau froide est momentanément ou définitivement effacé.

Currie, notre devancier et notre maître, avait parfaitement compris que les effets thérapeutiques de l'eau appliquée sur la peau dépendaient absolument de la température de ce liquide; et je suis étonné que Fleury, dans ses recherches et ses expériences sur l'action sédative de l'hydrothérapie, n'ait pas tenu compte des observations si judicieuses du médecin anglais. J'ai cru devoir faire autrement et préconiser dans ce but l'utilité de l'eau chaude qui, combinée avec l'eau froide, peut rendre d'immenses services aux malades.

Je me suis attaché à démontrer que, sans proscrire l'usage des maillots et des étuves, l'on pouvait demander à l'eau chaude la plupart des effets recherchés à l'aide de ces procédés. Son action curative est, en effet, plus rapide et n'expose pas les malades aux inconvénients et même aux dangers que font naître les applications souvent répétées des étuves ou des maillots. Au surplus, elle seule permet d'employer les douches écossaises, alternatives et tempérées, qui sont d'une utilité incontestable.

D'un autre côté, je me suis également appliqué à proclamer, ainsi que le voulait Fleury, que l'hydrothérapie ne peut être sérieusement administrée qu'avec de l'eau froide à température invariable. Mais je me hâte d'ajouter que cette constance de la température de l'eau ne doit être considérée que comme un point de repère utile au médecin pour connaître exactement le degré d'intensité des effets thérapeutiques demandés à l'hydrothérapie. L'eau froide n'agit pas également sur tous les malades; quelques-uns la supportent fort bien à une basse température, mais d'autres sont plus rebelles à cette action et ont besoin que cette température soit relativement élevée. Pour procéder avec exactitude, aussi bien

que pour répondre aux indications qui dérivent
de la nature du mal et de la susceptibilité des
malades, il faut que cette eau froide, ayant à son
point d'émergence une température constante,
puisse être refroidie ou chauffée à volonté.

Pour toutes ces raisons l'intervention de l'eau
chaude est indispensable, et ce n'est pas sans
motifs que j'en ai recommandé l'emploi. Grâce à
elle, j'ai pu apporter des changements utiles à la
méthode empirique de Priessnitz comme à la
méthode scientifique de Fleury, et rendre l'hydrothérapie applicable aux maladies chroniques de
notre époque, dont les plus nombreuses et les
plus tenaces sont, je le répète, celles qui siégent
dans le système nerveux.

Ces modifications ne sont pas l'œuvre d'un
our ; elles résultent d'un concours d'études et
d'observations qui datent déjà de seize années et
qui reposent, je puis le dire, sur des succès
nombreux et régulièrement constatés. J'en ai
analysé les causes et expliqué les motifs dans ce
Manuel que je dédie à mes confrères, en leur de-
mandant pour lui l'accueil bienveillant qu'ils ont
accordé à mes travaux antérieurs.

MANUEL MÉDICAL

D'HYDROTHÉRAPIE

CHAPITRE PREMIER

HISTORIQUE

On entend par *hydrothérapie* la médication par
l'eau employée sous toutes ses formes et à des températures variables. L'eau froide est certainement
l'agent fondamental de cette méthode thérapeutique.
Employée seule, elle convient parfaitement dans un
grand nombre de maladies chroniques ; mais parfois,
et notamment dans quelques affections du système
nerveux, il est nécessaire de faire intervenir l'eau
à une température plus élevée pour atténuer l'excitabilité que l'eau froide provoque et pour préparer ou compléter son action curative.

Nous reviendrons sur l'utile intervention de l'eau
à toutes les températures ainsi que sur le rôle qu'il
convient d'assigner à la vapeur, à l'air sec et à la
glace dans la méthode hydriatique. Pour le moment,

nous allons nous occuper de faire, en quelques lignes, l'historique de cette méthode.

Pour trouver l'origine de cette méthode de traitement, il est nécessaire de remonter aux temps les plus reculés. Dès la plus haute antiquité, l'eau froide fut, en effet, employée, mais simplement à titre d'agent hygiénique, dans le but de prévenir les dérangements de la santé en fortifiant le corps. Les Hébreux, fidèles aux préceptes et aux recommandations de Moïse, faisaient de fréquentes ablutions ; les Scythes, les Mèdes, en dehors de leurs superstitions et de leurs croyances religieuses, considéraient l'eau comme le préservatif d'un grand nombre de maladies. A la vérité, ce ne sont pas quelques peuples isolés, ce sont tous les peuples de la terre depuis les âges les plus reculés que l'on pourrait faire intervenir. Presque partout, en fouillant l'histoire, on trouverait les traces de l'emploi de l'eau comme agent thérapeutique ; mais ce n'est que vers le cinquième siècle avant Jésus-Christ qu'il en est fait mention d'une façon spéciale. A cette époque, il est vrai, remontent les écrits d'Hippocrate, et c'est dans ses ouvrages qu'on trouve les premiers renseignements sur les qualités de l'eau et son utilité dans les maladies.

Pour l'intelligence et la clarté de notre historique, il nous a paru utile d'adopter trois périodes, qui correspondent d'ailleurs à des mouvements de rénovation dans la médecine hydrothérapique. La première comprendra l'histoire de cette médication depuis les temps anciens jusqu'à la fondation du premier établissement hydrothérapique par Priessnitz. La seconde traitera de l'hydrothérapie de

Priessnitz ou hydrothérapie empirique. Et enfin, dans la troisième partie, nous étudierons l'hydrothérapie rationnelle, *méthode française*, qui a pris droit de cité dans la science, grâce aux travaux de quelques médecins français à la tête desquels il faut placer le docteur Fleury.

Première période. — Les premiers documents relatifs à l'histoire de l'eau se trouvent dans le remarquable *Traité des airs, des eaux et des lieux*, d'Hippocrate. « Le premier soin du médecin, dit-il, quand il arrive dans une ville, doit être de bien connaître la nature particulière des eaux dont on fait usage; si elles sont marécageuses, molles ou dures; si elles viennent des lieux élevés et des rochers; si elles sont crues ou saumâtres. » Puis il examine les qualités, les défauts des différentes eaux, suivant leur provenance; et, certaines eaux, celles des étangs et des marais, étant écartées comme nuisibles, il prend l'eau a titre d'agent thérapeutique et la recommande dans quelques maladies, surtout lorsqu'il est nécessaire de combattre cette augmentation de chaleur que les fièvres de toute espèce provoquent dans le corps humain. Ayant remarqué, en outre, la réaction qui s'opère après une courte application d'eau froide sur la peau, il recommande ce procédé et démontre qu'on peut obtenir, en l'appliquant d'une manière rationnelle, des effets révulsifs très-manifestes. Cette observation est digne d'être signalée; nous verrons qu'elle a été en quelque sorte le germe d'où devait sortir la doctrine de l'hydrothérapie moderne.

Trois siècles plus tard, l'eau froide était généralement employée pour le traitement de la fièvre. Chez les Romains, son usage s'accrédita tellement, que presque toutes les méthodes de traitement furent renversées d'un seul coup et on vit même un médecin de Marseille, Charmis, accourir à Rome, faire le procès à la médecine ancienne et proscrire les bains chauds comme nuisibles et dangereux. Cela se passait au temps de Néron; mais l'origine de cet engouement datait de l'époque à laquelle Antoine Musa, important à Rome l'usage de l'eau froide, parvint à guérir d'une maladie grave l'empereur Auguste; celui-ci, pour lui témoigner sa reconnaissance, lui fit élever une statue.

De tous les médecins de l'antiquité, Celse est celui qui a laissé le plus de renseignements sur l'emploi hygiénique et médical de l'eau. Mais comme il ne prend pas la peine d'expliquer son action et qu'il néglige complétement d'étudier l'opportunité de son emploi dans les maladies, ses écrits ne présentent qu'un répertoire de faits et de méthodes bizarres dont on ne peut tirer aucune conclusion.

Arétée, au premier siècle de notre ère, se contente de signaler l'eau comme moyen thérapeutique. Après lui vient Galien, qui emploie l'eau froide en boisson dans un grand nombre de maladies; et, tout en reconnaissant les bienfaits de cet agent, il en indique les inconvénients. Il n'ignore pas l'effet physiologique du froid sur les tissus, et signale avec soin l'élévation de température que provoque une courte application d'eau froide sur la peau. Il est intéressant de lire ce qu'il a écrit sur l'usage des bains chauds et sur la manière de pratiquer les ablutions froides sur la tête, pendant que le reste du corps est plongé dans l'eau chaude ou tiède.

Les écrits de Cœlius Aurelianus, d'Alexandre de Tralles et de Paul d'Égine contiennent peu de documents intéressants sur l'emploi de l'eau.

Vers la fin du sixième siècle, Mahomet, en fondant sa religion nouvelle, recommande les ablutions répétées d'eau froide dans le but de maintenir la souplesse de la peau et de fortifier le corps contre les oscillations d'un climat brûlant. Malgré les préceptes du célèbre législateur, les médecins arabes n'attachèrent qu'une faible importance aux vertus curatives de cet agent. Quant aux écrits de Rhazès et d'Avicenne sur les qualités de l'eau, on ne peut les considérer que comme une compilation des auteurs anciens.

Le moyen âge reste muet sur cette question, et il faut arriver au commencement du dix-septième siècle pour retrouver les tentatives de Mercurialis, panégyriste zélé de l'eau froide. En 1638, Louis Septala, le premier, fait intervenir dans la thérapeutique les douches froides. Soixante-douze ans après, le Belge Hermann Van der Heiden signale le premier, d'une manière spéciale, l'efficacité de l'eau, qu'il applique d'ailleurs à la cure de toutes les maladies chroniques. Après lui, l'Anglais Floyer fait d'incroyables efforts pour réhabiliter l'eau froide qu'il administre en boisson et en bains à toutes les températures. Ses succès furent tels qu'il réussit à se faire un grand nombre de partisans et de disciples; mais il eut le tort de ne fonder aucune doctrine et de considérer l'eau comme le spécifique de toutes les maladies.

En 1712, Frédéric Hoffmann publie une curieuse

dissertation : *De aqua medicina universali*, qui im
prime un nouvel essor à la méthode hydrothérapi
que, dont les résultats merveilleux attirent l'attentio
des médecins, surtout en Allemagne. Parmi eux
Sigismond Hahn et son fils Godefroy se distinguè
rent particulièrement : le premier, par ses théorie
sur l'action de l'eau froide. le second par les obser
vations qu'il recueillit. En même temps, Nicolas Cy
rillo, professeur à Naples, médecin prudent et éclairé
cherche à reconnaître les cas où l'efficacité de l'eau
est réellement incontestable. Personne avant lu
n'en avait aussi bien systématisé l'emploi ; et, bien
que ses opinions humorales soient erronées, il n'en a
pas moins le mérite d'avoir vulgarisé, au moins pou
un certain temps, l'eau à titre d'agent antiphlogistique

Plus d'un demi-siècle s'était écoulé, pendant le
quel la médecine hydrothérapique était tombée dans
l'oubli, lorsque le docteur Wright vint la remettre
en honneur. Voyageant d'Amérique en Angleterre
il fut pris de fièvre maligne, et, comme il avait re
marqué que l'air frais de la mer calmait sensible
ment ses douleurs, il résolut de faire lui-même l'es
sai du traitement qu'il avait souvent désiré appliquer
aux fièvres de cette nature. S'étant donc déshabillé
il se plaça sur le pont du vaisseau et se fit jeter sur
le corps, en une seule fois, trois seaux d'eau salée.
La secousse fut grande, mais il se trouva soulagé
après avoir eu recours à ce moyen pendant quel
ques jours, Wright se rétablit complétement et soi
gna avec le même succès les passagers atteints du
même mal. Dès lors l'élan était donné et l'on vit
bientôt le professeur Grégory, d'Édimbourg, combat
tre le typhus par les affusions froides, et Robert

Jackson se servir de l'eau dans le traitement de la fièvre jaune (1791).

Au même moment, Currie, de Liverpool, se livrait à de nombreuses recherches. Grâce à son esprit pénétrant et à un riche talent d'observation, il allait jeter les véritables bases d'une doctrine scientifique et poser les règles de l'hydrothérapie rationnelle. C'est lui qu'on doit considérer comme le véritable fondateur de l'hydrothérapie.

Après avoir fait l'histoire complète de cent cinquante-trois malades atteints de fièvre contagieuse et presque tous guéris par les affusions d'eau froide, il résume ses opinions et sa doctrine dans son grand ouvrage publié en 1798. Il démontre, le thermomètre à la main, que toute pyrexie présente, comme élément essentiel, une accumulation de chaleur qu'il est impossible de combattre plus efficacement que par sa méthode. Il croit que la soustraction de chaleur a pour résultat d'atténuer les accidents des pyrexies et de faire disparaître quelquefois très-rapidement tous les phénomènes inflammatoires. Mais Currie ne borne pas à ce seul avantage l'action de sa thérapeutique. Après avoir insisté sur le rôle du spasme morbide du système nerveux et de l'enveloppe cutanée dans les pyrexies, il pense que le choc violent et subit imprimé à l'économie par l'eau froide amène une perturbation capable d'apaiser les nerfs et de rendre à la peau son fonctionnement régulier. Au surplus, il fait remarquer que les sueurs spontanées qui sont souvent le résultat de ces applications thérapeutiques, empêchent nécessairement qu'il se produise une nouvelle accumulation de calorique et conséquemment détruisent la fièvre.

L'influence exercée sur le système nerveux et notamment la sédation n'est pas le seul effet qu'on puisse produire à l'aide des applications indiquées par Currie. Cet ingénieux et savant médecin prouve, en outre, qu'en modifiant le procédé opératoire, il est possible d'augmenter la vitalité de certains organes et d'obtenir de cette façon des effets dérivatifs puissants.

Les grandes bases de l'hydrothérapie de Currie sont donc :

Soustraction de la chaleur ;

Sédation du système nerveux général ;

Suspension du mouvement phlogistique ;

Accroissement de la vitalité des parties.

Pendant que Currie, en Angleterre, établissait sa doctrine sur l'observation exacte des faits, Giannini, en Italie, appliquait également avec succès l'eau froide au traitement des fièvres. Pour le médecin milanais, toute complication dans les fièvres a pour base une affection asthénique combinée avec une excitation qui n'est pas de nature inflammatoire. D'après sa théorie, ce qui fait le fond de la maladie, c'est la faiblesse originale qui se retrouve toujours quand la période d'excitation est passée.

Cela étant admis, Giannini ne trouve qu'un seul remède qui offre de véritables ressources : c'est l'immersion froide. Avant lui, Vallisnieri et Cocchi avaient employé l'eau froide à toutes les températures dans la plupart des maladies, et leurs ouvrages renferment des préceptes et des appréciations qui sont d'un grand intérêt.

Le prosélyte le plus enthousiaste de l'eau au dix-huitième siècle fut, à coup sûr, le docteur Pomme.

Ce praticien employa l'eau avec une hardiesse incroyable et sous toutes les formes, en affusions, en immersions, en lotions et en bains. Il l'administra, même à l'intérieur, à doses considérables. Mais ses idées théoriques, bizarres à l'excès, après avoir joui d'une certaine popularité, furent abandonnées, et leur auteur fut couvert de ridicule quand parurent les travaux de Tissot sur les maladies du système nerveux. Ce grand médecin, qui fut aussi un homme de bien, éclaira d'un nouveau jour l'étude de ces affections mal définies et, pour les combattre, n'hésita pas à recommander l'eau froide. Malgré ces sages conseils, on n'en fit qu'un usage très-restreint, du moins en France, et on ne l'appliqua sur une grande échelle que dans les affections chirurgicales. Ce fut néanmoins un progrès réel, et les succès obtenus en Angleterre, en Italie et en Allemagne donnèrent à l'eau froide un rang important dans la thérapeutique de certaines maladies.

Deuxième période. — Jusqu'à ce jour, tous les médecins ont reconnu les bienfaits et l'utilité de l'eau froide ; et pourtant, à part Currie, qui a jeté les premières bases scientifiques d'une doctrine, aucun d'eux n'a rien établi. La méthode hydrothérapique serait peut-être oubliée aujourd'hui sans l'intervention d'un simple paysan fanatique et persévérant, Priessnitz, qui, en la mettant en pratique à Grœfenberg, contribua à sa vulgarisation.

Grœfenberg est un petit village de la Silésie autrichienne, perdu au milieu des montagnes ; ce fut là que Priessnitz, jeune encore, intelligent et d'un esprit observateur, remarqua que l'eau, dans bien des cas, avait procuré du soulagement aux animaux malades. Il eut bientôt l'occasion d'expérimenter ce remède sur lui-même. S'étant brisé deux côtes, il fut déclaré, par les chirurgiens du pays, estropié pour le reste de ses jours. Il se décida, alors, à essayer son remède qui lui réussit entièrement; sa guérison fut complète. Puis il appliqua son traitement aux fractures, aux entorses et aux accidents de toute sorte qui survinrent dans son voisinage, et la chronique rapporte qu'il guérissait tout le monde, hommes et animaux. Sa réputation s'étant répandue de tous côtés, il fut obligé de se livrer exclusivement aux soins médicaux. Sa pratique se bornait à cette époque, c'est-à-dire en 1825, à de simples ablutions avec de grosses éponges ou à l'application de compresses mouillées. Grâce à ce procédé, il obtint des résultats merveilleux, et, sa renommée grandissant avec ses succès, les malades ne tardèrent pas à accourir en foule à Grœfenberg.

Bientôt Priessnitz, guidé par son talent d'observation, fut conduit à modifier sa méthode et à adopter de nouveaux procédés dont il avait pu constater les bons effets. Aux affusions froides avec l'éponge et aux compresses se substituèrent le grand bain d'abord, puis les douches et, enfin, les transpirations forcées. Il emprunta ces dernières pratiques aux habitudes des gens du pays. Priessnitz sut mettre à profit cette médication purement empirique; il essaya, dès le début, toutes sortes d'applications, mais il modifia peu à peu les procédés suivant les résultats obtenus. Quand, après les transpirations forcées, il plongeait les malades dans un bain froid ou les aspergeait avec des éponges froides, il ne faisait que suivre encore les usages pratiqués depuis longtemps déjà par les peuples de la Silésie.

Écoutant les leçons du hasard et de l'expérience, le guérisseur de Grœfenberg ne craignait pas d'innover quand sa pratique habituelle lui paraissait insuffisante. Après le bain de vapeur pour obtenir les transpirations forcées, il eut recours à l'enveloppement dans des couvertures de laine. Bientôt après il pratiqua l'enveloppement dans le drap mouillé. Les lotions avec les éponges furent, elles-mêmes, remplacées par les frictions, soit à l'aide d'un linge mouillé, soit avec les mains trempées dans l'eau froide. Les louanges exagérées du docteur Œgel ne contribuèrent pas peu à populariser en Allemagne le traitement de Priessnitz. Quelques hauts personnages qu'il avait guéris d'engorgements ou d'affections chroniques, ayant pris sous leur protection la nouvelle méthode, obtinrent, par leurs demandes auprès du gouvernement autrichien, la création d'un établissement hydrothérapique. Comblé de fortune et de gloire, le praticien de Grœfenberg n'avait plus rien à envier. Placé dans une situation exceptionnelle, ayant sous la main une mine inépuisable d'observations, il pouvait et devait consacrer sa vaste intelligence au développement scientifique de son œuvre. Malheureusement il n'en fit rien. Exclusivement absorbé par le côté industriel et commercial de sa position, il n'a laissé aucun écrit, aucun témoignage personnel de ses idées et de sa doctrine. Toutefois, ses partisans nous ont transmis de nombreux documents relatifs à sa pratique ; mais leurs exagérations enthousiastes et leurs folles prétentions ne servirent qu'à compromettre le succès de Priessnitz. C'en était fait de l'hydrothérapie et de son influence salutaire, si les médecins n'avaient pas pris sa défense, et si quelques-uns n'avaient pas eu l'ambition de lui créer une place dans la thérapeutique, en lui donnant une base scientifique.

Troisième période. — Tandis que la méthode hydrothérapique provoquait en Allemagne une certaine perturbation dans la thérapeutique, un mouvement lent, graduel, s'opérait en France et convertissait peu à peu les esprits. Pendant que Priessnitz pratiquait ses premiers essais, Guersant faisait l'éloge des affusions froides dans sa brochure intitulée : *Du froid et de son application dans les maladies* (1821) ; et Tanchou proclamait les propriétés antiphlogistiques de l'eau froide (1824).

Récamier essaya, lui aussi, de vulgariser le traitement par l'eau dans les fièvres graves, les névralgies et certaines névroses ; en systématisant l'emploi des immersions et surtout des affusions froides, il ne réussit, malgré de réels succès, qu'à se faire taxer d'imprudence et de témérité.

Néanmoins, Lisfranc et Dupuytren préconisèrent également les affusions et les immersions dans le traitement de la chorée ; mais ils n'eurent pas d'imitateurs. Quelques années plus tard (1839), la Corbière publiait son *Traité du froid et de son action*, qui fut fort bien accueilli. C'est principalement dans la période des dix années qui vont suivre, de 1840 à 1850, que l'attention des médecins fut sérieusement éveillée sur cette méthode de traitement et qu'on vit paraître une série de publications raisonnées et scientifiques.

Presque partout, dans les hôpitaux comme dans la pratique civile, chirurgiens et médecins essayèrent de la méthode réfrigérante. Beau (1847), Tessier (1848) et Stackler (1851) se servirent avec avantage, dans la fièvre typhoïde, soit des affusions froides, soit de l'enveloppement avec le drap mouillé. Jacquez employa ces moyens avec tant de bonheur, qu'il fut presque conduit à ériger en méthode générale l'application du froid dans les formes dynamiques de la fièvre typhoïde.

En même temps, d'importants travaux mirent à l'ordre du jour les questions hydrothérapiques. Scoutteten, dans un ouvrage publié en 1843, nous a laissé une histoire complète de l'emploi de l'eau en médecine et en chirurgie. Ce livre, où l'on rencontre une véritable méthode et une saine appréciation des doctrines qui ont régné, est encore aujourd'hui le guide le plus précieux dans l'étude des phases qu'a subies la méthode réfrigérante.

Après Scoutteten il faut placer Schedel qui, dans son *Examen clinique de l'hydrothérapie*, publié en 1845, pose les véritables bases de la doctrine défendue plus tard par Fleury. Il envisage l'hydrothérapie à un point de vue véritablement scientifique, et il apporte dans cette étude un esprit éminemment judicieux qui lui permet d'ouvrir un horizon nouveau au traitement des maladies chroniques. Malgré les attaques dont il a été l'objet, Schedel n'en restera pas moins avec Scoutteten au premier rang des hydrologues modernes.

A cette époque, plusieurs établissements s'étaient déjà fondés en France. A l'hôpital Saint-Louis, des expériences sérieuses avaient été faites par M. Wertheim, sous la surveillance de MM. Gibert et Devergie qui avaient rédigé des rapports favorables. Les conclusions peu nettes et pleines de réserves de M. Roche, chargé par l'Académie de médecine d'étudier ces questions spéciales soumises à son examen, n'arrêtèrent point le mouvement scientifique et forcèrent même à travailler avec plus de méthode. Alors parurent les publications de Baldou, d'Andrieux (de Brioude), de Gillebert d'Hercourt, de Lubanski et de Fleury. C'est ce dernier médecin qui contribua le plus à donner une base scientifique à cette méthode justement appelée *méthode française*, laquelle obtint enfin la sanction de l'Académie de médecine après avoir été repoussée par elle dix ans auparavant. C'est, en grande partie, à Fleury que l'on doit son acceptation et son adoption dans la thérapeutique.

Sans diminuer en rien le mérite d'un tel résultat, reconnaissons toutefois que plusieurs médecins avaient tenté auparavant de faire de l'hydrothérapie une méthode scientifique; que Wright, par ses expériences raisonnées, que Currie, par ses publications et ses nombreuses recherches cliniques, que Schedel, lui-même, dans son examen critique de l'hydrothérapie, avaient préparé à cette méthode un avenir prochain.

Quoi qu'il en soit, Fleury, voulant arracher l'hydrothérapie au domaine de l'empirisme, parvint à l'aide d'expériences savamment organisées, à universaliser une pratique rationnelle et à créer une doctrine basée sur l'action révulsive de l'eau froide. Grâce à lui, ce mode de traitement est aujourd'hui accepté partout; il intervient dans la thérapeutique au même titre que les autres médications, et il n'est plus guère de médecins qui se défendent d'y avoir recours. Elle n'est plus menacée aujourd'hui que par ses adeptes trop fervents ou malhabiles. Depuis 1848, Fleury a fait paraître de nombreuses publications se rattachant à la question : elles sont résumées dans son *Traité d'hydrothérapie* que nous considérons comme l'œuvre la plus complète qui ait été écrite jusqu'à ce jour en France sur ce sujet.

Toutefois, cet auteur ne tient pas compte des modifications importantes qui ont été introduites dans la pratique hydrothérapique ; ceux qui ont étudié et expérimenté cette méthode sont forcés de reconnaître que l'hydrothérapie, telle que l'a constituée Fleury, ne répond qu'incomplétement anx indications qui sont fournies par une étude attentive de quelques maladies chroniques et de la plupart des maladies du système nerveux.

On comprend aisément que Fleury ait eu pour son œuvre une tendresse toute paternelle, et qu'il ait repoussé invariablement toutes les tentatives ayant pour but de modifier le système édifié par lui. Cette résistance au progrès accompli en dehors de son influence semble, au premier abord, une question personnelle ; il n'en est rien. Nous préférons en trouver la raison dans la direction du courant scientifique qui caractérise l'époque où il a vécu et dans la nature des maladies qu'il a eues à traiter.

Dans la première partie de sa carrière médicale, l'anémie imprimait à la plupart des affections chroniques son cachet et ses formes. Les malades qui lui étaient confiés avaient tous besoin d'être fortifiés ; de là les nombreux succès qu'il a obtenus à l'aide des applications toniques et excitantes de l'hydrothérapie. Aujourd'hui les affections nerveuses ont pris une prépondérance incontestable; elles ont, pour ainsi dire, une allure qui leur est imprimée par le milieu où nous vivons. Aussi, ces mêmes applications toniques si puissantes contre l'anémie pure et simple sont devenues insuffisantes ou nuisibles; et pour laisser à l'hydrothérapie son rang dans la thérapeutique, il a fallu modifier certains procédés opératoires et faire intervenir notamment l'eau à toutes les températures, afin d'atténuer ou de compléter les effets de l'eau froide.

Il y avait donc, dans la doctrine de Fleury, une lacune qu'il était utile de combler. Nous avons essayé de le faire en prenant pour guide les résultats qui nous ont été donnés par des expériences attentives et des observations très-nombreuses.

A côté de l'œuvre de Fleury, il faut placer plusieurs travaux parus dans ces derniers temps, les uns purement théoriques, d'autres essentiellement pratiques. Nous citerons ceux de Gilbert d'Hercourt, d'Andrieux (de Brioude), de Macario, de Becquerel, de Baldou, de Tartivel, de Vidart, de Delmas, de Bouland, de Robert Latour, de Lubanski, de Wertheim, de Dauvergne, de Duval, de Dufay, de Botentuit, de Dally, de Leroy-Dupré, etc., et enfin les annales de la Société d'hydrologie médicale de Paris.

Quelques-unes des diverses publications parues à l'étranger sont dignes de remarques. Nous citerons, en Italie, les mémoires de Bertani, de Mercadante, de Ponte-Reno, de Fabre et surtout le travail du docteur Chiapponi, de Milan, œuvre d'un praticien et d'un érudit, qui a mérité le prix *dell' acqua* au concours de 1855. Depuis cette époque les travaux ont été plus nombreux et plus complets dans la plupart des universités italiennes.

En Angleterre, nous signalerons les traités de Johnson et de J. Manby Gully et les mémoires de Chapmann sur l'emploi de la glace.

En Amérique, l'un des livres les plus importants est celui du docteur Bell, de Philadelphie, auquel nous joindrons celui du docteur Nicanor Rojas, de Santiago.

Mentionnons en terminant le traité du docteur Rosen, de Prague, les travaux remarquables de Lersch et les traités d'hydrothérapie de Pleniger et de Winternitz qu'il est juste de placer au premier rang parmi les meilleurs.

CHAPITRE II

ÉTUDE DES AGENTS HYDROTHÉRAPIQUES AU DOUBLE POINT DE VUE DE LA PHYSIQUE ET DE LA PHYSIOLOGIE.

Nous étudierons, dans ce chapitre, les agents généraux employés en hydrothérapie, en nous plaçant au point de vue de l'action physiologique qu'ils exercent sur les principales fonctions de l'économie.

Ces agents sont au nombre de deux : la *chaleur* et le *froid*. Rigoureusement parlant, il n'y a là qu'une seule et même chose, car le froid n'existe pas en physique, puisqu'il n'est que l'absence de calorique ou même une manière d'être de cet agent ; mais son action physiologique sur l'organisme est tellement importante, que nous devons l'étudier d'une manière toute spéciale. Les effets différents et très-marqués de la chaleur et du froid et aussi les habitudes du langage usuel dans la science nous ont déterminés à adopter cette distinction et à examiner isolément chacune de ces manifestations d'une même force.

Du reste, nous devons ajouter qu'en hydrothérapie la qualification de chaud et de froid est subordonnée à la sensation que ces modificateurs généraux impriment à l'organisme, sensation qui, elle-même, dépend du degré de la température du corps, ou, en d'autres termes, de l'état de la chaleur animale. En conséquence, avant d'exposer les effets physiologiques du calorique extérieur sur l'économie, il est nécessaire d'étudier avec soin la chaleur animale, de rechercher les sources de cette chaleur, tout ce qui contribue à son entretien et les causes qui peuvent la modifier.

C'est l'ensemble de ces considérations, empruntées à la fois à la physique et à la physiologie, qui constitue la base de la médication hydrothérapique.

Calorique. — On désigne sous ce nom l'agent qui fait naître en nous la sensation de chaleur. Cet agent, qui agit sur les corps inertes, fait fondre la glace, bouillir l'eau, etc., joue un rôle considérable dans l'organisation animale et est une des conditions essentielles de la vie.

Sans nous arrêter aux nombreuses opinions qui ont été émises sur la cause de la chaleur, nous examinerons plus particulièrement la *chaleur animale* ou *chaleur propre*, sa formation, son entretien, les causes générales de son accroissement et de sa diminution et les effets généraux du calorique sur l'organisme.

Chaleur animale. — La vie chez les animaux à sang chaud, ou, pour parler plus correctement, chez les animaux à température constante, pourrait se résumer, pour ainsi dire, dans la faculté qu'ils ont de conserver leur chaleur propre, malgré la diversité de température des différents milieux dans lesquels ils peuvent être placés. Les animaux les plus parfaits possèdent à un haut degré ce pouvoir, qui leur est nécessaire pour l'exercice de leurs fonctions vitales; ceux d'ordre inférieur l'ont à un degré moindre, mais approprié cependant à leurs besoins.

Les fonctions de l'organisme, qui exercent une influence sur la formation et sur la régularisation de la chaleur animale, permettent au corps humain de supporter les variations de température des milieux dans lesquels il vit. Il est important d'analyser ce fait et de bien connaître les lois auxquelles la chaleur propre de l'homme est soumise.

Sources de la chaleur animale.— Toutes les explications qui ont été données sur la chaleur animale peuvent se ramener à deux ordres, nettement indiqués par le professeur Cl. Bernard : dans l'un, cette chaleur est inhérente à l'organisme ; dans l'autre, elle s'y développe par des procédés analogues à ceux qui, dans l'ordre physique, produisent le calorique. Il est en dehors de notre cadre et de notre but d'examiner les divers systèmes qui ont tour à tour régné dans la science ; nous aborderons tout de suite les opinions émises par Lavoisier. Ces opinions, fondées sur des expériences beaucoup plus rigoureuses que celles qu'on faisait avant lui, sont accompagnées de déductions si frappantes, qu'il semble que ce puissant génie ait voulu laisser peu de chose à faire sur ce point à ceux qui viendraient après lui.

Pour Lavoisier, la source de la chaleur animale est dans la décomposition éprouvée par l'air en passant dans les poumons pendant la respiration qui pour lui n'est qu'une « combustion lente de carbone et d'hydrogène, semblable en tout à celle

« qui s'opère dans une lampe ou dans une bougie
« allumée. » Et il considère les animaux qui respi-
rent comme « de véritables combustibles qui brû-
« lent et se consument. » Cette idée, malgré les
modifications qu'elle a subies, est restée acquise à
la science ; et il est maintenant hors de doute, pour
la plupart des physiologistes, que la respiration est
une des sources de la chaleur animale. Tout animal
vivant absorbe continuellement de l'oxygène et dégage de l'acide carbonique ; quel que soit le siége
des phénomènes intermédiaires, il y a combustion
et par conséquent production de chaleur.

Nous n'entrerons point dans l'examen des divers
systèmes opposés à la doctrine de Lavoisier, qui
n'a pu être précisée dans une formule définitive et
qui présente évidemment des lacunes ; nous nous
arrêterons seulement quelques instants sur un point
qui concerne le rôle de la peau. On opposait à Lavoisier que, si la combustion du carbone et de l'hydrogène s'effectuait dans le poumon, il en devrait
résulter une élévation de température que cet organe ne pourrait supporter. Le mémoire de Lavoisier et de Seguin (1797) vint répondre à cette ob-
jection en indiquant que la fonction de la peau, la
transpiration notamment, avaient pour effet de neu-
traliser l'augmentation de chaleur, par suite de l'é-
vaporation de la sueur, qui, comme tous les liquides,
donne lieu à un abaissement de température en se
transformant en vapeur.

Les réactions chimiques qui se produisent dans la
profondeur des tissus sont considérées comme les
véritables sources de la chaleur animale. On peut
même ajouter que le développement de la chaleur

est toujours proportionné à l'énergie de ces réactions. La calorification, ainsi que l'a démontré le savant professeur Cl. Bernard, n'est pas une fonction d'un organe spécial, mais une faculté générale appartenant à tous les tissus doués de la vie dans lesquels s'accomplissent des phénomènes de nutrition. Le sang est le véhicule de la chaleur produite; aussi l'élévation de la température d'un organe est-elle subordonnée à l'abondance avec laquelle le sang y afflue dans un temps donné, toutes conditions étant égales d'ailleurs, et abstraction faite de la chaleur résultant de l'action de l'organe lui-même.

Température du corps de l'homme. — On admet, en général, que la température moyenne de l'homme en état de santé est de 37° centigrades environ, mais l'expérience nous prouve que la chaleur est inégalement répartie dans les diverses parties du corps; les différences de température dans les diverses régions sont même quelquefois assez considérables.

La température des parties superficielles du corps de l'homme varie aussi sensiblement; elle a été mesurée avec le plus grand soin par J. Davy en plaçant le réservoir du thermomètre à la surface extérieure des parties, et voici la moyenne de ses observations chez l'homme adulte et sain:

Sous la plante du pied. . . . . . . 33°,22
Entre la malléole interne et le
    tendon d'Achille. . . . . 33°,89
Sur le milieu du tibia. . . . . . 33°,06
Sur le milieu du mollet. . . . . 33°,89
Dans le pli du genou. . . . . . . 35°,00
Au milieu de la cuisse sur le trajet
    de l'artère fémorale. . . . . . . 34°,44

Sur le milieu du muscle droit anté-
   rieur de la cuisse. . . . .   32°,78
Au nombril. . . . .   35°,00
Sur la sixième côte à gauche (côté
   du cœur). . . . .   34°,44
Sur la sixième côte à droite . . . .   33°,89
Sous l'aisselle. . . . .   36°,67

Des expériences faites sur des animaux ont permis de constater que le sang est plus chaud que tous les autres tissus ou liquides de l'économie et que la température est plus élevée dans le cœur droit que dans le cœur gauche. Des observations de Davy, de Becquerel et de Breschet, il résulte que la température du sang de l'artère carotide l'emporte sur celle du sang de la veine jugulaire d'environ 2/3 de degré.

Becquerel et Breschet ont aussi noté que la température du sang de l'aorte l'emporte de 0°,80 sur la température du sang de la veine cave supérieure, et que plus les vaisseaux sont rapprochés du cœur, plus le sang qu'ils contiennent est élevé en température. Cl. Bernard a démontré aussi que la veine cave inférieure apporte au cœur droit un sang plus chaud que le sang artériel. Des indications thermométriques que nous avons données plus haut, il résulte que la chaleur n'est pas uniformément distribuée dans l'économie animale. Elle est plus élevée dans les parties profondes que dans les parties superficielles, et plus élevée aussi dans le bassin que dans le cerveau. Le sang et les parties très-vasculaires ont une température un peu plus haute que les autres parties, parce que c'est là en effet, que les phénomènes de combustion ont

toute leur énergie ; la chaleur animale atteint son
maximum dans le poumon, le cœur, le foie et les
viscères voisins, et c'est également dans ces partie
qu'elle présente le moins d'oscillation. Nou
avons observé qu'elle va croissant à mesure qu'o
s'avance de l'extrémité des membres vers leur
racines ; que, dans le tronc lui-même, elle va e
augmentant de ses extrémités vers le diaphragme
c'est-à-dire vers le cœur. On a remarqué, en outre
qu'elle est toujours plus considérable aux plis de
articulations que dans les autres parties de la sur
face cutanée, et que les parties les plus isolées du
corps, telles que les doigts, le nez, les oreilles son
celles qui ont habituellement la température l
plus basse.

Nous savons enfin que la température du sang
des cavités cardiaques et des parties intérieure
abondamment approvisionnées de sang est de 38°
39° et même au delà ; que celle de la peau, dans le
parties où les vêtements la protégent contre l
perte de calorique est d'environ 35° ; que la chaleu
est à peu près la même sous la langue et dans le
muscles ; et qu'enfin on a trouvé 38° et même 39
dans le rectum, dans la vessie et dans les organe
sexuels de la femme.

Influence de l'âge sur la température animale. —
L'âge exerce une influence assez grande sur l
chaleur animale. La plupart des observateur
admettent qu'elle est, en général, un peu moin
élevée chez les nouveau-nés et chez les vieillards
W. Edwards l'indique comme étant, chez les sexagé
naires, de 35° à 36° et chez les octogénaires d
34° à 35°. Le professeur Charcot, dans ses *Leçon*

cliniques sur les maladies des vieillards, donne plusieurs tracés graphiques obtenus par l'exploration méthodique qu'il indique; mais ces recherches étant faites au point de vue clinique et surtout pour l'étude de la fièvre concomitante de la pneumonie lobaire, il nous semble inutile de les rapporter ici. De nos expériences personnelles, il résulte que sur cinquante vieillards, tous âgés de plus de soixante-dix ans, jouissant d'une bonne santé, la moyenne de la température était représentée par 36°,50.

Quelque confiance qu'on puisse avoir dans les diverses observations faites sur ce sujet, il est bien acquis pour nous que les vieillards recherchent le soleil, le coin du feu et semblent accuser leur moindre résistance contre le froid par l'emploi qu'ils font de toutes les ressources que l'hygiène met à leur disposition pour les préserver de toute soustraction de calorique. Faut-il en chercher la cause dans la diminution de la circulation? Le refroidissement n'existe-t-il qu'à la surface? Les études de calorimétrie clinique permettront tôt ou tard, nous l'espérons, de répondre à ces questions.

Influence du sexe sur la chaleur propre. — Les expériences de J. Davy, les recherches d'Andral et de Gavarret ne donnent pas de résultats bien concluants. Nous ne pouvons cependant méconnaître que la femme, dans toutes les habitudes de la vie, semble faire preuve d'une plus grande résistance au froid. « Habituellement vêtue et chaussée plus « légèrement que nous, dit le savant professeur « Longet, elle assiste, pendant des heures entières, « immobile, la tête, le cou, les épaules, la poitrine « et les bras nus, à des représentations théâtrales.

« à des cérémonies religieuses et même à des fêtes
« qui se donnent en plein air par une température
« parfois assez rigoureuse. » Il serait facile de multiplier les preuves de cette insensibilité relative des
femmes au froid extérieur, insensibilité qui trouve
peut-être son explication dans l'activité nerveuse
particulière au sexe féminin, et dans l'influence que
cette même activité exerce sur la caloricité par l'intermédiaire de la circulation. Il est aussi permis de
supposer que le tissu cellulaire sous-jacent à la
peau, beaucoup plus développé dans toutes les parties du corps de la femme que chez l'homme, constitue contre le froid un préservatif d'autant plus sûr
que le tissu graisseux est mauvais conducteur de
la chaleur. Ajoutons encore que les fonctions de la
peau, moins actives chez la femme, donnent lieu à
une évaporation moins grande et, par suite, à un
refroidissement moins considérable.

Influence du climat sur la chaleur propre. — La
température du milieu dans lequel l'homme vit
exerce une influence marquée sur sa chaleur propre.
Des expériences faites par J. Davy et les observations de Eydoux et Souleyets prouvent que la température augmente dans un milieu très-chaud. Les
observations nous manquent pour la mesure de la
chaleur propre dans les régions très-froides. Les
expériences faites dans ces climats sont rares et
incomplètes.

En résumé, d'après les observations faites jusqu'à ce jour, la température du corps de l'homme
varie avec celle du milieu ambiant; elle est un
peu plus élevée entre les tropiques que dans nos
climats.

Influence des heures de la journée sur la chaleur propre. — Lichtenfels et Fröhlich, qui ont observé avec soin les variations de la température de l'homme selon les diverses heures du jour et de la nuit, ont trouvé qu'à partir du souper (huit heures du soir environ), la température allait s'abaissant pendant dix heures ; qu'elle s'élevait pendant la onzième heure jusqu'à la quinzième, moment auquel elle tombait de nouveau ; qu'à partir de ce moment, elle s'élevait jusqu'à la dix-neuvième heure, où elle avait une intensité égale à celle de la dixième heure et qu'à partir de ce moment elle baissait de nouveau.

Le sommeil, pendant lequel les phénomènes respiratoires se ralentissent, donne lieu à une diminution de chaleur. De là, les précautions qu'il faut prendre en dormant pour éviter l'action du refroidissement, qui est d'autant plus à craindre qu'on lui oppose une moindre résistance.

Causes diverses exerçant une influence sur la température propre. — D'autres causes exercent encore une influence marquée sur la température du corps. Les expériences du professeur Lombart et les observations de J. Davy prouvent que le travail intellectuel produit, dans certaines régions de la tête, une augmentation de température. Dans ce cas, c'est-à-dire, quand le cerveau est en activité, on peut observer parfois un contraste frappant entre la température de la tête et celle des extrémités inférieures, qui, malgré la cessation de tout travail d'esprit, ne parviennent à se réchauffer qu'à l'aide de moyens artificiels.

On a aussi observé que les passions, les émotions morales élèvent ou abaissent la température du corps suivant qu'elles exercent sur le cours du sang et les mouvements respiratoires une action stimulante ou dépressive (Longet). La chaleur augmente par l'effet de l'espérance, de la joie, de la colère et de toutes les passions excitantes; tandis que la crainte, la frayeur, le chagrin la diminuent sensiblement. Nous pourrions examiner ici la question de l'*échauffement* des nerfs et des centres nerveux à la suite des vibrations sensorielles et sensitives; mais nous ne pouvons que l'indiquer, faute d'espace; si le lecteur veut l'étudier, il trouvera les renseignements nécessaires dans le chapitre de notre *Traité* consacré à cette intéressante question (1).

En résumé, des expériences et des observations faites jusqu'à ce jour, il résulte que la température propre varie, à l'état physiologique, suivant l'état du système musculaire et du système nerveux, qui jouent, l'un et l'autre, un rôle considérable dans la production de la chaleur. C'est en effet une loi générale applicable à tous les appareils organiques, que le développement de la chaleur s'exagère au moment de l'activité fonctionnelle de l'organe, qu'elle est proportionnelle, dans certaines limites, à la durée et à l'énergie des actes, comme aussi au nombre des organes appelés à les produire, et qu'elle tombe à son minimum pendant le repos. Il est bien établi que cette activité fonctionnelle elle-même coïncide avec l'activité circulatoire; de telle sorte que ces trois modes : *activité circulatoire, activité fonctionnelle, activité chimico-thermique*, sont simultanés et corrélatifs.

(1) Beni-Barde. — *Traité théorique et pratique d'hydrothérapie. — Paris*, 1874.

Cette loi générale est fort importante à signaler, car elle explique la possibilité d'agir, à l'aide des modificateurs que l'hydrothérapie met à notre disposition, sur ces trois grands fonctionnements.

Si maintenant nous sortons du champ de la physiologie pour entrer dans le domaine de la pathologie, nous voyons que les maladies impriment à la chaleur animale des modifications importantes qui doivent être prises en sérieuse considération. Il est aujourd'hui parfaitement démontré que l'abaissement de la température s'observe dans un grand nombre de maladies, parmi lesquelles nous citerons : le choléra, la cachexie cancéreuse, l'albuminurie, la polyurie, les maladies infectieuses, la variole et certains cas d'empoisonnement. Mentionnons encore l'alcoolisme, les lésions de la moelle, la compression du cerveau (hydrocéphalie) et les maladies dans lesquelles les fonctions de la peau sont supprimées. L'on sait, en effet, que la chaleur propre est maintenue dans les limites de la santé, principalement par les fonctions de la peau que Currie dans un langage imagé appelle la soupape de sûreté de la machine animale.

Si nous recherchons quels sont les états morbides qui provoquent une élévation de la température propre, nous verrons qu'ils sont assez nombreux. Dans ce groupe il faut placer la plupart des fièvres continues et la fièvre typhoïde notamment. Chez les sujets atteints de cette maladie, on constate généralement que la température est de 39° à 40° et peut même atteindre 42°. Mais c'est surtout dans la pneumonie, dans le rhumatisme articulaire aigu et

2.

dans les fièvres éruptives que la chaleur présente la plus grande élévation.

Nous rappellerons, et ceci est important pour le sujet qui nous occupe, que c'est dans les affections où les centres nerveux semblent le plus compromis que la chaleur animale subit les plus grandes variations.

Le système nerveux joue aussi un grand rôle dans les différentes variations de la chaleur propre. Des expériences faites et des opinions émises par Valentin, Stilling, Bidder, Haxmann, Schiff, Budge, Henle, etc., il ressort d'une façon certaine que les centres nerveux sont les dernières sources aux dépens desquelles puissent se réparer les forces nerveuses lorsqu'elles sont amoindries.

De même que le cerveau préside aux opérations de l'esprit et exerce son influence sur tout le système nerveux, de même c'est la moelle allongée qui, en toute indépendance, règle la respiration et la circulation et exerce une influence particulière sur les nerfs vaso-moteurs. De même aussi c'est la moelle épinière qui, dans une grande étendue, exerce une influence sur la sensibilité et le mouvement comme aussi sur les appareils organiques par ses relations avec les nerfs ganglionnaires.

De ces considérations et des recherches dont nous avons parlé résulte un fait bien avéré, incontestable : c'est la solidarité de la chaleur propre et du système nerveux. En vertu de cette solidarité il n'y a pas de modification du système nerveux qui ne soit accompagnée de modification de la température. Les oscillations de la température ont, de leur côté, une influence très-marquée sur le système nerveux. L'in-

fluence est donc réciproque, et nous sommes fondé
à croire qu'en agissant sur l'un on agira sur l'autre,
ce qui est d'une importance capitale au point de vue
de la médication hydrothérapique. Il y a donc à
tenir compte, dans l'emploi des agents de l'hydrothérapie, de l'action physique, qui est, du reste,
assez restreinte, et de l'action physiologique qui
est presque entièrement dévolue au système
nerveux.

D'après ce que nous venons de dire sur la solidarité qui unit la chaleur propre et le système nerveux, l'hydrothérapie, par la modification de température qu'elle apporte, a deux modes d'action :
1º par le réseau vasculaire périphérique, elle permet de propager, par voie de continuité, jusqu'aux
parties profondes, l'action du modificateur employé ;
2º par l'intermédiaire du système nerveux, elle
permet de provoquer, dans diverses parties du corps,
des actions réflexes, dont quelques-unes, agissant
sur le système vasculaire de la périphérie, viennent
s'inscrire, pour ainsi dire, à livre ouvert, sur la surface cutanée. Ajoutons cependant, en ce qui concerne les actions réflexes, que la science n'en a
pas encore fait la topographie complète ; de nombreux tâtonnements et une longue expérience sont
encore nécessaires pour que le praticien puisse
connaître d'avance dans quelle région du corps
viendra se manifester l'action réflexe produite par
l'application de l'eau sur une portion déterminée de la périphérie. Au surplus cette difficulté est
souvent augmentée par les troubles que les
divers états morbides amènent dans la faculté
réflexe.

Entretien de la chaleur propre. — Un des faits physiologiques.les plus remarquables est la conservation de la chaleur propre à un degré presque constant, malgré la multiplicité des causes tendant à produire son abaissement ou son élévation. Dans l'état actuel de la science, on peut admettre que le régulateur qui assure au corps, au milieu de toutes les variations auxquelles il est exposé, la température moyenne de 37° environ, si nécessaire à la santé, n'est autre que le système nerveux, ce grand régulateur des fonctions de l'organisme.

Il est établi d'une façon incontestable, et nous n'avons pas besoin de rapporter ici les expériences faites à cet égard, que le système nerveux règle les fonctions des organes par lesquels s'opèrent la digestion, la circulation, la respiration, la transpiration et les sécrétions. Comme nous savons que ces fonctions contribuent toutes à la chaleur propre, les unes par voie de production, les autres par voie d'élimination, nous pouvons donc dire que ces organes, dans leur ensemble, constituent le mécanisme à l'aide duquel, sous l'influence du système nerveux, la température animale est maintenue fixe et à son degré normal.

Lorsqu'il y a élévation de température, quelle qu'en soit d'ailleurs la cause, les fibres nerveuses sensitives et motrices sont excitées; il y a augmentation de l'intensité et de la vitesse de propagation de l'action nerveuse. Helmoltz, en cherchant à mesurer la vitesse de propagation de la vibration nerveuse, a constamment vu qu'il existait une relation réelle entre cette vitesse et la chaleur animale. Lorsque la chaleur normale est amoindrie, il y a diminution dans la conductibilité des impressions par suite de l'abaissement de la température des nerfs. Ce savant observateur a reconnu qu'à une température de 36 à 38 degrés, la vitesse de transmission des impressions perçues par les nerfs sensitifs est de 72 mètres par seconde, et qu'elle est dix fois moindre à une température voisine de la congélation.

Ces expériences nous indiquent une des causes de la tolérance de l'organisme pour le froid extérieur. A cette cause vient se joindre la suivante : par suite de l'abaissement de la température extérieure, les capillaires de la peau se contractent, l'exhalation cutanée diminue et par conséquent la déperdition du calorique s'affaiblit. La chaleur produit les effets contraires : les capillaires se dilatent, la circulation s'accélère, la sécrétion de la peau augmente en même temps que l'exhalation pulmonaire, d'où il résulte une perte plus considérable de calorique à la surface. C'est en grande partie à ce système de compensation que le corps doit de pouvoir résister aux influences exercées sur lui par la température extérieure.

Action physiologique de la chaleur et du froid sur l'organisme. — Ces effets, comme nous le verrons plus loin, diffèrent sensiblement, selon qu'ils proviennent du contact de l'air, de corps solides ou de l'eau. Et d'abord, considérant l'eau comme le véhicule de la température, il est important de se mettre bien d'accord sur les expressions *chaud* et *froid*, qui n'ont qu'une valeur relative lorsqu'on les applique à l'économie animale.

Adoptant, pour chacune des désignations usuelles, un terme correspondant aux indications de l'échelle thermométrique, nous proposons de désigner, ainsi que nous le faisons journellement dans notre pratique :

L'eau de 8 à 12° sous le nom de très-froide,
—   12 à 16°   —   froide,
—   16 à 20°   —   fraîche,
—   20 à 26°   —   dégourdie,
—   26 à 30°   —   tempérée ou tiède,
—   30 à 40°   —   chaude,
— au-dessus de 40° —   très-chaude.

Il est inutile de pousser plus loin cette échelle, et les désignations ci-dessus mentionnées répondent assez bien à la sensation éprouvée par la main entière lorsqu'elle est tenue pendant quelques instants dans l'eau à ces diverses températures.

La plus haute température que l'homme supporte habituellement dans les bains de vapeur ne dépasse pas 50° ; elle varie ordinairement entre 37 et 50°. Certains peuples voisins du pôle, les Finlandais par exemple, supportent quelquefois, il est vrai, dans le bain de vapeur, une température qui s'élève jusqu'à 70 et 75°; mais diverses causes et notamment l'habitude prise dès l'enfance de ce mode de balnéation, peuvent expliquer cette excessive tolérance. De plus, comme on sait que le pouvoir échauffant qui vient du contact de l'eau est plus grand que celui de la vapeur aqueuse, nous n'avons pas cru devoir indiquer d'expressions répondant à des degrés plus élevés que 40°.

Nous faisons rarement usage d'eau au-dessous de 8°. Quand un grand froid est nécessaire, soit pour amener un abaissement local ou général de température, soit pour déterminer certaines actions réflexes, nous employons de préférence la glace concassée, contenue dans des sacs en caoutchouc à fermeture hermétique.

La chaleur la plus élevée que l'homme puisse supporter sans inconvénient varie avec le milieu où il se trouve placé. C'est dans l'air sec qu'il peut s'exposer à la plus haute température. Si la température extérieure n'est pas beaucoup plus élevée que celle du sang, on peut la tolérer plusieurs heures sans en être incommodé. Mais dans un milieu rempli de vapeur d'eau et surtout dans l'eau même, la chaleur se supporte beaucoup plus difficilement, parce que le pouvoir échauffant des liquides est beaucoup plus grand et parce que la source de refroidissement due à l'évaporation de l'eau à la surface cutanée est empêchée ou même supprimée.

Le froid, comme la chaleur, est mieux toléré quand il est sec. L'eau, sous un petit volume, peut être supportée à un degré voisin de la congélation pendant un temps très-court. La tolérance dépend avant tout du temps pendant lequel dure l'impression du froid, et, surtout, de l'étendue de la surface cutanée soumise à son action.

La chaleur tend à augmenter la température du corps, le froid tend à l'abaisser.

Il doit y avoir, entre ces deux extrêmes, un terme moyen, un degré de température neutre, c'est-à-dire sans influence sur le corps. En un mot, il existe une *ligne neutre* à laquelle la température extérieure est sans action sur l'organisme. Cette ligne neutre varie selon les individus et selon les circonstances. En général, on peut dire que la chaleur de la peau, qui, comme on le sait, se trouve toujours un peu inférieure à celle de la chaleur propre du corps, est celle de cette ligne neutre. En effet, un bain à la température de la peau n'a aucune influence sur celle du corps et ne communique aucune sensation. Cependant, pour être exact, nous devons dire que, pour que le bain soit sans influence sur la chaleur propre, il faut que la chaleur de celui-ci soit un peu inférieure à celle de la peau, parce que le contact sur la peau a pour effet de supprimer l'évaporation périphérique, et, par conséquent d'augmenter la chaleur du corps. On comprendra facilement qu'il est impossible de fixer une température qui s'applique à toutes les particularités individuelles. Bien des observateurs se sont livrés à cette recherche, et, il faut bien le dire, leurs résultats ne concordent pas; cependant, de toutes les expériences, il résulte que la ligne neutre peut être fixée approximativement entre 34° et 35°, mais qu'aux environs de cette température, il y a une zone de 1 à 2 degrés dans les limites de laquelle les agents extérieurs sont sans influence sensible sur la chaleur animale. Il est inutile de rappeler que cette zone neutre suit toutes les variations que la maladie apporte dans la chaleur propre.

De la peau au point de vue des applications hydrothérapiques. — La peau est l'intermédiaire obligé qui nous permet d'obtenir les effets que nous demandons à la médication hydrothérapique. Ainsi que nous l'avons déjà dit, elle contribue au maintien de la chaleur propre dans les limites de la santé. L'exhalation de vapeur d'eau dont elle est le siège est sujette à des fluctuations nombreuses et continuelles; il serait trop long d'en énumérer ici les

causes, au premier rang desquelles il faut mettre
les oscillations incessantes de la disposition nerveuse. Contentons-nous de dire que la peau est
un organe d'une importance capitale dont il faut assurer le fonctionnement.

L'enveloppe cutanée étant un régulateur de la
température propre, nous pouvons prévoir déjà que
l'action extérieure du chaud et du froid produira
des effets sur la chaleur du corps, effets dus à la
fois au simple contact et à la modification apportée
dans l'évaporation cutanée ; elle produira également
une action sur le système nerveux périphérique.
Remarquons, en passant, que, quel que soit l'effet
que l'on recherche, il ne pourra être obtenu qu'autant que le système nerveux sera lui-même in-
fluencé.

Les nombreux filets nerveux que renferme la
peau la rendent très-impressionnable et plus sensible
que les autres organes à l'action du calorique et du
froid ; l'on sait, notamment, que les muqueuses résistent à des températures que la peau ne pourrait
tolérer. Aussi, le froid et le chaud agissent-ils beaucoup plus énergiquement sur l'ensemble de l'économie, lorsqu'ils sont appliqués sur la surface
cutanée.

*Influence de la chaleur sur la sensibilité tactile et
la peau.* — L'eau paraît chaude lorsque sa température est supérieure à celle de la partie touchée et
même lorsqu'elle est un peu moins chaude que
cette partie. Quant à la chaleur éprouvée, elle est
en proportion directe de la température de l'eau et
de l'étendue de la surface impressionnée.

La peau supporte sans douleur une température

excessive lorsqu'on a fait intervenir progressivement la chaleur, tandis qu'une transition subite est insupportable. Puisque nous parlons de la sensibilité tactile à l'égard du calorique, nous dirons qu'il faut tenir compte des altérations de sensibilité qui font parfois apprécier faussement la température. Augmentée quand la température de l'eau chaude est à peine au-dessus de la zone neutre, la sensibilité tactile s'émousse, au contraire, si la température de l'agent extérieur oscille entre 45° et 50°.

Les autres effets de la chaleur sont d'augmenter la perspiration cutanée, de provoquer la sueur et de rendre quelquefois le tégument extérieur insensible à une basse température.

Influence de la chaleur extérieure sur la chaleur propre. — Une chaleur plus élevée que celle du corps tend à augmenter cette dernière, mais il ne faut pas s'attendre à constater de grands écarts de température. En été, la chaleur propre de l'homme est plus élevée qu'en hiver de 1 à 2 dixièmes de degré.

Dans les étuves artificielles, le degré que peut atteindre la chaleur animale dépend de la température du milieu dans lequel le corps se trouve placé. Elle peut augmenter d'un ou deux degrés, mais elle reste toujours bien au-dessous de la température du milieu ambiant.

Les expériences d'Edwards ont démontré que les individus exposés à des refroidissements répétés perdent graduellement leur faculté de produire de la chaleur. D'après le même auteur, si l'on expose à une basse température des individus préalablement échauffés, leur chaleur propre baissera d'autant moins vite qu'ils auront été plus longtemps exposés à la chaleur; de plus, la répétition de l'échauffement, avant l'exposition au froid, accroît chez les individus la faculté de développer de la chaleur et augmente ainsi leur résistance contre les basses températures.

Influence de la chaleur sur la respiration. — Dans un milieu d'air chaud et sec, les mouvements respiratoires sont plus rares que dans l'air froid; au contraire, une chaleur humide et très-élevée les accélère. L'accélération de la respiration n'entraîne pas néanmoins, dans ce cas, une augmentation des combustions et des phénomènes chimiques de la respiration. Il est bien reconnu, en effet, que la proportion d'acide carbonique exhalé s'abaisse avec l'élévation de température, ce qui permet au corps de lutter contre l'élévation de sa chaleur propre.

Influence de la chaleur sur la circulation. — La chaleur, sous quelque forme qu'elle agisse, accélère les battements du cœur et augmente naturellement la vitesse du pouls; sa fréquence diminue au moment où la transpiration s'établit; elle diminue aussi lorsqu'il y a tendance à la syncope. Sur les capillaires de la peau, la chaleur, et surtout l'eau chaude, brusquement appliquée, produit tout d'abord une légère contraction, bientôt suivie d'une stagnation apparente du liquide sanguin dans les vaisseaux. Nous ajouterons enfin, pour compléter l'analyse des effets du chaud sur le système circulatoire, que l'accélération de la circulation produite par le calorique peut amener des congestions dans les organes internes, et notamment dans les centres nerveux.

Influence de la chaleur sur le système musculaire. — En général, une chaleur modérée augmente l'irritabilité musculaire. Au contraire, une chaleur très-élevée la diminue, amoindrit la force des muscles et produit la fatigue.

L'usage prolongé des bains chauds affaiblit, dit-on, la force musculaire; cette assertion est trop absolue. En effet, lorsqu'il y a une grande excitabilité nerveuse, le bain chaud produit de bons effets en calmant cette excitabilité qui est elle-même une cause d'épuisement pour la force musculaire.

Influence de la chaleur sur le système nerveux. — La chaleur diminue l'irritabilité nerveuse; mais elle ne produit cet effet que lorsqu'elle est employée à des degrés voisins de la chaleur propre normale. On sait, en effet, qu'un bain chaud ou une douche chaude, à une température à peu près équivalente à celle de la peau, calme les nerfs. On sait aussi qu'employée à une température un peu plus élevée, l'eau peut exercer une action sédative ou analgésique, si toutefois son application est de courte durée. Mais lorsque la chaleur atteint un degré supérieur, elle peut provoquer chez l'individu soumis à son influence des effets excitants qui peuvent donner naissance à des accidents sérieux, à moins que le sujet n'ait été préparé, par une sorte d'entraînement, à supporter cette influence. Nous reviendrons, du reste, sur cette question intéressante en étudiant les effets thérapeutiques que l'application du calorique détermine dans certaines maladies.

Influence du froid sur la sensibilité tactile. — Le froid produit sur la sensibilité tactile un effet très-sensible, surtout si son application est renouvelée avec rapidité ; car chaque mouvement réveille la sensation du froid, en renouvelant le rayonnement et le contact. Le froid vif détermine d'abord une impression douloureuse qui augmente jusqu'à ce qu'il se produise de l'anesthésie. L'insensibilité persiste un certain temps après la cessation de l'action du froid, ce qui permet de frictionner la peau avec des linges rudes sans que le patient en ressente de la douleur. L'immersion dans l'eau froide est moins désagréable si l'on entre dans l'eau rapidement que si l'on y entre lentement et progressivement ; cela tient à ce que, dans le premier cas, la sensation est plus généralisée et, par conséquent, moins distinctement perçue.

La sensation que fait naître l'eau froide projetée sur le corps est très-variable. Très-vive, quand le liquide est très-divisé et la force de projection peu considérable, elle est beaucoup moins prononcée si l'eau n'est pas divisée et si elle détermine un choc violent. La différence entre ces sensations est la même que celle qui existe entre le chatouillement et une forte pression exercée sur la peau. Quant à la tolérance pour le froid qui s'établit progressivement après la première impression, elle trouve son explication dans la diminution de la conductibilité des impressions par suite de l'abaissement de la température des nerfs, fait mis en relief par les belles expériences d'Helmholz, dont nous avons déjà parlé.

Influence du froid sur la chaleur propre. — Appliquée sur tout l'ensemble du corps, l'eau froide exerce sur la chaleur propre une influence considérable. Cette influence est salutaire quand elle est bien dirigée; mais elle peut être fatale si l'organisme reste longtemps soumis à l'action de cet agent. Les expériences de J. Currie démontrent que l'abaissement de la température du corps ne peut dépasser certaines limites. Cet observateur cite le cas d'un homme sain et robuste qui, ayant été soumis à une immersion froide qui abaissa sa température jusqu'à 29°,44, fut à ce moment en danger de mort. Il semble donc que ce degré exprime la température *minima* à laquelle l'homme puisse être exposé dans ces conditions.

Certaines parties isolées du corps, la main, par exemple, peuvent, lorsqu'on les soumet seules à des températures très-froides, descendre à un degré bien plus bas que celui qui vient d'être indiqué comme étant la limite pour la chaleur propre. Des expériences d'Herpin, de Fleury, de Brown-Sequard, de Tholozan et des nôtres, il résulte que l'abaissement de température est purement local et, dans ce cas, sans influence manifeste sur la chaleur générale du corps. Il en résulte, de plus, que la partie refroidie ne revient à la température primitive, dans une atmosphère de 17° ou 18°, qu'après un temps considérable, variant entre 50 minutes et 3 heures. D'après ces données, on peut donc admettre que la tolérance de l'organisme pour le froid dépend surtout de la durée de l'application, de la forme sous laquelle elle a lieu et de l'étendue de la région exposée au refroidissement.

L'eau froide en boisson n'est pas non plus sans influence sur la température du corps. Les expé-

riences de Lichtenfels, de Frœhlich et de Winternitz le démontrent d'une façon péremptoire. Au
surplus, personne n'ignore les accidents qui surviennent à la suite de l'ingestion de boissons très-
froides. Ces accidents se produisent comme après
le bain froid, c'est-à-dire lorsque l'impression subite du froid a lieu après un exercice violent. Cet
exercice, en effet, provoque une trop longue transpiration, épuise les forces du sujet et fait perdre à
l'organisme la quantité de chaleur propre qui est
nécessaire à l'apparition d'une bonne réaction.

Influence du froid sur la respiration. — L'activité
des combustions respiratoires est d'autant plus
grande que la température à laquelle le corps est
soumise est plus basse. L'expérience l'a démontré,
mais il ne faut pas conclure qu'il y ait pour cela accélération des mouvements respiratoires; ceux-ci,
en effet, sont, au contraire, ralentis dans le bain froid,
seulement les respirations sont plus amples et plus
profondes. Notre appréciation ne s'applique pas aux
cas où l'eau est animée de mouvement, comme
dans la douche, qui, toutes choses égales d'ailleurs,
donne une augmentation de cinq à six inspirations.

Influence du froid sur la circulation. — Tandis que
la chaleur accélère la circulation, le froid la ralentit
et, dans un bain froid, le pouls diminue toujours de
fréquence. Il est vrai que, dès le début de l'application, les battements du cœur s'accélèrent, mais ils
se ralentissent bientôt et deviennent d'autant moins
fréquents que la température de l'eau est plus basse.
Dû à une action réflexe, ce double effet ne se produit généralement que sous l'influence d'une application froide générale. Administrée en boisson, l'eau

froide exerce la même action sur les mouvements du cœur, le pouls peut alors baisser de 15 pulsations, et il faut quelquefois une demi-heure pour le ramener à son rhythme primitif.

La pâleur de la peau qui se produit sous l'influence du froid est due à une contraction des vaisseaux capillaires. Lorsque l'abaissement de température continue d'agir, la pâleur de la peau cesse et fait place à une rougeur qui indique une stagnation du sang dans les vaisseaux. Les veines sont aussi contractées et le paraissent plus que les artères: c'est ce qui explique la stagnation du liquide sanguin dans les capillaires, stagnation qui nous paraît être plutôt le résultat d'une action réflexe que de la moindre flexibilité des globules sanguins, ainsi que le voudraient quelques auteurs, ou de l'épaississement de la partie liquide du sang.

Influence du froid sur le système musculaire. — Le froid diminue la contractilité musculaire et peut même l'anéantir lorsqu'il est exagéré. L'irritabilité propre des muscles et l'excitabilité nerveuse étant essentiellement connexes, il est difficile de dire si l'amoindrissement de la contractilité musculaire produite par le froid tient à l'action de cet agent sur le nerf ou sur le muscle. Humboldt a démontré que l'excitabilité éteinte dans les muscles peut être rétablie par la chaleur, à la condition qu'elle soit amenée d'une façon lente et progressive. Une température élevée, amenée brusquement, agirait à la façon d'un excitant, du froid, par exemple, et provoquerait rapidement l'épuisement de l'excitabilité. Il importe de bien apprécier ces diverses influences lorsqu'il s'agit de diriger l'hydrothérapie contre les

maladies dans lesquelles la contractilité musculaire
est altérée.

Influence du froid sur le système nerveux. — Le
froid agit sur le système nerveux de deux façons :
par une impression sur les nerfs sensitifs de la peau
et par une soustraction de calorique produite dans
l'économie.

Lorsque l'eau froide est mise en contact avec la
surface cutanée, elle développe dans les extrémités
des nerfs sensitifs une impression qui, après avoir
été transmise aux centres nerveux, est répercutée
par une série d'actions réflexes dans les fibres motrices correspondantes. Ainsi, lorsqu'on plonge une
main dans l'eau froide, la température de l'autre
main, laissée à l'air, diminue sans qu'il y ait modification de la température générale. Quand on projette de l'eau froide sur la plante des pieds, on détermine des contractions dans les membres inférieurs et dans les organes qui sont contenus dans
le bassin. Si l'on se plonge dans une piscine d'eau
froide, en prenant toutes les précautions nécessaires
pour préserver la partie supérieure du corps du
contact de l'eau, on ne tarde pas à éprouver du
frisson accompagné de claquements de dents. Ce
phénomène de contraction des muscles de la mâchoire est donc le résultat d'une impression périphérique qui, en passant par les centres nerveux,
s'est transformée en mouvement dans une région où
l'eau froide n'a pas été appliquée. C'est par une
action nerveuse de même ordre que se produisent
les phénomènes connus sous le nom de *chair de
poule*, le frisson, les tremblements, les battements
de cœur, en un mot, tous les phénomènes qui se

développent dans le système nerveux cérébro-spinal à la suite d'une application d'eau froide sur la peau.

L'eau froide appliquée sur la peau ou sur les muqueuses agit aussi sur tous les viscères, en déterminant des actions réflexes dans toutes les régions innervées par le grand sympathique. Ces effets réflexes ne se limitent pas seulement à la circulation et à la respiration, aux mouvements péristaltiques du tube digestif et au réveil des contractions dans les voies génito-urinaires. Leur action est plus étendue: par eux les phénomènes d'absorption et de sécrétion sont modifiés, la nutrition devient plus active et l'échange de matières plus accéléré.

Lorsque l'application du froid est de longue durée, la soustraction du calorique est plus grande, l'excitabilité des nerfs de la peau diminue et peut même cesser complétement. La soustraction du calorique s'étend de plus en plus aux parties internes et s'y manifeste par un nouveau sentiment de froid et de frisson qui semble être la limite de l'excitation que le système nerveux puisse supporter sans danger. Si, à ce moment, la soustraction de chaleur cesse, les nerfs reprennent leurs fonctions, et, par suite d'une augmentation dans l'activité nerveuse, l'équilibre se rétablit dans l'économie tout entière.

Le système nerveux présidant à tous les actes de l'économie, à ceux de la vie animale comme à ceux de la vie végétative, on comprend facilement qu'un ébranlement nerveux, comme celui que produit le froid, doit se manifester dans les différents organes en déterminant une modification dans leur fonctionnement.

De l'eau froide au point de vue de la méthode hydrothérapique. Réaction. — Maintenant que les effets du froid sur l'organisme sont connus, nous allons retracer rapidement les effets produits par l'eau froide employée comme agent de la méthode hydrothérapique. Il est inutile de rappeler que les différents degrés de température exercent une action différente et qu'en général, plus la température de l'eau s'éloigne de celle du corps, plus son action est puissante. En prenant comme sujet d'observation un homme en état de santé, soumis à une température de 8° à 12° centigrades, on peut constater que la sensation du·froid est d'autant plus grande que le sujet reste plus immobile et que le courant de l'eau est plus rapide.

Que l'application du froid ait lieu sous forme de bain, de douche ou d'affusion, l'impression qu'il produit à la surface de la peau provoque dans tout l'organisme une succession de phénomènes résultant d'actions réflexes qu'il est utile de connaître.

La surprise produite par la première impression sur les nerfs sensitifs de la périphérie arrache souvent un cri, amène une sensation désagréable de froid et d'horripilation, accompagnée de grelottement, de claquement de dents et de tremblements. La respiration devient courte et entrecoupée, le pouls dur et petit; les battements du cœur, tout en conservant leur rhythme normal, acquièrent quelquefois plus de force et d'énergie; et le patient éprouve un sentiment 'de refoulement du liquide sanguin de la périphérie vers le centre. La peau se décolore rapidement par suite de la contraction des capillaires et le phénomène désigné sous le nom de chair de poule apparaît très-distinctement. En même temps les mamelons se dressent, le pénis se recourbe et le prépuce se ride, pendant que les testicules remontent vers l'anneau. Puis, l'action du froid. s'étendant aux muscles de la vie végétative, détermine fréquemment des contractions qui activent les sécrétions de certaines glandes et provoquent l'évacuation involontaire des cavités naturelles.

Si l'on arrête l'application de l'eau froide, le calme renaît bientôt dans tout l'organisme, la respiration devient plus ample, et le frisson disparaît. L'augmentation de la force des battements du cœur triomphe du resserrement des capillaires qui se remplissent de sang. Dès lors, on voit apparaître, sur toute la surface cutanée, une rougeur plus ou moins vive, accompagnée d'une agréable sensation de chaleur.

Si l'application continue, le refroidissement s'accentue davantage, l'activité du cœur diminue, la circulation cesse dans les vaisseaux superficiels, et l'excitabilité nerveuse s'affaiblit de plus en plus. Il survient alors un nouveau sentiment de froid que l'on désigne habituellement sous le nom de *second frisson*. Il indique qu'il faut suspendre l'application du froid ; car, si l'on poursuivait cette application, on exposerait le système nerveux à des troubles graves et l'organisme à un danger sérieux. Il faut, en effet, que l'excitabilité nerveuse ne soit pas épuisée afin qu'elle puisse spontanément ou artificiellement favoriser le retour de la chaleur.

Lorsque l'action réfrigérante n'a pas été poussée jusqu'à ce point, on observe les diverses phases du retour naturel à la chaleur, fournissant un ensemble de phénomènes auquel on a donné le nom de *réaction*. La réaction est donc la mise en action involontaire de tous les moyens que l'organisme possède pour lutter contre le froid. en provoquant l'apparition d'un groupe de phénomènes contraires à ceux que détermine cet agent. Il est nécessaire de décrire en quoi consiste la réaction.

On admet généralement qu'elle débute au moment où un commencement de chaleur apparaît dans les membres, bien qu'en réalité, à partir de l'application du froid, tout acte de l'organisme vivant concoure à le défendre contre l'action de cet agent. Cette sensation générale de chaleur, qui, souvent, commence avant la fin de l'application du froid, est accompagnée d'une plus grande facilité de la respiration et d'une plus grande activité musculaire. La coloration de la face devient peu à peu ce qu'elle était avant l'opération ; une vive rougeur se manifeste à la peau, et le sujet ressent plus d'aisance, de souplesse et d'énergie ; les téguments sont même beaucoup moins impressionnables aux agents extérieurs. Le pouls s'élève souvent de quatre à cinq pulsations au-dessus du chiffre constaté avant l'application. Le thermomètre indique que la température s'élève peu à peu ; elle dépasse de quelques dixièmes de degré celle du début, pour revenir, après quelques oscillations, en harmonie avec elle.

Nous devons dire que la température du corps et les battements du pouls ne remontent pas toujours immédiatement après l'opération. Au contraire, il arrive fréquemment qu'ils continuent à diminuer pendant un certain temps, après lequel ils suivent la marche que nous avons décrite. Souvent les phénomènes de réaction apparaissent avant la fin de l'application et se continuent si celle-ci a cessé : quelquefois pourtant, si l'application ne cesse pas, ces phénomènes disparaissent, une nouvelle concentration s'opère, et un second frisson apparaît.

La réaction peut être facilitée par la friction, le massage, l'exercice et l'élévation de température du milieu dans lequel elle se fait.

Utiles après l'application de l'eau froide, ces adjuvants le sont également auparavant. En effet, la réaction se fait mieux lorsque, par suite de l'élévation de la température, le corps est devenu moins impressionnable au froid ; on peut alors prolonger l'application ou faire usage d'une eau plus froide, ce qui a pour effet de rendre la réaction plus énergique. Nous avons déjà dit, et nous répétons ici, qu'il est nécessaire, si la chaleur du corps a été développée par l'exercice préalable, que celui-ci n'ait pas été poussé jusqu'à la fatigue ; car, chez les individus surmenés, la transformation de chaleur en mouvement produit un abaissement de la température propre et l'organisme n'a plus l'énergie suffisante pour fournir les éléments d'une bonne réaction.

On peut dire qu'une température un peu élevée et un exercice modéré sont les meilleurs moyens de se préparer à l'eau froide ; l'état de transpiration même n'est pas une contre-indication, s'il n'est pas accompagné d'une grande fatigue. En règle générale, la réaction se fait d'autant mieux que l'eau est plus froide et plus animée de mouvement, que l'application est de courte durée, que la température de l'air ambiant est plus haute, que la chaleur propre du

corps est plus élevée et que le sujet est plus vigou-
reux.

Peut-être serait-il convenable, pour compléter ces
considérations physiologiques, de parler ici de l'action exercée sur l'organisme par l'application successive et rapprochée du calorique et du froid;
mais nous avons pensé que cette étude serait mieux
placée dans la partie de cet ouvrage consacrée à
l'étude des effets thérapeutiques produits par les
divers procédés qui constituent la méthode hydrothérapique.

CHAPITRE III

PROCÉDÉS OPÉRATOIRES ET APPAREILS

Avant d'aborder l'étude du manuel opératoire et
la description des divers appareils ou procédés mis
en usage en hydrothérapie, il est nécessaire d'entrer
dans quelques considérations touchant l'action spéciale du calorique, selon le mode d'application employé.

En Allemagne on fait de la sudation la base du
traitement hydrothérapique ; contrairement à cette
méthode, nous ne l'employons que dans certains
cas bien déterminés. Il n'existe pas, en effet, jusqu'à présent du moins, de données certaines sur
l'efficacité de cette action spoliatrice dont on in-
voque à chaque instant l'action bienfaisante. L'expérience indique, d'ailleurs, que les principaux effets
de l'hydrothérapie sont dus à une action excitante
exercée sur la peau. Le seul avantage de la sudation
est de déterminer, dans l'enveloppe cutanée, un
afflux de sang plus ou moins considérable et d'autant plus marqué qu'on fait suivre l'emploi du calorique d'applications froides. On ne fait usage de la
chaleur dans la médication hydrothérapique que

pour provoquer certains phénomènes physiologiques parfaitement déterminés ; et on ne l'emploie jamais à une température trop élevée, afin d'éviter la vésication de la peau et la mortification des tissus.

Entre 45° et 50°, la chaleur est un rubéfiant énergique, modifiant profondément la circulation centrale ainsi que la circulation capillaire et activant les fonctions respiratoires. C'est souvent à une température moindre, entre 30° et 40°, que le calorique est employé comme agent sudorifique, et alors son application, continuée pendant de longues heures, n'incommode pas le malade. Néanmoins, pour obtenir des effets plus complets et plus soutenus, on a reconnu depuis longtemps l'utilité de faire suivre l'emploi du calorique d'affusions plus ou moins froides.

Dans la plupart des cas, ce qu'on veut obtenir en hydrothérapie, par l'usage du calorique, c'est l'élévation de la chaleur propre. Cette élévation artificielle est nécessaire à certains malades qui sont dans l'impossibilité de faire aucun exercice, ou chez lesquels il y a un abaissement marqué de température ; la chaleur extérieure, en faisant affluer le sang à la périphérie, leur permet de supporter plus facilement la première impression du froid, et, en éveillant l'activité nerveuse, les dispose à la réaction. Dans d'autres circonstances, l'application du calorique est poussée jusqu'à la production de cette excitation de la peau qui amène la sueur. Dans quelques cas, au contraire, on cherche, par ce moyen, à obtenir une sorte d'anesthésie de la surface cutanée, dans le but d'atténuer l'action stimulante de l'eau froide. Cet effet est surtout recherché lorsque le malade se trouve dans un état d'irritabilité qui peut rendre les applications froides dangereuses ou tout au moins pénibles à supporter.

Chacun de ces résultats peut être obtenu par des procédés bien distincts qui sont : *l'emmaillottement sec*, *l'emmaillottement humide*, le *bain de vapeur*, le *bain d'air chaud*, le *bain d'eau chaude* et la *douche chaude*.

Maillot sec. — Le maillot sec, très-usité en Allemagne, est un agent puissant de sudation. La durée de son application est fort longue ; elle varie d'une demi-heure à plusieurs heures. C'est ordinairement le matin, au sortir du lit, qu'on en fait usage. Le malade est couché et enveloppé tout nu dans une couverture de laine ; la tête reste à l'air libre, pendant que le corps est enfoui sous des couvertures ouatées ou un lit de plumes. Dans ces conditions, la chaleur du corps, s'accumulant à la surface de la peau, réagit à son tour sur le foyer dont elle émane et provoque la transpiration. Celle-ci apparaît dès que la chaleur animale est arrivée à son maximum, lequel ne dépasse jamais à la surface, d'après de nombreuses observations, de $2°$ la température normale. Dans les autres régions de l'organisme, la température accusée par le thermomètre varie généralement à peine de $0°,1$ et s'élève rarement jusqu'à $1°$.

Le maillot sec est avantageusement employé chez les personnes qui sont obligées de garder la position horizontale ou qui doivent recevoir dans leur chambre une application froide.

Le malade éprouve souvent, pendant la durée de son application, un bien-être et un calme parfaits, ainsi que de la tendance au sommeil. Pourtant il ressent parfois une sorte d'irritation intérieure que l'on combat facilement en lui faisant prendre des boissons rafraîchissantes et en renouvelant l'air de l'appartement.

L'application du maillot sec, lorsqu'elle est prolongée, donne lieu, par la transpiration, à une perte de liquide qui peut aller jusqu'à 100 grammes. Elle devient à la longue insupportable, produit de la pesanteur de tête, de la turgescence du visage, des vertiges, des bruissements d'oreilles, des nausées, de la soif, de la fatigue et, quelquefois même, détermine des petites hémorrhagies dans les organes les plus vasculaires.

Dès que le malade sort du maillot, il est soumis à l'application de l'eau froide, par le procédé jugé le plus convenable. Employé seul, le maillot sec ne produirait que des résultats incertains ou négatifs; associé à l'eau froide, il devient d'une utilité incontestable. Mais, comme son action est lente et qu'il faut parfois attendre quatre ou cinq heures pour obtenir la sudation, on ne doit l'employer qu'avec réserve et le proscrire lorsque les malades ont besoin d'un traitement énergique et rapide. De plus, comme l'application du maillot sec produit souvent une gêne de la respiration avec accélération des battements du cœur et même des poussées congestives vers la tête, son emploi sera contre-indiqué chaque fois que l'apparition de ces phénomènes sera à redouter.

L'usage du maillot sec est indiqué dans les affections douloureuses où l'éréthisme nerveux est peu marqué, dans les affections paralytiques, chez les personnes qui n'ont pas besoin d'être tonifiées ou trop fortement stimulées. Nuisible et même dangereux dans l'hystérie, lorsque cette affection s'accompagne de spasme du côté des voies respiratoires, le maillot sec est aussi contre-indiqué dans l'épuisement nerveux, la chloro-anémie et la chorée.

Maillot humide. — Sur un lit de sangle, ordinairement garni d'un matelas, on étend une couverture de laine sur laquelle on déploie un drap trempé dans l'eau froide et plus ou moins tordu. On couche sur ce lit le malade dont la tête est relevée par un oreiller de crin, et dont les bras sont allongés sur les hanches. On l'enveloppe d'abord dans le drap mouillé, dont les bouts, croisés sur la poitrine, vont se rejoindre derrière le dos ; puis la couverture de laine est enroulée de la même façon autour du corps. L'excédant, par le bas, du drap et de la couverture est rabattu sur les pieds. Le tout est recouvert d'un lit de plume qu'on borde avec soin aux pieds et sur les côtés.

Les premiers symptômes accusés par le patient sont : un froid très-vif, de légers frissons et parfois un tremblement plus ou moins marqué. En même temps, on constate un abaissement de la température, la pâleur de la face et le ralentissement du pouls. Ces phénomènes font bientôt place à une sensation agréable de fraîcheur et de calme, puis tous ces signes disparaissent et sont remplacés par une réaction franche que l'on peut régulariser avantageusement au moment où elle apparaît, à l'aide d'une courte application d'eau froide.

Au point de vue de la réaction, le maillot humide a plusieurs avantages : suivant la manière dont il est appliqué, on peut la provoquer, on peut l'arrêter quand elle commence, on peut même empêcher son apparition.

Si on veut l'obtenir, le drap sera fortement tordu. Si l'on recherche, au contraire, une action sédative, on mouillera le drap davantage, et l'on suspendra l'application dès que le mouvement de réaction commencera à se manifester. Si les effets sédatifs doivent être très-accentués, on aura recours à un deuxième, troisième et même à un quatrième emmaillottement, de manière à éteindre les phénomènes de réaction ou à les rendre imperceptibles.

En résumé, le maillot humide agit au début, c'est-à-dire pendant une demi-heure environ, comme calmant; son action sédative est plus accusée, si le drap est très-mouillé et si les applications de l'emmaillottement sont souvent renouvelées. Dès qu'on prolonge l'application, la sudation ne tarde pas à arriver; cependant il faut quelquefois attendre trois ou quatre heures avant qu'elle n'apparaisse, et alors des phénomènes d'excitation générale succèdent à l'effet sédatif. La durée d'application du maillot sera donc déterminée par l'effet qu'on en veut obtenir. Ce procédé est utile dans certaines maladies; mais il est absolument contre-indiqué chez les individus ayant des tendances aux congestions cérébrales ou internes.

Demi-maillot. — Le demi-maillot s'applique comme le précédent, mais il est généralement limité au tronc, laissant libres les mouvements des membres. Son action, moins énergique que celle du maillot entier, détermine une légère excitation des centres nerveux, sans jamais provoquer le moindre phénomène de congestion. On l'a employé avec succès dans certains cas d'insomnie rebelle ou pour combattre l'excitation cérébrale que provoquent certaines maladies du tube digestif.

Dans le cas d'insomnie, on peut le laisser en place toute la nuit, alors même que le malade sommeille, à la condition de pratiquer une friction ou une lotion froide quand on l'enlève.

Le demi-maillot suffit presque toujours pour obtenir les effets demandés au maillot complet; il a sur ce dernier l'avantage de ne pas refroidir les pieds; il n'est pas soumis aux contre-indications du maillot général, et son application est beaucoup mieux supportée par les malades.

Des étuves. — Ce sont des salles dans lesquelles les malades sont soumis au contact de vapeurs humides ou sèches, simples ou chargées de principes médicamenteux.

L'étuve limitée est une sorte de caisse dans laquelle le patient est placé de telle sorte que sa tête reste libre pendant que tout son corps est soumis à l'action de la vapeur. L'étuve limitée est préférable à l'étuve générale, parce qu'elle permet au praticien de localiser et de doser les effets qu'il veut produire.

Étuve humide. — *Bains de vapeur*. — Le malade est introduit dans une chambre où l'on fait pénétrer des courants de vapeur dont la température varie de 36° à 75°, le plus souvent elle est de 45°. La première impression qu'on éprouve, en entrant dans cette atmosphère saturée, est celle d'une chaleur difficile à supporter; mais peu à peu cette impression s'efface et, au bout de quelques minutes, tout sentiment de malaise a disparu, la respiration devient libre et régulière, la tête, congestionnée au début, se dégage, la sueur commence à perler et finit par recouvrir toute la surface cutanée.

Le bain de vapeur est un agent d'une si puissante énergie et si facile à supporter qu'il n'y a pas, pour ainsi dire, de personnes qui lui soient réfractaires. Il a toutefois une action limitée par cette raison qu'on ne peut pas souvent en renouveler les applications sans exposer l'organisme à un épuisement rapide; d'où la nécessité de joindre au bain de vapeur l'action de l'eau froide qui, sous une forme ou sous une autre, combat la débilité occasionnée par le calorique.

La durée du bain de vapeur oscille entre quelques minutes et une demi-heure; elle ne doit dans aucun cas durer plus de trois quarts d'heure.

Bain russe. — Il consiste en une étuve humide auprès de laquelle se trouvent deux salles : l'une dans laquelle on pratique des applications plus ou moins froides; et l'autre où les malades restent quelque temps en repos avant d'aller à l'air libre.

Dans l'étuve humide sont disposés des gradins qui permettent de se trouver au contact d'une quantité de vapeur plus ou moins chaude suivant le degré sur lequel on se place. Sur ces gradins se trouvent des lits où l'on peut s'étendre et se faire frictionner. En sortant de l'étuve, on reçoit une douche en pluie, ou l'on entre dans une piscine alimentée par un double réservoir d'eau chaude et d'eau froide; l'on pénètre ensuite dans la salle de repos où des frictions régulières sont faites sur tout le corps. Ces pratiques seraient excellentes si elles étaient dirigées par des personnes compétentes. Elles donnent trop souvent lieu, malheureusement, à des accidents graves, les malades n'ayant pour guide qu'un garçon de bains ignorant et incapable de juger de l'opportunité et de la durée de cette médication énergique.

Douches de vapeur. — On les emploie dans les maladies asthéniques, dans les engorgements chroniques des articulations, dans certaines affections rhumatismales et goutteuses. Un tuyau flexible de caoutchouc, qui part d'un réservoir où l'eau est en ébullition, sert à les administrer. Si l'eau du réservoir est chargée de principes médicamenteux, la douche est dite *fumigatoire*. Lorsqu'on veut agir sur les voies respiratoires, on laisse les vapeurs se répandre librement et envahir un endroit clos où se trouve renfermé le malade.

Étuves sèches. — On en distingue deux sortes : l'*étuve sèche générale* et l'*étuve sèche partielle*.

Étuve sèche générale. — C'est une salle plus ou moins spacieuse, hermétiquement fermée et le long des cloisons de laquelle serpentent des tuyaux où circule de l'eau chaude, de la vapeur d'eau ou de l'air chaud. La température de cette étuve peut être portée jusqu'à un degré très-élevé. Le malade y reste un temps plus ou moins long, suivant qu'on veut produire une simple élévation de température, provoquer la transpiration ou activer la circulation du sang.

Ce genre d'étuve, d'une installation très-dispendieuse, est peu usité, on lui préfère habituellement l'*étuve à la lampe*, qui permet d'éviter au patient l'obligation de respirer l'air chaud, la tête restant en dehors de l'étuve.

Étuve sèche à la lampe. — Usité depuis un temps

très-reculé, cet appareil de sudation semble avoir été particulièrement en faveur au xviie siècle. Neucrantz le décrit dans un ouvrage portant la date de 1648 (*De purpura*); Glauber, F. Platter et Badder l'employaient vers le même temps contre la paralysie et le rhumatisme; Boerhaave le recommande aussi (*De morb. vener.*, 1751); et, dans ces derniers temps (1832), Dzondi a fait beaucoup d'efforts pour en propager l'emploi.

L'appareil généralement usité aujourd'hui consiste en une chaise de bois entourée de cerceaux jusque vers la hauteur des épaules; le siége sur lequel le patient doit s'asseoir est percé de quinze à vingt trous de 1 centimètre de diamètre. Entre les pieds antérieurs de la chaise se trouve une planche verticale, également percée de trous plus ou moins nombreux, et à laquelle adhère un escabeau horizontal, élevé de quelques centimètres au-dessus du sol et destiné à soutenir les pieds. Les grands arcs en bois dont l'appareil est garni extérieurement servent à maintenir les couvertures écartées du tronc et des membres. Une lampe à alcool, munie de quatre ou cinq becs, est placée sur le sol, au milieu de l'espace circonscrit par les pieds de la chaise.

Le malade, entièrement nu, étant assis, on entoure la chaise, d'arrière en avant, d'une large couverture de laine dont l'extrémité supérieure est fixée solidement autour du cou du patient et dont les deux coins inférieurs sont ramenés en avant et attachés de la même façon. On dispose de même, en sens inverse, une seconde couverture par-dessus laquelle on étend un large manteau imperméable. Le malade se trouve donc dans une atmosphère entièrement close, dont la température peut être augmentée ou diminuée à volonté, au moyen des mèches de la lampe, que l'on peut élever ou abaisser facilement.

Si l'on recherche simplement l'effet sudorifique, la température ne doit pas être élevée au-dessus de 40 ou de 50 degrés au maximum; dans ces conditions, on peut la supporter un temps assez long sans en être incommodé sensiblement. Il faut avoir soin, aussitôt que la sueur devient abondante, de faciliter l'entrée de l'air extérieur dans l'appartement, et l'on fait boire au patient un quart de verre d'eau froide toutes les dix minutes environ. De cette manière, le pouls et la respiration n'éprouvent pas de modifications sensibles, ni pendant, ni après l'opération.

Si l'on veut obtenir un effet excitant ou révulsif, il faut que la température de l'étuve atteigne 55 ou 60 degrés. Le patient éprouve alors une sensation de brûlure sur tout le corps, de l'excitation générale, de la soif, des nausées, des bruissements d'oreille, de la pesanteur de tête, etc. Le pouls devient fréquent, les artères temporales battent avec force, les veines du front se gonflent, et finalement le malade est dans un état de malaise qu'il importe d'arrêter. Il faut donc, comme on le voit, une surveillance attentive de la part du médecin. Quand on suppose l'excitation suffisante, le malade se plonge rapidement dans une piscine, ou reçoit une douche.

Il ne faut pas oublier, pour compléter la description de ce procédé, de mentionner l'excitation particulière produite sur les parties génitales par l'acide carbonique résultant de la combustion de l'alcool. Il sera donc bon de les préserver, autant que possible, de cette action, qui peut être nuisible.

Employée seule, c'est-à-dire sans application froide consécutive, l'étuve sèche ne pourrait être supportée sans inconvénient; elle affaiblirait l'organisme ou serait susceptible de déterminer une excitation maladive de la peau.

Le procédé de l'étuve sèche est le plus sûr moyen d'obtenir la transpiration, même chez des malades qui suent difficilement; il élève la température du corps et prépare le malade à l'action de l'eau froide; il constitue enfin un des éléments que l'hydrothérapie fournit à la médication révulsive.

Bains turcs, maures, etc. — Ces bains, dont l'usage est très-répandu en Orient, commencent à être fort usités en Angleterre, en Allemagne et en France. Ils consistent en une série graduée d'étuves sèches, à proximité desquelles se trouvent des appareils destinés à faire des applications d'eau chaude et d'eau froide. Les étuves sont généralement au nombre de trois. La première, ou *tepidarium*, est une salle où la température de l'air sec est d'environ 50 degrés centigrades. Le baigneur est introduit dans cette étuve et y séjourne jusqu'au moment où la sueur commence à paraître. Il quitte alors le tepidarium pour pénétrer dans une seconde étuve appelée *calidarium*, où la température de l'air oscille entre 70 et 80 degrés centigrades, et dans laquelle il reste jusqu'à ce que la transpiration soit généralisée. Si la peau est restée réfractaire à cette excitation, et si la sueur n'a pas été provoquée, on fait entrer le baigneur dans une étuve dont la température varie entre 90 et 100 degrés centigrades, et où il séjourne jusqu'à ce que la transpiration soit abondante. Quand elle est bien établie, on le conduit dans une salle de massage, d'où il passe ensuite dans le *lavatorium*, où l'on pratique des ablutions tièdes. Après ces opérations successives, il se plonge dans une piscine froide ou reçoit une douche, puis se repose pendant quelques instants, et se livre ensuite à un exercice approprié à ses forces physiques.

Le bain turco-romain exerce une influence très-salutaire sur le fonctionnement de la peau, sur le système musculaire, sur le système nerveux et sur la circulation du sang; à ce titre, il peut rendre de très-grands services dans un certain nombre de maladies. Malheureusement, la multiplicité des procédés dont l'ensemble constitue le bain turc proprement dit rend son usage difficile en thérapeutique, et restreint son intervention. Il convient parfaitement aux personnes dont la santé n'est pas très-altérée, à celles qui ont besoin d'être aguerries contre les changements de température, à quelques rhumatisants, à quelques goutteux, à condition toutefois que ceux qui se soumettent à ces pratiques balnéaires ne soient pas disposés à des congestions cérébrales ou n'aient pas à redouter des accidents du côté du cœur. Au point de vue hygiénique, pour les gens bien portants, le bain turc est une bonne chose; mais, au point de vue médical, c'est-à-dire thérapeutique, on ne saurait apporter à son emploi assez de réserve et de discernement. Dans ce dernier cas, nous lui préférons une salle de sudation pure et simple dans laquelle la chaleur peut être réglementée par le médecin suivant la nature de la maladie et suivant la susceptibilité du malade.

De l'eau chaude. — Les sudations, fréquemment répétées, sont très-dé_. litantes et en même temps surexcitantes. Aussi, soit à cause de l'affaiblissement de l'organisme, soit à cause de l'éréthisme nerveux, il est souvent impossible de poursuivre au delà d'un mois ou six semaines un traitement qui, le plus souvent, doit être très-longtemps appliqué. En raison de ces inconvénients, nous nous sommes décidé à substituer, dans la plupart des cas, à l'enveloppement et même à l'étuve à la lampe un moyen plus prompt, plus facile à supporter et tout aussi efficace : *l'eau chaude*. Nous ne voulons pas nier les services qu'a rendus et que peut rendre encore la méthode spoliatrice; mais comme, en général, on n'a recours aux sudations que comme moyen de chauffage du corps, nous pensons que, pour obtenir ce dernier effet, il est préférable de recourir à des moyens moins débilitants.

Quand on ne veut, par la chaleur, que préparer la réaction ou atténuer les impressions produites par l'eau froide, les procédés de sudations peuvent être remplacés par tout autre moyen de calorification. Dans cette voie, surtout quand la température ambiante n'est pas très-élevée, la marche et la gymnastique sont d'utiles adjuvants. Toutefois, il ne faut pas oublier que ces pratiques sont interdites à certains malades, tels que les paralytiques, etc. Si donc de tels sujets réagissent mal ou présentent une trop grande impressionnabilité à l'action du froid, il devient nécessaire de les aider par un artifice.

Nous plaçant à ces divers points de vue, c'est l'eau chaude que nous employons comme moyen de calorification ; son action est très-rapide et ne présente pas les inconvénients des autres méthodes. L'application de l'eau chaude est tantôt générale et tantôt locale. Nous employons généralement la douche mobile en arrosoir, parce qu'elle permet tout à la fois de donner une douche généralisée ou localisée. Toutefois, pour cette dernière application, on peut, selon les circonstances, utiliser les appareils à bains de siége, les bains de pieds, la douche périnéale, la douche vaginale, la douche ascendante, etc.

Les opérations les plus ordinaires dans lesquelles entre l'eau chaude comprennent deux parties :

1º L'application de l'eau chaude ;

2º L'application de l'eau froide.

Il est bien entendu que l'eau chaude doit être appliquée la première et, autant que possible, il ne faut laisser aucun intervalle entre son application et celle de l'eau froide.

La température que doit avoir l'eau chaude varie avec la tolérance des sujets, et aussi selon les indications thérapeutiques qu'on veut remplir.

L'impression du froid et du chaud est notablement plus faible lorsque l'eau est administrée en douche que lorsqu'on l'emploie sous forme d'immersion. Ainsi la sensation produite par une douche en pluie à 26º ou 30º est presque une sensation de froid, et il faut arriver à 33º et 35º pour que les malades accusent une sensation de chaleur. Dans le cours de l'opération, on peut élever progressivement celle température jusqu'à 40° et 45° et même au delà chez quelques sujets. Mais il faut toujours commencer par de faibles températures, comme 30° par exemple, en ayant soin de n'augmenter que peu à peu et avec précaution.

Une foule de circonstances influent sur la tolérance pour l'eau chaude. Ainsi chez les malades atteints d'éréthisme nerveux, une température supérieure à 32° ou 35° provoque parfois des accidents nerveux. Chez d'autres, on rencontre, au contraire, une tolérance excessive, contre laquelle il faut se tenir en garde.

La durée des applications comporte aussi des différences individuelles qu'on n'est à même d'apprécier que par la pratique et l'expérience; on peut toutefois lui assigner une moyenne de trois à cinq minutes. Dans ce court espace de temps, la température du corps s'élève autant que si l'on avait recours à un chauffage de vingt-cinq minutes à la lampe ou à un enveloppement de plusieurs heures.

La transition de l'eau chaude à l'eau froide doit être instantanée; mais le mode d'application de l'eau froide et sa durée présentent des différences qui dépendent de l'action thérapeutique qu'on veut produire. Les effets immédiats de cette double application sont des plus remarquables; l'eau chaude, en général, ne rougit la peau que lorsque sa température est assez élevée ou son application assez prolongée. Au moment où l'eau froide vient frapper la surface de la peau, elle donne lieu à une vive rougeur, ou elle l'augmente notablement quand cette rubéfaction a déjà été occasionnée par l'eau chaude.

Ni l'une ni l'autre, employée seule, si ce n'est dans des conditions de température extrême, n'est apte à la produire à un si haut degré, mais leur combinaison y donne lieu d'une manière instantanée et puissante.

Ce passage d'une température élevée à une température très-basse n'est nullement difficile à supporter; l'impression pénible manifestée par quelques personnes n'est pas toujours le résultât d'une sensation réelle. La majorité des malades, et notre expérience personnelle concorde, déclare que la sensation de froid est, au contraire, considérablement atténuée. Il y a d'ailleurs, dans la différence des effets produits, une preuve convaincante de ces dernières assertions et, s'il est vrai que la perception soit vive, il est aussi très-positif que les effets réfléchis sont considérablement affaiblis, ce qui démontre une modification dans l'impressionnabilité de la périphérie nerveuse. Nous nous croyons autorisé à dire que l'eau chaude atténue cette impressionnabilité, et, par conséquent, la force réflexe centrale.

Quand l'application d'eau froide est terminée, il se produit promptement une calorification très-marquée, extrêmement agréable, ressemblant à la réaction après des douches ou des immersions froides. Ce retour de la chaleur est constant; il n'est point utile de le provoquer par l'exercice, et il se produit chez les personnes les moins susceptibles de réaction spontanée, comme les impotents ou les paralytiques. La chaleur a, de plus, l'avantage de se maintenir beaucoup plus longtemps dans ce cas que lorsqu'elle est provoquée par des douches froides seulement, après lesquelles on observe une seconde réfrigération au bout d'une demi-heure, si les malades ne soutiennent pas, par l'exercice, la première réaction.

Les prédispositions individuelles et le mode d'application influent d'une façon manifeste sur la facilité de calorification. et l'on peut dire que ce phénomène et celui de la rubéfaction sont proportionnels : 1° au contraste qui existe entre les deux températures; 2° à la durée de l'application de l'eau chaude et de l'eau froide; 3° à leur degré de percussion.

Les effets seront d'autant plus marqués que le contraste entre les deux températures sera plus considérable, que la durée de l'application d'eau chaude sera prolongée et que la percussion de l'eau sera énergique.

Les effets de tolérance et de réaction que l'on cherche à obtenir par ces applications combinées sont, le plus souvent, très-rapides. Les malades recouvrent promptement leur pouvoir de calorification, une tolérance pour l'eau froide s'établit, et bientôt les applications chaudes deviennent inutiles.

Il ne faut pas confondre l'eau chaude avec l'eau tiède, dont l'application est toujours suivie d'un refroidissement qui peut être utilisé dans certains cas, il est vrai, mais qui n'est nullement propre à réveiller le pouvoir de calorification et la tolérance des malades pour l'eau froide.

Tels sont les effets immédiats qu'on peut appeler des effets physiologiques. Il en est d'autres qui sont essentiellement thérapeutiques, ils varient suivant le procédé opératoire, dont le choix est subordonné à l'indication curative qu'on veut remplir. Ainsi l'eau tiède, employée en immersion, en affusion ou en douche, exerce sur le système nerveux une influence très-salutaire que l'on ne pourrait obtenir de l'eau froide.

De même l'eau chaude, appliquée selon les règles que nous indiquerons, détermine des effets curatifs que l'eau froide seule ne peut pas produire. Il est donc nécessaire de faire intervenir, dans le traitement hydrothérapique, l'eau à toutes les températures. Sans cela, on ne peut répondre aux indications curatives que d'une manière incomplète et on prive les malades de ressources très-précieuses.

Bains chauds. — Les bains chauds, généraux ou particls, offrent des ressources qu'il importe de ne pas négliger.

Les bains chauds, c'est-à-dire ceux dont la température dépasse 30 degrés, se divisent en deux catégories : ceux qui n'ont aucune action sur la chaleur animale et ceux qui la modifient.

Le bain de 34 à 35 degrés, appliqué à un sujet sain, est sans effet sur la chaleur propre; il n'agit que sur la peau, qu'il baigne et qu'il assouplit en relâchant les fibres contractiles et en ouvrant les pores; c'est le *bain neutre*.

Dans l'état de maladie, le bain neutre trouve des applications assez nombreuses; il apaise quelquefois les convulsions, modère la fièvre, et exerce chez certains sujets très-nerveux une influence calmante incontestable. Au surplus, si sa durée est longue, que le malade soit dans une baignoire ou nage dans une piscine, son action sédative est très-prononcée.

Dans le bain chaud dont la température est supérieure à celle du sang, la partie du corps qui est au-dessus de l'eau transpire et probablement aussi celle qui est immergée, car la chaleur humide provoque habituellement la sueur.

Pour expliquer les effets produits par les bains chauds, il n'y a qu'à se rappeler les modifications que la chaleur fait subir aux fonctions physiologiques. Elle élève la chaleur propre, excite les nerfs du sentiment et du mouvement et agit finalement sur le cœur et sur les vaisseaux capillaires par l'intermédiaire des nerfs vaso-moteurs.

Les bains chauds sont quelquefois employés comme révulsifs et comme dérivatifs. On les emploie aussi pour favoriser l'éruption de certains exanthèmes aigus, et toutes les fois que l'on veut déterminer une excitation à la périphérie aux dépens des organes internes.

. Nous devrions parler ici de l'absorption cutanée dans le bain; malheureusement, l'espace nous manque pour traiter cette question qui, du reste, est exposée avec détail dans notre *Traité d'hydrothérapie.*

Douches chaudes. — La douche chaude produit des effets excitants immédiats dont les résultats varient suivant le procédé opératoire. L'eau chaude, nous l'avons déjà dit, a pour effet de préparer la réaction, de la rendre plus facile et même, dans quelques cas, de la produire artificiellement.

Sous l'influence de l'eau chaude, la contraction vasculaire est paralysée, et les vaisseaux dilatés de la surface cutanée se gorgent de sang. Lorsque à la douche chaude on fait immédiatement succéder la douche froide, au moment où la peau subit le contact du froid, il y a excitation passagère, contraction des vaisseaux et reflux du sang vers les parties profondes; mais à cette excitation succède immédiatement une paralysie plus intense de la contraction vasculaire, et la congestion s'accroît à la périphérie. Il se produit alors une sédation, une sorte d'anesthésie même qu'il est utile de connaître. Tels sont les effets que prépare la douche chaude prolongée. Dans le cas contraire, c'est-à-dire quand elle est courte, la douche chaude ne détermine que des phénomènes d'excitation. On peut donc, selon le procédé employé, produire à volonté des effets sédatifs et des effets excitants en associant ensemble la douche chaude et la douche froide. De ce principe dérivent la douche écossaise et la douche alternative.

Douche écossaise. — Elle consiste dans l'application d'une douche chaude, qui, commencée à 30 degrés environ et portée progressivement jusqu'à 40, 45 et même 50 degrés, est immédiatement suivie d'une courte application d'eau absolument froide.

Cette douche produit les effets révulsifs les plus remarquables; aussi l'emploie-t-on avec le plus grand succès dans les cas où la médication révulsive est indiquée.

Douche alternative. — Ce procédé consiste à faire succéder plusieurs fois de suite, et pendant un temps égal, alternativement, une douche chaude et une douche froide.

Plus excitante que la douche simplement froide ou chaude, la douche alternative s'applique au moyen de deux tuyaux d'alimentation, l'un d'eau chaude, l'autre d'eau froide, se réunissant en un point où se trouve un robinet coudé à trois voies. Ce robinet est disposé de telle façon qu'en manœuvrant un levier qui lui est adapté, on peut à volonté modifier la température de l'eau qui doit être employée.

De l'eau froide. — L'eau froide est la base de l'hydrothérapie. Sa température, son mode d'application, la durée de l'application, tels sont les éléments qui doivent entrer en ligne de compte si l'on veut bien connaître l'action de l'eau froide sur l'organisme.

Pour produire une réaction franche, la durée de l'application d'eau froide doit être courte et la projection énergique.

Lorsqu'on se propose d'obtenir une action moins vive, on emploie de l'eau moins froide, on prolonge l'application, et l'on diminue la force de projection.

Si, au lieu de réaction, on ne recherche, au contraire, que des effets sédatifs ou une action antiphlogistique, on emploiera de l'eau froide, appliquée longtemps sans percussion, ou l'on fera une application suffisamment longue d'eau peu froide. Toutefois, les applications générales et prolongées d'eau froide exigent beaucoup de mesure et de précaution. En agissant autrement, on s'exposerait à produire une véritable sidération du système nerveux.

Chez les sujets impressionnables à l'eau froide, faibles et excitables, la douche produit un effet perturbateur trop violent; nous lui préférons les frictions faites avec un drap mouillé non tordu. On obtient ainsi, au bout d'un certain temps, une action sédative.

En résumé, une réaction franche, une réaction faible, ou même une réaction nulle, tels sont les trois résultats qu'on peut obtenir par l'application de l'eau froide sur toute la surface du corps. Ces résultats dépendent, d'une part, de la température de l'eau et, de l'autre, de son mode d'application.

En général, pour instituer un traitement hydrothérapique raisonné, il faut tâter la susceptibilité du malade et rechercher la température de l'eau qu'il convient d'employer. Mais, avant tout, il est nécessaire de tenir le plus grand compte de la nature du mal et de savoir, d'une façon exacte, l'effet qu'on veut produire.

Relativement au mode d'application de l'eau froide, deux moyens principaux sont mis en usage : L'eau est projetée sur le corps avec plus ou moins de force ; ou bien elle est simplement mise en contact avec les téguments, sans qu'il y ait percussion.

Le type des applications sans percussion est l'*immersion*, le type des applications avec percussion est la *douche*.

Immersions. — Tout le monde s'entend sur la valeur de ce mot; le bain de rivière et le bain de mer sont les types de l'immersion. Malheureusement, ces deux sortes d'immersion, différentes entre elles au point de vue de leurs effets, ne peuvent pas être soumises à une réglementation sérieuse. Les piscines installées dans les établissements spéciaux répondent beaucoup mieux aux indications thérapeutiques; en effet, il est toujours facile, non-seulement d'y rendre l'eau courante, mais encore d'y faire arriver un flot qui percute le malade et reproduit les effets de la vague.

Piscine. — C'est une simple cuve de grande dimension, presque toujours construite en maçonnerie, avec un revêtement intérieur en faïence : elle est munie, à sa partie supérieure, de deux ouvertures, l'une pour l'arrivée de l'eau, l'autre pour l'écoulement de l'excédant. L'eau de ces bassins artificiels est généralement d'une température qui oscille entre 8 et 15 degrés centigrades et le malade y reste plongé pendant un temps qui varie de 15 secondes à 4 minutes.

La piscine peut être à eau dormante ou à eau courante ; elle peut être à eau froide ou à eau tempérée. Chacune de ces variétés d'immersions produit des effets particuliers qui sont d'une grande ressource dans la thérapeutique des maladies nerveuses.

La piscine froide engourdit la sensibilité nerveuse, calme l'irritabilité musculaire, produit des effets excitants peu accentués. Cet engourdissement, qui survient ainsi chez le sujet soumis à cette immersion froide, et le sommeil qui est souvent la conséquence de cet engourdissement ont fait considérer la piscine comme un procédé de sédation.

Cette appréciation n'est pas juste ; car la réaction ne fait pas défaut comme on pourrait le croire ; elle se produit, même dans la piscine, à moins que le malade n'y séjourne longtemps et ne reste dans une immobilité absolue. Dans ce cas, ce n'est pas une sédation qui est produite, c'est une véritable sidération du système nerveux.

Les effets primitifs d'engourdissement, produits par la piscine froide, s'opposent à une apparition trop rapide des phénomènes qui constituent la réaction. Cette réaction apparaît lentement, progressivement et contribue, en suivant cette marche, à produire à la fois une action tonique et une action sédative.

Action tonique et ralentissement voulu de la réaction, action sédative indirecte, tels sont les effets que produit la piscine à eau froide.

Si le sujet prolonge l'immersion dans la piscine et reste immobile, l'engourdissement peut provoquer des congestions internes ; il est donc bon de lui recommander le mouvement, pour lui permettre de lutter contre le froid qui le saisit. Si le malade ne peut faire de mouvements, on le fera plonger à plusieurs reprises dans la piscine au moyen d'appareils spéciaux, ou bien on fera arriver dans le bassin des courants d'eau qui agiteront la masse en tous sens.

Il est vrai que l'eau courante refroidit plus que l'eau dormante, mais elle facilite le mouvement de réaction et rend par cela même l'engourdissement et le mouvement de concentration moins prononcés.

La durée de l'immersion, l'état d'activité ou d'inertie du malade, le mouvement ou le repos de l'eau sont autant de causes qui font varier les effets physiologiques des piscines d'eau froide.

La piscine est très-employée après les sudations, pour abaisser la température du corps artificiellement élevée ; elle sert à combattre l'insomnie, à calmer l'irritabilité que fait naître la fatigue et peut être considérée à juste titre comme un élément thérapeutique excellent pour traiter un grand nombre de névroses.

Elle est contre-indiquée chez les hystériques qui

crachent le sang ou qui ont de violents accès de suffocation, chez certains vertigineux, chez les personnes atteintes d'affections cérébrales, cardiaques ou pulmonaires, chez celles qui présentent des symptômes non équivoques d'une maladie congestive de la moelle.

Il résulte de ce que nous venons de dire que la piscine froide est principalement indiquée dans les névroses qui ont pour point de départ ou pour principe un état anémique. Lorsque ces névroses rendent les malades excitables au point de les empêcher de supporter le contact de l'eau froide, il faut procéder autrement et obtenir la sédation du système nerveux en commençant le traitement par des immersions dans une eau à température plus élevée. Que de gens, atteints de névroses, ont dû leur guérison à la natation dans des piscines tempérées ! Que d'exemples à citer parmi les femmes hystériques qui, incapables de tolérer l'eau froide au début, l'ont admirablement supportée après un certain nombre d'immersions dans des piscines tièdes ! Bien souvent nous avons remarqué que, dès que certaines hystériques arrivent à supporter l'eau froide, la guérison ne se fait pas longtemps attendre.

Bains de rivière. — Bains de mer. — Ils ne diffèrent pas sensiblement par leurs effets de la piscine à eau courante. Néanmoins, il est difficile de les réglementer, et ils ne conviennent qu'après un traitement suivi dans un établissement spécial, et alors que la guérison est sinon complète, du moins en bonne voie. Le traitement maritime ne convient pas aux malades dont le système nerveux est trop surexcité. Ils le surexcitent davantage.

Bains partiels. — Ce sont des immersions localisées à telle ou telle partie du corps, dont l'action générale est proportionnelle à l'étendue de la partie immergée et à l'importance de cette partie au point de vue du réseau nerveux. Dans certains cas, l'action indirecte du bain partiel se manifeste dans les régions non immergées qui ont avec la première d'étroites sympathies.

Les bains partiels s'emploient à toutes les températures, comme excitants locaux, comme dérivatifs et comme révulsifs. Afin de faire bien connaître leurs effets variés, nous allons passer en revue les bains partiels les plus usités.

Demi-bain. — On l'emploie rarement en France. Le malade est couché dans une baignoire ordinaire, dans laquelle on verse de l'eau froide jusqu'à une hauteur de 30 à 40 centimètres. La tête et la poitrine sont lavées avec de l'eau froide pendant la durée du bain, afin que les parties non immergées prennent part à la soustraction de calorique. En même temps, les membres inférieurs sont vigoureusement frottés dans l'eau. A la sortie du bain, qui ne peut être que de courte durée, le malade favorise la réaction par l'exercice ou en se plaçant dans un lit préalablement chauffé. Lorsqu'on veut augmenter l'effet excitant produit par le bain froid, on commence par chauffer le malade au moyen d'un des procédés habituellement employés pour cet usage, comme par exemple la douche chaude dirigée sur la partie inférieure du corps ou les maillots.

Le demi-bain peut remplacer le bain entier quand on veut soustraire à l'organisme moins de calorique, et quand le malade ne peut supporter la pression

exercée par l'eau sur le thorax ; il peut être sub-
stitué au bain de siége quand le malade éprouve des
difficultés à plier les jambes et à se placer par conséquent dans les baignoires qui servent à l'admi- •
nistration de ces bains ; il peut enfin être un

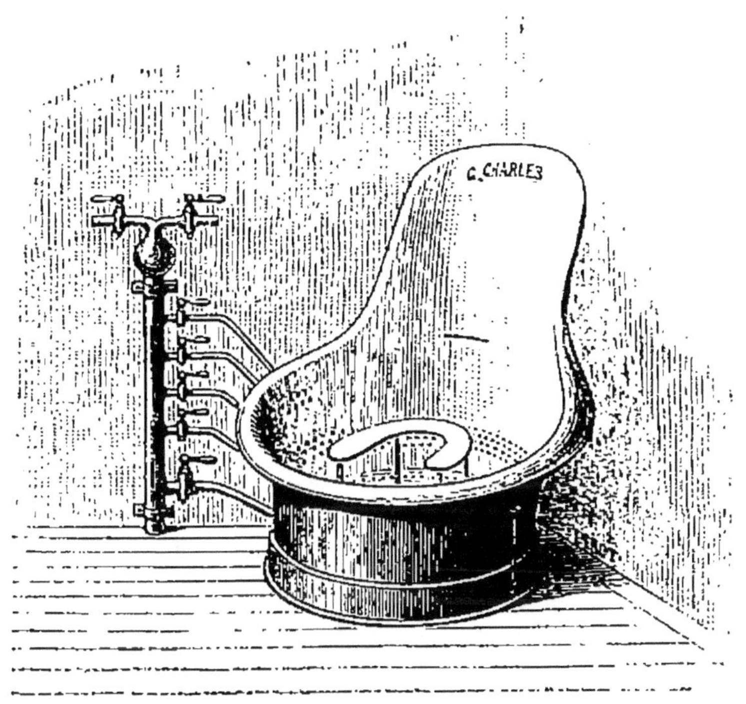

Fig. 1.

utile adjuvant dans certaines parésies des membres
inférieurs.

Bain de jambes. — Comme le précédent, dont il est
un diminutif, il produit une dérivation puissante, et
peut être utilisé pour décongestionner les organes
supérieurs et ceux qui sont contenus dans la cavité
abdominale. On l'a vu réussir dans certaines

formes de goutte et de rhumatisme siégeant aux extrémités.

Employé comme agent antiphlogistique ou de sédation, on doit s'abstenir de toute espèce de frictions, se servir d'eau modérément froide, 15 a 20°, et prolonger l'application assez longtemps pour éteindre tout mouvement de réaction.

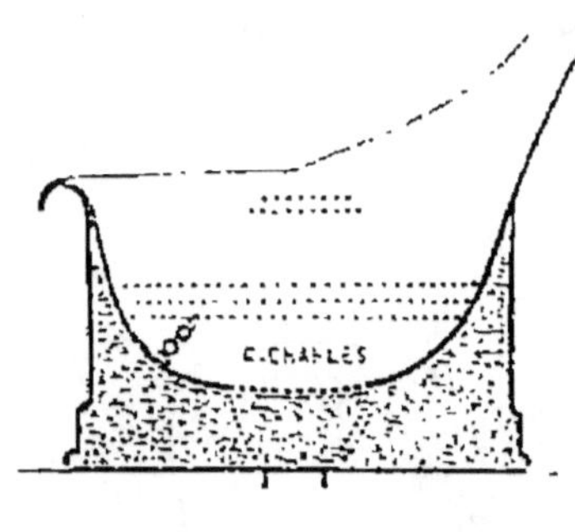

Fig. 2.

Bains de siége. — On les administre dans des baignoires circulaires en zinc ou en cuivre, munies d'un dossier servant d'appui au malade, ou dans des baquets de même forme, renfermant de l'eau en quantité suffisante pour que le niveau s'élève jusqu'au milieu de l'abdomen.

Le bain de siége peut être à *eau courante* ou à *eau dormante*.

Dans le premier cas, on se sert d'un vase à double fond, en zinc ou en cuivre, percé sur son enveloppe interne d'une

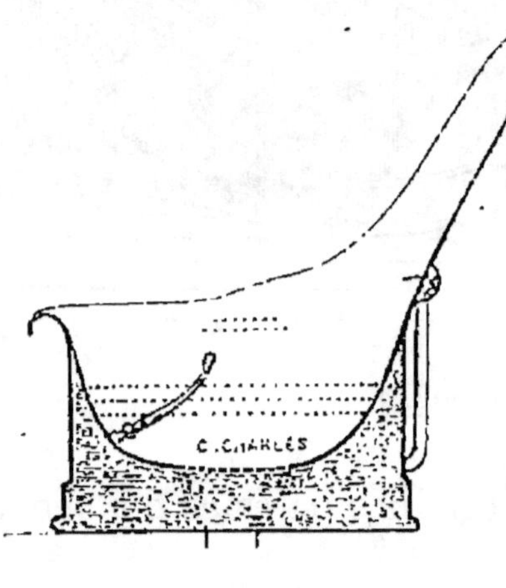

Fig. 3.

ou plusieurs rangées de trous dont les axes convergent vers le centre du bassin. L'eau s'échappe en autant de jets qui frappent le malade dès qu'on ouvre le robinet. Un trou pratiqué au fond du bassin donne issue au liquide qui se renouvelle incessamment (fig. 1).

Douche hémorrhoïdale. — Un ajutage placé perpendiculairement au fond du bassin sert à donner les douches hémorrhoïdales ; le malade, pour recevoir cette douche, est placé sur un petit banc percé d'un large trou correspondant à l'ouverture centrale du bassin.

Douche lombaire. — Une douche en lame ajustée au dossier du bain de siége permet de percuter le malade dans la région lombaire.

Douche périnéale. — A la face antérieure et interne du bain de siége, au point de jonction du quart inférieur avec les trois quarts supérieurs se trouve un orifice auquel est vissé un conduit destiné à diriger l'eau sur le périnée. Ce conduit sert à administrer la douche périnéale (fig. 2).

Douche vaginale. — Presque au niveau de la précédente ouverture s'en trouve une autre à laquelle on adapte un conduit mobile muni d'une canule ; ce tube ainsi préparé sert à administrer des douches dans le vagin ou sur l'utérus (fig. 3).

Effets des bains de siége à eau dormante. — Ils sont semblables à ceux que produit l'immersion générale, dans les mêmes conditions de température et de durée. A une application courte et froide correspond une excitation des organes soumis au contact de l'eau froide ; à une application longue et tempérée correspond un apaisement de ces mêmes organes. Il est bon d'ajouter que l'action de ces bains ne se limite pas toujours au lieu de l'application ; elle peut s'étendre plus loin et produire des effets dérivatifs ou sympathiques parfois très-utiles.

5.

Effets des bains de siége à eau courante. — Si l'eau est froide et l'application de peu de durée, on réveille l'énergie des organes en activant la circulation. Si la durée du bain est prolongée, on obtiendra une action révulsive à la peau. On ne peut guère avoir, avec le bain de siége à eau courante froide, que des effets excitants, révulsifs ou résolutifs; mais si l'on élève la température de l'eau, on peut multiplier les effets et rendre de grands services, ainsi que nous le verrons plus tard, dans certaines maladies des organes génito-urinaires. ·

Bain de siége alternatif. — Il consiste dans une application alternative d'eau chaude et d'eau froide à intervalles courts et égaux. Son action excitante et révulsive très-marquée le fait préférer au bain de siége froid à eau courante, quand celui-ci est mal supporté.

Bain de siége écossais. — Il consiste dans une application prolongée d'un courant d'eau chaude, suivie d'une courte application d'un courant d'eau froide. Utile pour vaincre certaines douleurs rebelles, à cause de son action analgésique très-prononcée, ce procédé opératoire est contre-indiqué chez les sujets qui ont de la tendance aux hémorrhoïdes ou aux hémorrhagies des organes pelviens.

Bain de siége à eau tempérée. — Il agit localement à la façon du bain entier à égalité de température. Son action sédative est mise à profit dans certaines excitations des organes du bassin.

En résumé, le bain de siége, par l'action qu'il exerce sur la tonicité et l'énergie des organes génito-urinaires, est indiqué contre les affections anciennes et atoniques de ces organes. Mais il ne convient pas quand il existe des phénomènes ou des complications du côté du cœur.

Comme agent résolutif et de dérivation, il est utile contre les engorgements anciens des organes contenus dans l'abdomen et contre les congestions de la tête ou de la gorge; par ses effets analgésiques, il peut être utilisé contre les phénomènes douloureux qui siégent dans les régions où il est appliqué. Enfin, par son action sédative ou antiphlogistique, il combat efficacement certaines maladies de l'urèthre et les inflammations aiguës de la vessie.

Bains de pieds. — Ce sont des immersions limitées aux pieds et administrées dans des baquets spéciaux où pénètre de l'eau à une température variable. On distingue des *bains de pieds froids à eau dormante* ou *courante*, et des *bains de pieds chauds* également *à eau dormante* ou *courante*.

Bain de pieds froid à eau dormante. — Les pieds sont placés dans un baquet où l'eau s'élève à 10 ou 15 centimètres. Si l'application est de courte durée, elle produit un effet excitant qui peut se transformer en un effet dérivatif si on favorise le mouvement de réaction par des frictions énergiques sur les pieds durant l'immersion. Si l'application est prolongée, elle peut produire des effets sédatifs ou antiphlogistiques, selon le degré de température de l'eau.

Bain de pieds froid à eau courante. — On se sert d'un baquet en bois ou en métal percé de trous nombreux et construit de façon à présenter un plan incliné destiné à faciliter l'écoulement de l'eau. Les effets de ce bain spécial ressemblent à ceux du précédent, seulement ils sont plus accentués, plus

puissants et plus prompts. Au surplus, il faut noter
une action spéciale, action de nature réflexe, qui se
manifeste dans les mollets, dans les cuisses et dans
tous les organes du bassin, lorsque les jets d'eau
froide sont dirigés sur la plante des pieds. Nous
verrons plus tard les services que peut rendre cette

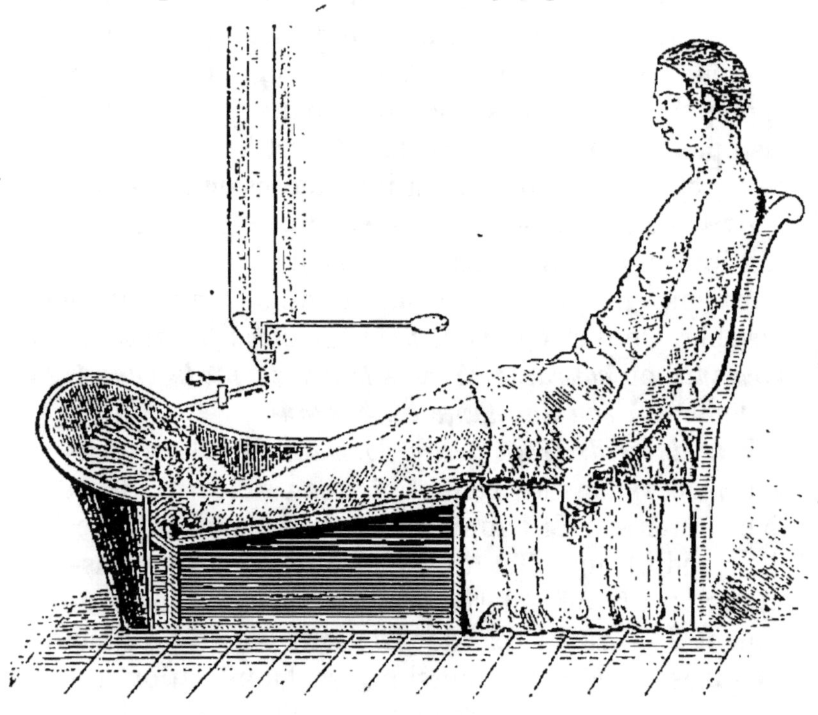

Fig. 4.

application spéciale dans l'atonie des intestins et de
la vessie, dans l'hématurie et surtout dans la
ménorrhagie.

*Bain de pieds chaud, à eau dormante et à eau
courante. — Bain de pieds écossais. — Bain de pieds
alternatif.* — Les pédiluves chauds, tels qu'ils sont
employés chaque jour, ont relativement peu de valeur.

Sans doute, le bain de pieds chaud appelle le sang aux extrémités inférieures, mais ces effets s'effacent promptement, et il n'est pas rare d'observer, après son administration, des phénomènes d'excitation du côté de la tête. Dans tous les cas, les effets du pédiluve chaud sont sinon incertains, du moins très-passagers. Pour rendre leur action plus efficace et surtout plus durable, il faut en bien régler la durée et surtout faire succéder au courant d'eau chaude un courant d'eau froide.

Le bain de pieds écossais est basé sur ce principe et consiste en un courant prolongé d'eau chaude, immédiatement suivi d'un courant rapide d'eau froide. Le pédiluve écossais à des effets dérivatifs puissants qui peuvent être utilisés dans la congestion pulmonaire et cérébrale. Il rend des services dans l'aménorrhée, la dysménorrhée et il possède des effets analgésiques incontestables ; il agit même en déterminant des actions réflexes qui peuvent rendre de grands services dans certaines maladies du système nerveux.

Le bain de pieds alternatif est constitué par des courants alternatifs d'eau chaude et d'eau froide qui ont une courte durée et qui frappent les pieds pendant une période de temps à peu près égale. Il a un effet excitant et peut être utilisé dans certaines maladies et notamment dans l'anesthésie plantaire.

Frictions avec le drap mouillé. — Toutes les fois qu'il est nécessaire de recourir aux frictions avec le drap mouillé, il faut avoir à l'esprit cette règle invariable : pour produire une action excitante, le drap doit être fortement tordu sur lui-même et contenir très-peu d'eau ; pour obtenir une action moins excitante et même sédative, le drap doit être très-mouillé.

Pour pratiquer la friction excitante, on se sert d'un drap suffisamment long, préalablement trempé dans l'eau froide et fortement tordu ; on le déploie et on le jette rapidement sur le dos du malade, en ayant soin de ramener les bouts par devant, sur la poitrine, l'abdomen et même sur la tête, si celle-ci a besoin d'être mouillée. Pendant que le patient se frictionne la poitrine, un aide lui frotte le cou, le dos, les cuisses et les mollets, jusqu'à ce que le drap devienne chaud. A ce moment, on enlève le drap mouillé et on le remplace par un drap sec ou un peignoir de flanelle, avec lequel on achève, par de nouvelles frictions, de sécher le corps. On recommande ensuite au malade, pour favoriser la réaction, de faire une promenade en plein air: s'il ne peut pas marcher, on pratique le massage ou l'on conseille le repos au lit pendant quelques heures. Le drap mouillé est souvent employé au début d'une cure hydrothérapique. C'est une sorte de procédé mixte qui tient le milieu entre la piscine et la douche; il produit une excitation assez prononcée, bornant le plus souvent son action aux téguments, sans entraîner une grande perturbation dans l'économie.

Pour produire une action sédative, il faut se servir d'un drap très-mouillé dont on enveloppe hermétiquement le patient, en remplaçant les frictions par un petit clapotage des mains. Ce moyen, bien que suivi parfois d'une légère réaction, exerce sur l'organisme une action calmante utile contre les névroses à forme excitante et contre certaines pyrexies. Les procédés hydrothérapiques capables de produire une action sédative directe sans complications consécutives sont peu nombreux. Aussi n'hésitons-nous pas à recommander un moyen qui nous a souvent réussi et qui consiste en une série d'applications de drap mouillé faites plusieurs fois dans la même journée. Dans les premières séances, les phénomènes de réaction se manifestent ; mais, dans les dernières, les malades ne répondent qu'incomplétement à cette attaque par le froid. On peut constater l'abaissement de la température du corps, et, comme le système nerveux a été épuisé par ces applications successives, on ne remarque aucun signe de suractivité fonctionnelle. Ainsi donc, sédation directe du système nerveux, soustraction du calorique de l'organisme, tels sont les effets produits par ce procédé que l'on pourrait substituer aux bains froids dans le traitement de la fièvre typhoïde. En résumé, les avantages qu'offre le drap mouillé en font un procédé utile, facilement applicable à domicile et pouvant, selon le 'mode d'emploi, produire une excitation ou une sédation du système nerveux.

Fomentations. — Elles peuvent assez souvent rendre de grands services. Elles sont pratiquées avec des compresses mouillées ou avec la ceinture humide. Les effets varient avec les modes d'application que nous allons étudier.

Compresses sédatives. — Pour obtenir une action sédative, rafraîchissante ou antiphlogistique, on se sert de compresses très-mouillées placées sur la région malade, et on les renouvelle toutes les cinq minutes. De cette manière, toute réaction est impossible.

Le nom de ces compresses indique dans quel cas il faut les employer.

Compresses excitantes. — Ce sont des compresses que l'on mouille peu ; on les laisse en place des heures entières, recouvertes d'un linge sec ou d'un molleton pour soustraire la partie malade à l'influence de l'air extérieur. De cette manière, l'évaporation cutanée et la chaleur émanée du corps, s'accumulant sur la partie intéressée, y déterminent une vive excitation qui produit des effets révulsifs et résolutifs très-marqués. D'après ces effets thérapeutiques, il est facile d'entrevoir les ressources que ces compresses peuvent offrir au praticien.

Ceinture humide. — Elle consiste en une compresse mouillée, entourant le corps au niveau de la région épigastrique, abdominale et hypogastrique, et maintenue par une ceinture de molleton. Ce n'est autre chose, en somme, qu'une compresse excitante que l'on peut garder longtemps sans inconvénient. La ceinture humide, par l'excitation qu'elle détermine, exerce une influence incontestable sur les névralgies gastro-intestinales, sur les engorgements chroniques et sur l'atonie des différents organes qui sont contenus dans l'abdomen, sur le météorisme, sur la constipation et sur la pléthore abdominale.

Irrigation continue. — Le plus simple appareil à irrigation continue consiste en un seau ou tout autre réservoir en bois auquel on pratique, dans le fond, une ouverture par laquelle passe une bande de toile qui descend jusque sur la partie malade. L'eau s'infiltre peu à peu dans le tissu de la bande et s'écoule goutte à goutte sur la région qu'il faut mouiller.

L'irrigation continue, dont les effets sont sédatifs et antiphlogistiques, apaise la douleur, abaisse la température de la peau et fait disparaître progressivement la rougeur et la tuméfaction; c'est un mode de traitement que l'on n'emploie guère qu'en chirurgie.

Lotions.—C'est un procédé peu important, mais fort utile néanmoins, pour soigner les enfants scrofuleux et les personnes débiles trop impressionnables au froid. Il consiste en frictions pratiquées sur tout le corps avec une ou deux grosses éponges trempées dans l'eau, ou avec des serviettes très-mouillées ; un aide frotte le dos et les membres, tandis que le malade se frictionne la poitrine. Les lotions servent à tâter la susceptibilité des malades et à combattre certains accidents spasmodiques.

Ablutions. — Généralement on ne les emploie que pour entretenir la propreté des diverses parties du corps. Pourtant, lorsqu'elles sont suivies de frictions sèches, elles peuvent être utilisées chez les malades qui par suite d'une susceptibilité nerveuse trop grande ne peuvent supporter des procédés plus énergiques.

Affusions. — L'affusion consiste à verser sur le corps, mis à nu, de grandes quantités d'eau froide au moyen d'un vase à large orifice. L'affusion peut avoir une action excitante, une action sédative et une action à la fois excitante et sédative. Pour déterminer la première, l'eau employée doit être froide et l'application courte ; pour obtenir la seconde, on élève la température de l'eau ; pour produire la troisième, on emploie de l'eau modérément froide, en ayant soin de prolonger l'application ou de la renouveler souvent.

La température de l'eau qui sert à pratiquer une affusion doit donc varier suivant les effets que l'on veut produire. On place le malade complétement nu dans une baignoire vide ou dans tout autre récipient. Le seau étant maintenu à quelques centimètres au-dessus de la tête, on verse le liquide de façon à le faire tomber en larges nappes sur le corps du patient.

L'effet immédiat de l'affusion consiste en une horripilation générale, une angoisse plus ou moins forte et un refroidissement très-marqué. Mais la période de réaction arrive vite; la chaleur revient, le pouls, d'abord ralenti, s'accélère; les inspirations se régularisent et le malade, après avoir éprouvé un sentiment général de bien-être, de fraîcheur et de souplesse dans les membres, se sent porter vers le sommeil.

L'affusion est très-utile dans les fièvres graves et notamment dans la fièvre typhoïde à forme adynamique, dans certaines fièvres éruptives et, en général, contre les maladies dans lesquelles il convient d'abaisser la température de l'organisme, de relever les forces générales et d'apaiser l'excitabilité du système nerveux. Ce procédé est souvent employé chez les aliénés, chez les mélancoliques et chez la plupart des névropathes.

Son usage est contre-indiqué quand il existe, chez les malades, une tendance aux congestions internes et quand on a lieu de craindre des complications pulmonaires et cardiaques.

Col de cygne. — C'est un dérivé de l'affusion dans lequel l'eau est animée d'une percussion un peu plus forte. Au lieu d'être versée au moyen d'un récipient, l'eau sort d'un tuyau recourbé, comme l'indique son nom, et dont le diamètre est d'environ six centimètres.

Pour se servir du col de cygne, le malade tourne le dos à l'appareil qui est en communication avec le réservoir d'alimentation. On dirige l'eau sur la colonne vertébrale en recommandant au malade d'exécuter des mouvements de flexion et d'extension du tronc, pour que toutes les parties du dos soient successivement atteintes. La durée de l'application, proportionnée, du reste, à chaque indication, varie, en général, d'une à trois minutes; on termine l'opération par une douche générale, en ayant soin, toutefois, d'épargner la région qui a été frappée par l'eau échappée du col de cygne.

Ainsi appliqué, ce procédé apaise l'excitabilité médullaire et l'hyperesthésie spinale ; c'est pour cela qu'il rend de grands services dans l'ataxie locomotrice et dans d'autres affections du système nerveux dont il sera parlé ultérieurement.

Des Douches

A la tête des moyens hydrothérapiques les plus puissants, il faut placer les douches. Toutes choses égales d'ailleurs, leur influence sur les fonctions de l'économie est plus grande que celle des procédés décrits jusqu'à présent. Ce surcroît de stimulation est dû à la force de percussion avec laquelle l'eau frappe les tissus, aussi faut-il, pour que l'application des douches donne tous les résultats voulus, que les appareils soient alimentés

Fig. 5

par une eau dont la température et la force de projection puissent varier à volonté.

Générales ou *locales*, les douches comportent un grand nombre de procédés que nous allons passer en revue.

Douches generales. — Les douches générales sont : la *douche en pluie;* la *douche à colonne;* la *douche à lames concentriques;* la *douche en nappe;* la *douche en cercles ou en poussière;* la *douche en jet mobile.*

Douche en pluie. — On se sert, pour la douche en pluie verticale, d'une pomme d'arrosoir placée à trois mètres environ au-dessus du sol sur lequel repose le malade, et par laquelle s'échappe l'eau. A cette pomme est adapté un robinet que fait fonctionner un système de bras de levier, muni d'une corde à la portée de l'opérateur. La pomme doit avoir une surface entièrement plane percée de trous d'un millimètre environ (fig. 5).

Lorsqu'on vient à ouvrir le robinet, l'eau tombe aussitôt comme une forte pluie et enveloppe complétement le patient dont la tête à moins d'indication spéciale, est recouverte d'une toile cirée ou d'un bonnet en caoutchouc. La perturbation produite par la douche est énorme ; aussi faut-il toujours tâter la susceptibilité du malade avant d'avoir recours à cet agent hydrothérapique La douche en pluie produit une stimulation générale très-manifeste et augmente beaucoup la puissance des actions réflexes. Parmi les procédés de l'hydrothérapie, c'est certainement le plus excitant ; il ne faut donc l'employer qu'à bon escient.

Comme c'est toujours la réaction que l'on cherche, il faut, pour que l'opération soit bien faite, tenir compte de plusieurs circonstances qui doivent servir au malade avant, pendant et après la douche.

Avant la douche. — Un exercice modéré prépa-

rera le malade à l'action favorable qu'on veut obtenir. Il devra, néanmoins, éviter les fatigues excessives de tout genre qui pourraient devenir préju-
diciables, en enlevant à l'organisme la force de
réagir contre le froid.

Pendant la douche. — La température de la salle
doit être de quinze ou dix-huit degrés, afin que le
malade, qui sort nu de sa cabine, ne ressente pas.
avant d'arriver sous la douche, l'impression du
froid. Appuyé sur un support disposé *ad hoc*. de
façon à diminuer les contractions involontaires.
le patient exerce avec sa tête des mouvements
de latéralité qui lui permettent de respirer largement.

Il est imprudent de prolonger la douche au delà
de douze ou quinze secondes au début du traitement. Pour éviter les véritables accès de suffocation qui surviennent quelquefois, soit pendant, soit
après la douche, on conseillera l'usage d'un bain
de pieds chaud avant l'opération. Si, enfin, malgré
les précautions prises, le patient ne supporte
pas facilement la douche en pluie, on l'acclimatera à l'aide de procédés moins énergiques. On
agira surtout avec la plus grande prudence à
l'égard des personnes prédisposées à l'hyperhémie
cérébrale.

Après la douche. — Aussitôt après l'application.
le malade doit se mettre en mouvement, soit par la
marche, soit par la gymnastique. A défaut d'exercice volontaire, il sera soumis à des frictions générales prolongées, au massage, ou on lui conseillera
de rester pendant quelques heures dans son lit.

Si, par suite de la basse température de l'eau, la

douche en pluie est mal supportée, on se servira d'eau moins froide ou tempérée au moyen de l'appareil ci-contre destiné à cet effet (fig. 6). Si le défaut de tolérance est dû à une projection trop forte, qui produit quelquefois des suffocations, des douleurs à la nuque, etc., on alimentera la douche par des réservoirs moins élevés, de manière à diminuer la pression.

Douche en colonne. — On l'obtient en substituant à la pomme d'arrosoir un tube de laiton dont le diamètre est, à la sortie du grand tuyau d'alimentation, de deux centimètres à deux centimètres et demi. Employée seulement dans les cas où l'on a besoin

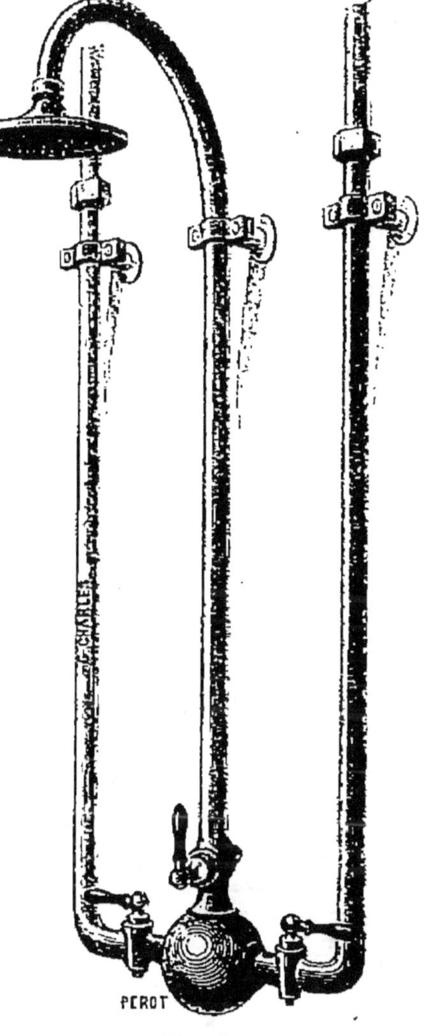

Fig. 6.

d'une forte percussion, elle exerce sur l'économie une action des plus énergiques qui se fait sentir jusque dans les organes les plus profonds. La tête et la poitrine doivent être dérobées à l'action directe de cette colonne d'eau dont l'application ne doit pas dépasser quatre ou cinq secondes au début, et deux minutes au plus quand le malade est acclimaté (fig. 7).

Douche en lames concentriques. — Elle est obtenue au moyen d'une pomme d'arrosoir, dont les trous sont remplacés par deux fentes circulaires, concentriques, de un millimètre et demi d'ouverture. Son action est moins énergique que celle de la douche en pluie ; on l'emploie quand cette dernière provoque une trop grande excitation (fig. 8).

Fig. 7.

Les trois douches générales que nous venons de décrire sont les trois types principaux d'où dérivent plusieurs variétés de douches, telles que la douche en pluie alternative et la douche en pluie écossaise, sur les effets desquelles nous ne reviendrons pas, ayant traité ce sujet d'une façon générale lorsque nous avons parlé de l'eau chaude.

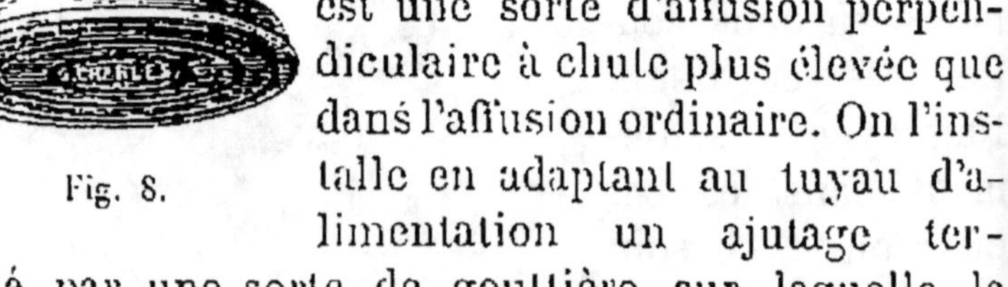

Fig. 8.

Douche en nappe. — *Douche en cloche.* — La douche en nappe est une sorte d'affusion perpendiculaire à chute plus élevée que dans l'affusion ordinaire. On l'installe en adaptant au tuyau d'alimentation un ajutage terminé par une sorte de gouttière sur laquelle le liquide s'écoule quand on ouvre le robinet.

La douche en cloche diffère de la douche en lames

concentriques, en ce que la pomme d'arrosoir ne présente qu'une fissure circulaire au niveau de la plus grande circonférence (fig. 9). Ces deux dernières douches sont peu usitées.

Il nous reste à parler maintenant des douches générales qui percutent le malade perpendiculairement ou d'une façon à peu près perpendiculaire à la surface du corps.

Douche en cercles ou en poussière. — La douche en cercles se compose d'une série de cerceaux creux en cuivre, superposés horizontalement et maintenus parallèlement distants les uns des autres de 15 centimètres environ. Ces cerceaux diminuent sensiblement de diamètre à mesure qu'ils s'approchent du sol. Ils sont incomplets et laissent antérieurement entre eux une ouverture de 50 centimètres; ils sont, en outre, percés sur leur face concentrique de deux rangées de petits trous ayant

Fig. 9.

un demi-millimètre de diamètre. Un robinet spécial rend chacun de ces cerceaux indépendant, et une pomme d'arrosoir, servant à donner une légère pluie, se trouve au-dessus de l'appareil (fig. 10).

Pour administrer la douche, on ouvre, suivant la taille du sujet et selon les indications, les robinets des cerceaux que l'on veut employer. Le malade est placé au milieu de l'appareil, la face en avant; puis on ouvre le robinet principal, en recommandant au patient de tourner doucement sur lui-même, afin de mouiller également toute l'étendue de la surface cutanée. La douche en cercles, qui doit toujours être de courte durée, détermine une puissante révulsion et doit être immédiatement suivie d'exercices qui favorisent la réaction. Certains malades ne peuvent la supporter que pendant quelques

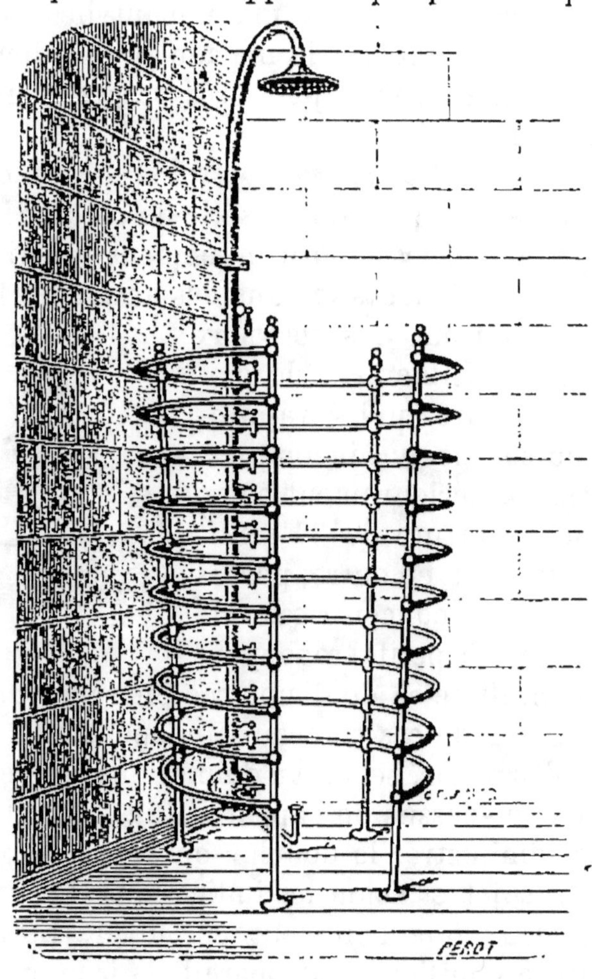

Fig. 10.

secondes, il faut donc procéder avec précaution et tâter leur tolérance à l'égard de ce puissant modificateur.

La douche en cercles est employée avec succès

contre le lymphatisme et la plupart des affections chroniques présentant le caractère de l'asthénie.

Douche mobile. — La douche mobile mérite certainement la première place parmi les procédés hydrothérapiques : elle peut être maniée avec facilité, et elle répond à la plupart des indications thé-

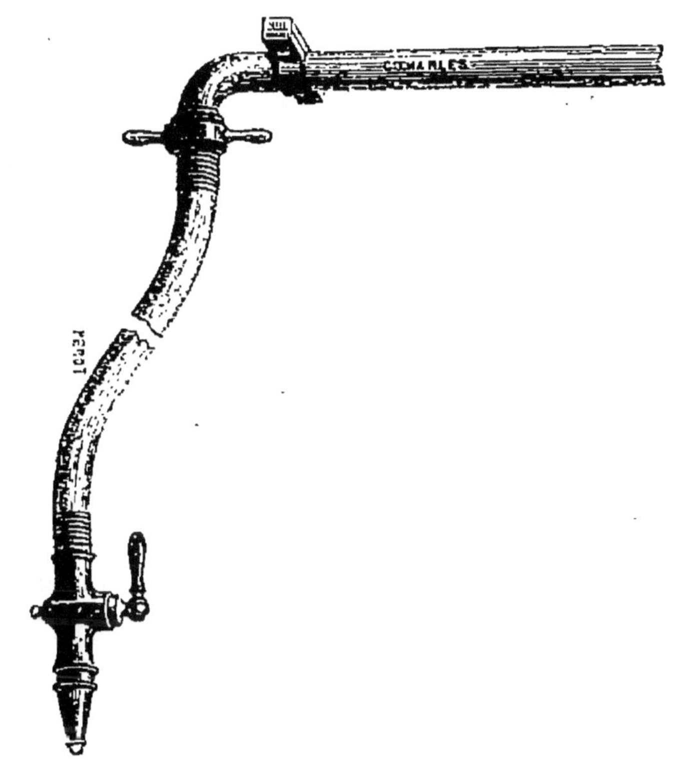

Fig. 11.

rapeutiques.

On l'installe de la façon suivante : à un robinet placé sur le tuyau d'alimentation, on adapte un tube mobile en caoutchouc qui se termine par un ajutage en laiton et en forme de lance. Cet ajutage est mobile et l'on peut, à l'aide de différents embouts,

donner à la douche mobile les formes de colonne,
d'arrosoir, d'éventail, etc., etc.... La forme généralement usitée est la douche mobile en jet horizontal,
donnée avec un embout, dont l'ouverture mesure
un diamètre de 15 à 18 millimètres (fig. 11 et 12).

Fig. 12.

On obtient la douche mobile à température variable, en l'alimentant au moyen de deux réservoirs, l'un d'eau chaude, l'autre d'eau froide, dont
les tuyaux de conduite aboutissent à un robinet à
trois voies (fig. 14). Pour varier la percussion, un robinet placé à l'extrémité du tube en caoutchouc, au
niveau de l'ajutage, mo-
difie la projection du liquide suivant son degré
d'ouverture.

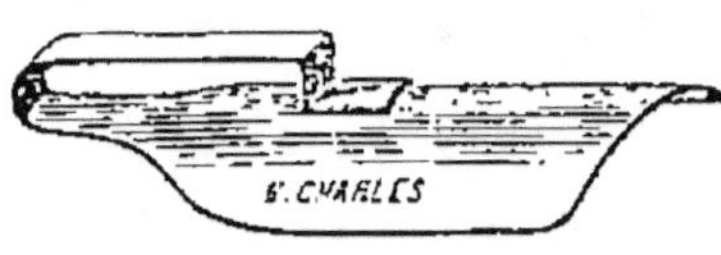

Fig. 13.

Pour appliquer la dou-
che mobile, le patient est
placé à deux mètres environ de l'opérateur et dans
les conditions générales indiquées plus haut pour
la douche en pluie ; celui-ci arrose très-rapidement
la partie postérieure du thorax, en ayant soin de
briser le jet avec le doigt ou avec une poignée comme
celle qui est représentée ci-contre (fig. 13) de manière
à éviter de percuter trop vivement la colonne verté-

brale; puis il continue l'opération en dirigeant la colonne d'eau sur les membres. Quand toute la
surface postérieure a été mouillée convenablement,
le malade se retourne, et l'on arrose la partie antérieure en atténuant toujours la percussion sur la
partie thoracique et abdominale; le jet est ensuite
promené sur tous les membres, et l'on termine l'application en percutant très-vivement les pieds.

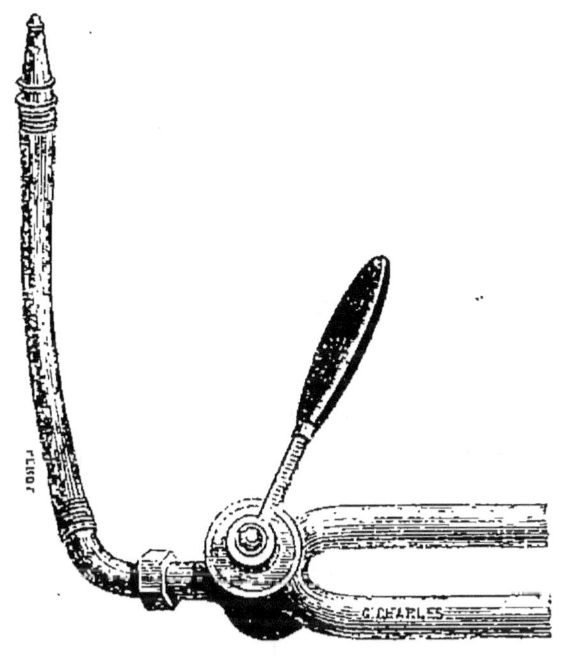

Fig. 14.

Il va sans dire que, pour l'application de la
douche mobile, la température et la force de percussion doivent être justement proportionnées aux
indications thérapeutiques et à la susceptibilité du
malade. De plus, il faut se rappeler ce que nous

6.

avons déjà dit, c'est-à-dire que, pour favoriser le développement des phénomènes de réaction, la douche doit être forte, courte et froide.

Douches locales. — Les douches locales sont celles qui s'appliquent à une région déterminée du corps. Dirigées sur la peau, c'est par action réflexe qu'elles agissent sur les organes. On les applique ordinairement avec des appareils mobiles parce qu'ils sont plus faciles à manier.

Nous ne pouvons, pour le moment, que laisser entrevoir les résultats pratiques de ces procédés hydrothérapiques ; nous verrons, dans la partie clinique de ce livre, quand nous examinerons les maladies qui réclament l'intervention de ces douches spéciales, comment il faut les utiliser.

Les douches locales usuelles sont : *la douche hépatique, la douche splénique, les douches épigastrique et hypogastrique, les douches vaginale et utérine, la douche périnéale, la douche hémorrhoïdale, la douche ascendante, la douche oculaire et la douche auriculaire.*

Douche hépatique. — La douche hépatique froide, excitante et résolutive, convient dans la plupart des engorgements chroniques du foie, excepté chez les sujets débilités. On l'applique de la manière suivante : le patient fait face à l'opérateur, il a le corps légèrement incliné à gauche et le bras droit relevé sur la tête. L'opérateur dirige la douche sur la région hépatique sans dépasser en haut le mamelon droit, et en descendant jusqu'à l'extrémité inférieure de l'organe dans l'hypochondre droit ou même dans la fosse iliaque, dans les cas d'hypertrophie du foie. Il importe de surveiller avec soin la durée de cette douche et la force de percussion employée. On remplace quelquefois l'eau froide par de l'eau chaude ou de la vapeur.

Douche splénique. — Le malade étant incliné à droite et relevant le bras gauche sur sa tête, l'opérateur dirige le jet sur toute l'étendue du flanc occupée par l'organe qui, dans les cas d'hypertrophie, n'a de limites fixes ni en haut ni en bas. Elle est soumise aux mêmes règles que la précédente.

Douches épigastrique et hypogastrique. — S'il faut diriger le jet sur l'épigastre, le malade se présente debout en face de l'opérateur ; si les applications doivent être localisées à l'hypogastre, il vaut mieux que le malade soit assis ; sans cette précaution, le jet ne frappe plus perpendiculairement les parties intéressées, et, rencontrant une surface oblique, la colonne liquide s'éparpille et étend son action aux organes voisins, ce qu'il faut souvent éviter. La percussion de ces douches doit être très-légère.

Douches vaginale et utérine. — Il ne s'agit ici que des douches appliquées directement sur la muqueuse vaginale et sur le col de l'utérus. Deux procédés sont usités, ce sont les suivants :

1° La femme étant couchée le siége sur le bord du lit, on met le col en lumière au moyen d'un spéculum, puis on dirige sur lui le jet au moyen d'une canule percée de plusieurs trous à son extrémité libre. Si l'eau est froide, comme on l'emploie dans le cas d'aménorrhée ou d'atonie de la matrice, l'application ne doit pas dépasser deux minutes. Il faut, en outre, éviter qu'une trop grande percussion ne produise des douleurs de l'utérus ou des poussées congestives dans cet organe.

2° Dans le second procédé, la douche est fixe. Pour

l'administrer, on se sert d'une baignoire à bain de siége, comme celle que nous avons décrite. Assise sur un petit escabeau, les jambes écartées, la patiente introduit la canule elle-même dans le vagin, pendant que la baigneuse ouvre le robinet qui donne passage à l'eau. Pendant cette opération, dont la durée est d'une minute environ, on fait prendre en même temps un bain de siége à eau courante pour activer la circulation du bassin. Cette application est moins excitante que la première et ne détermine pas les accidents que provoque quelquefois la percussion directe sur le col utérin.

Douche périnéale. — L'appareil a été décrit quand nous avons fait la description du bain de siége.

Pour prendre cette douche, le malade se place sur un escabeau au fond de la baignoire; il écarte les jambes de telle sorte que la région périnéale soit exposée à l'ouverture du jet. On fait durer l'opération pendant une minute environ, en observant une certaine gradation dans la percussion. Cette douche est utilisée, à cause de ses effets excitants et résolutifs, dans certaines maladies des voies urinaires.

Douche hémorrhoïdale. — Pour installer la douche hémorrhoïdale, on pratique, au centre même du bain de siége, une ouverture sur laquelle on visse un tube en métal qui communique par sa partie inférieure avec le tuyau d'alimentation et dont la partie supérieure présente une petite pomme d'arrosoir percée de trous, par où passent de petits jets d'eau à direction perpendiculaire. Pour prendre cette douche, le malade est placé sur un siége ouvert en haut et en bas, de façon à laisser arriver le jet d'eau sur la région anale.

Si l'on veut un effet excitant, il faut une application courte en même temps qu'une certaine force de projection. Si, au contraire, on recherche l'effet sédatif, la force du jet sera atténuée et l'opération prolongée pendant un certain temps.

Douche ascendante. — C'est un lavement à forte pression. Pour l'installer, on fait arriver au centre d'une cuvette de lieux d'aisances un tube en métal communiquant avec les réservoirs. Une canule destinée à pénétrer dans le rectum est adaptée à l'extrémité libre de ce tube et, au moyen de robinets spéciaux, on fait arriver dans l'intestin de l'eau à des températures et à des pressions variables selon les indications à remplir. Toutefois il faut agir par gradation et ne jamais commencer avec de l'eau froide à toute pression, surtout quand le malade est très-impressionnable.

Douches oculaires. — Employées avec succès dans l'ophthalmie purulente, dans certaines affections chroniques de l'œil et de ses annexes, les douches oculaires ont été mises en honneur par Chassaignac. L'appareil dont se servait ce savant praticien se compose d'un réservoir de vingt à trente litres, fixé à deux mètres de hauteur et muni de deux tubes en caoutchouc, percés à leur extrémité de quinze à vingt orifices de quelques millimètres, qui laissent échapper l'eau quand on ouvre les robinets. Le malade approche lui-même les tubes de ses yeux, pendant qu'un aide tient les paupières écartées. Depuis quelque temps, on se sert d'appareils fort ingénieux. Ils consistent dans des tubes spéciaux ouverts à leurs deux extrémités, dont l'une plonge dans un vase rempli d'eau, et dont l'autre est dirigée sur l'œil du malade. L'eau entre dans le tube, et elle est en même temps poussée à l'extérieur, en serrant et relâchant alternativement un renflement en caoutchouc, situé sur le trajet du tube.

Douches auriculaires. — Ce n'est que pour mémoire que nous les citons, car elles ont constamment échoué. Néanmoins, dirigées à titre de moyens de propreté dans le conduit auditif externe, elles peuvent rendre de grands services en détergeant les surfaces malades des produits de toute nature qui s'y accumulent, et dont la présence seule entretient parfois un état morbide.

De l'application de la glace

La glace est le réfrigérant le plus actif que nous ayons à notre disposition. On l'emploie soit pour obtenir des effets sédatifs, antiphlogistiques directs, soit pour provoquer des actions réflexes dans les parties plus ou moins éloignées du lieu d'application.

Les moyens employés ordinairement pour faire usage de cet agent présentent tous des inconvénients. De toutes les substances propres à contenir la glace, nous préférons le caoutchouc, et nous ne connaissons aucune disposition qui soit d'un emploi plus commode que le sac à glace du docteur Chapman, de Londres. Ce sac est, comme nous venons de le dire, en caoutchouc et se compose, en général, de trois compartiments placés à la suite l'un de l'autre, ayant leur ouverture sur le même plan et séparés par des cloisons en caoutchouc de longueur différente, de telle sorte qu'on a, en fait, trois sacs de différentes longueurs, réunis en un seul. L'ouverture du sac est fermée par un compresseur en métal dont un côté est assez mince pour que, appliqué sur le dos, il ne puisse pas incommoder le patient. Des brides, attachées au côté extérieur servent à soutenir le sac et à le maintenir en place. Pour le préparer, on introduit des morceaux de glace, gros comme une noisette, dans le compartiment que l'on veut employer et que l'on remplit jusqu'à l'ouverture. Après avoir chassé l'air et l'eau contenus dans le sac, on le ferme à l'aide du compresseur et on le place, ainsi préparé, sur la colonne vertébrale. La durée de l'application varie selon les indications, elle peut être même de trois heures, sans inconvénient. C'est en nous inspirant de ces idées que nous avons imaginé un sac à glace vaginal dont nous parlerons en étudiant les maladies utérines.

Chapman, en procédant ainsi, est arrivé à produire des effets thérapeutiques extrêmement remarquables. Nous avons assez souvent employé les sacs de Chapman pour savoir que leur action est très-énergique et nous avons, par l'application de son procédé, obtenu de bons résultats contre l'anémie cérébrale, la rachialgie, les vomissements nerveux, la dysménorrhée, etc, mais nous savons, par expérience, qu'il faut les employer avec précautions, toutes les fois que les viscères sont sujets à de trop fortes poussées congestives. Dans ce cas, il est préférable de recourir aux sacs à eau chaude imaginés par le même médecin.

Pulvérisation de l'eau

La pulvérisation de l'eau a reçu, dans ces dernières années, de nombreuses applications pratiques. Elle a pour but de faire absorber des liquides médicamenteux par les voies respiratoires; c'est au docteur Sales-Giron qu'appartient l'idée thérapeutique de la pénétration des liquides dans les voies aériennes sous forme de poussière et de fumée.

Nous ne pouvons décrire ici tous les appareils destinés à la pulvérisation à l'inhalation des liquides; ils sont nombreux et plus ou moins ingénieux. Parmi les plus remarquables nous citerons celui de Collin, le pulvérisateur à levier et à pression immédiate de Mathieu, le bain

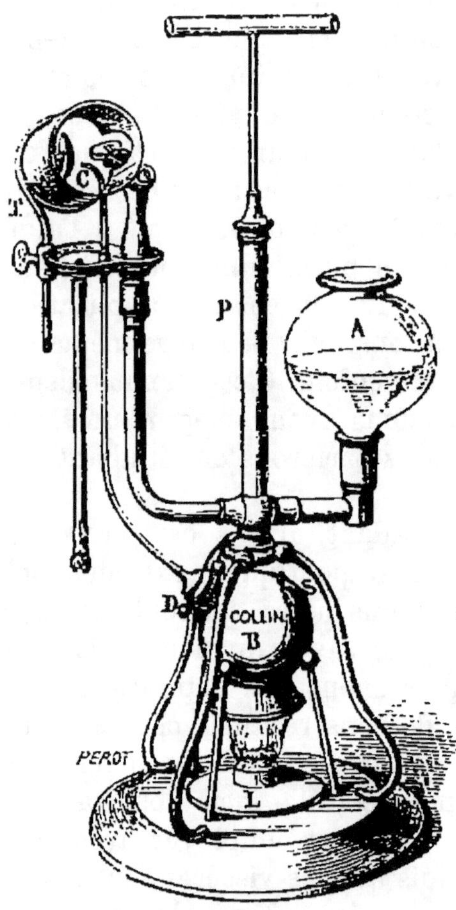

Fig. 15.

de cercles pulvérisateurs du docteur Sales-Girons,
et enfin l'hydrofère de Mathieu. Le lecteur trouvera
dans l'article *Inhalation* que nous avons écrit pour

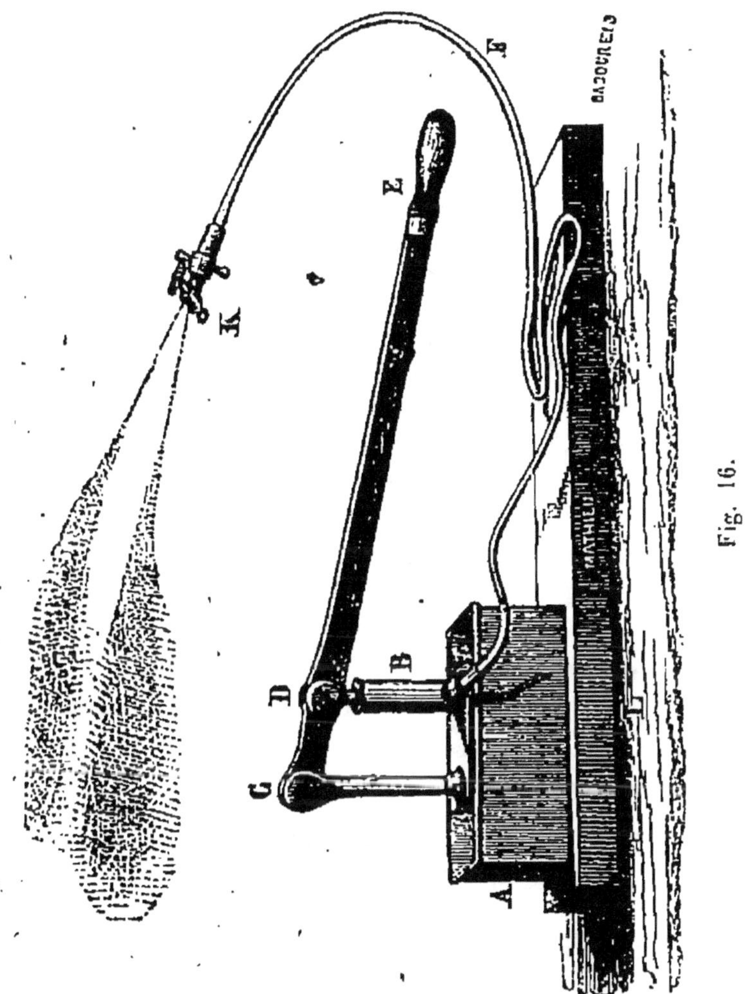

le Dictionnaire de médecine et de chirurgie pratiques, publié par M. Baillière, tous les renseignements qui concernent cette méthode thérapeutique.

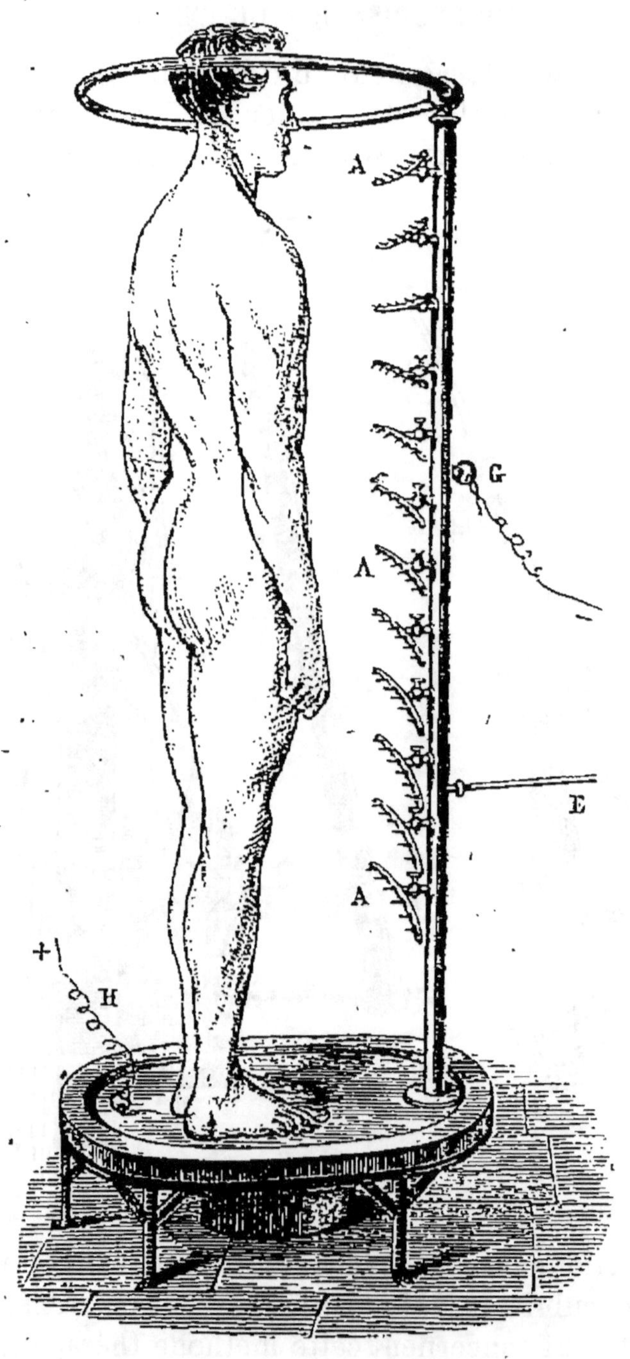

Douche ou cercles filiformes.
Fig. 17.

Moyens accessoires de la méthode hydrothérapique

De l'eau en boisson. — L'utilité de boire de l'eau apparaît très-nettement lorsqu'on songe qu'elle entre pour une grande partie dans la constitution des tissus, et qu'elle communique à nos organes des propriétés spéciales qui en facilitent le fonctionnement.

L'eau froide, introduite dans l'économie, donne lieu à une soustraction de calorique qui détermine une excitation du système nerveux périphérique répandu dans la muqueuse digestive. Cette excitation peut se propager à toutes les branches nerveuses qui ont avec lui des relations. Elle exerce une influence incontestable sur les fonctions du foie, des intestins, de la rate, des reins et des organes contenus dans l'abdomen. Elle modifie la composition du sang, active le mouvement des éléments organiques, agit directement sur les sécrétions et entraîne au dehors, avec elle, les liquides et les solides qui ne doivent plus séjourner dans l'organisme : elle active ce qu'on appelle l'échange de matières et contribue, par conséquent, à développer en nous le besoin de remplacer les parties éliminées par l'introduction de nouvelles substances.

La variété de ces effets physiologiques permet d'utiliser l'eau prise en boisson chez les malades soumis au traitement hydrothérapique dont l'action est si puissante sur les fonctions rénales et sur les fonctions de la peau.

Si l'on fait boire de l'eau d'une façon immodérée pendant le travail de la digestion ou pendant que le malade est en repos, on peut provoquer des accidents et notamment de la diarrhée ou des vomissements ; mais si l'on recommande au malade de boire pendant qu'il se promène, surtout pendant qu'il se livre à l'exercice recommandé après la douche, tous les effets salutaires de l'eau en boisson se manifestent, et le malade ne tarde pas à en bénéficier.

Cependant on ne doit pas soumettre indistinctement tous les malades à l'usage excessif de l'eau à l'intérieur. Ainsi les personnes anémiques ne peuvent pas toujours supporter cette boisson à hautes doses, et il vaut mieux les engager à se tenir dans des limites restreintes. Prise d'une façon modérée, elle stimule doucement et d'une façon inoffensive toutes les fonctions engourdies et contribue à la restauration de l'organisme, sans provoquer ces désordres que détermine souvent l'ingestion des liquides excitants. Chez les goutteux, chez les graveleux, chez tous ceux enfin qui ont un sang riche et plastique, l'eau peut être prise à hautes doses impunément. Il importe seulement que son introduction dans l'organisme soit suivie d'un exercice qui facilite ses effets dans tous les appareils de l'économie.

D'après ce qui précède, on voit que nous attribuons à l'eau prise en boisson un certain rôle dans le traitement hydrothérapique. Tout en blâmant les exagérations de Priessnitz et de Pomme, nous pensons que l'eau, prise à l'intérieur, est très-utile dans certaines maladies du tube digestif et de ses annexes, dans certaines affections diathésiques contre lesquelles les dissolvants et les dépuratifs sont indiqués, et dans tous les états morbides caractérisés par des troubles de sécrétions.

Alimentation et exercice. — Tandis que l'exercice, en favorisant les mouvements de désassimilation, a pour effet d'éliminer les éléments organiques inutiles, l'alimentation fait pénétrer dans l'organisme des éléments nouveaux : elle a ainsi pour but de réparer les pertes que le fonctionnement des organes fait subir à l'économie. L'alimentation et l'exercice étant les deux facteurs principaux d'une nutrition bien équilibrée, on comprendra quelle place importante ils occupent dans la médication hydrothérapique dont le but final est de rétablir l'harmonie entre les fonctions d'assimilation et de désassimilation.

Du régime alimentaire. — L'appétit et la soif se développent sous l'influence du traitement hydrothérapique ; il faut donc, excepté pour certains cas spéciaux, la goutte, par exemple, que la nourriture soit variée et substantielle, à moins toutefois qu'il y ait des contre-indications dépendant de l'état des voies digestives. Les viandes grillées ou rôties doivent tenir la première place dans l'alimentation. Les mets doivent être préparés sans trop d'artifices et sans trop de condiments ; il faut, en outre, que les malades, surtout ceux dont le système nerveux est troublé, se privent de liqueurs, de café, de thé et de vin pur. Dans tous les cas, le médecin étudiera, à cet égard, la nature particulière de chaque malade confié à ses soins, et il se rappellera que l'alimentation la plus réparatrice se compose de pain, de viande, de légumes et d'eau.

Exercice musculaire. — Un exercice modéré, sous

diverses formes, facilite les métamorphoses nutritives, active la combustion du carbone, augmente les oxydations, développe du calorique et contribue ainsi à maintenir en équilibre les diverses fonctions de l'organisme. Il sera donc recommandé aux malades autant que leur état le permettra.

Parmi les exercices salutaires, nous recommandons la marche, la chasse et le billard. La course, le saut, la danse, l'escrime, le jeu de paume et certaines pratiques de gymnastique sont des exercices trop violents ; et, comme il est impossible de mesurer leurs effets avec exactitude, on ne peut les prescrire aux personnes d'un certain âge. Pour les malades auxquels la marche et l'exercice sont impossibles, on emploie les frictions, le massage, et l'exécution raisonnée de certains mouvements passifs.

Établissements spéciaux d'hydrothérapie

Les établissements d'hydrothérapie, entre autres avantages, offrent celui d'un changement de milieu où viennent disparaître, pour les malades, les préoccupations et l'excitation que produisent chez certains d'entre eux les relations du monde. La vie en commun, des habitudes régulières, des distractions calmes et variées, une direction médicale toujours présente concourent sérieusement au but thérapeutique qu'on poursuit.

Un établissement de ce genre doit être situé dans une contrée saine et bien aérée, à proximité des bois, dans un pays où les malades puissent faire des promenades ou des excursions agréables, autant que possible en dehors des grandes villes, mais assez rapproché d'elles cependant pour que l'alimentation des malades puisse répondre à toutes les exigences. En dehors de ces conditions hygiéniques importantes, le médecin doit, avant toute chose, se préoccuper de la nature de l'eau et organiser une installation balnéaire convenable.

Abstraction faite de sa composition chimique et de sa provenance, l'eau doit être limpide, froide, potable, abondante, et surtout d'une température constante.

Les eaux de sources proprement dites sont les seules qui, rigoureusement parlant, puissent être employées pour faire de l'hydrothérapie. Nous ne voulons parler ici que des *sources légitimes froides*, qui seules ne sont pas sujettes à des variations de température. Ces sources, dans la zone géographique que nous habitons, c'est-à-dire à 500 mètres environ au-dessus du niveau de la mer, sont assez répandues, et leur quantité permet l'installation de nombreux établissements hydrothérapiques. Il est rare que la température de ces eaux soit inférieure à 10°,5, elles varient entre 10°,5 et 14°, et nous savons que les succès les plus éclatants, ceux qui ont décidé pour ainsi dire du succès de la méthode, ont été obtenus par l'usage d'eau dont la température était supérieure à 10 degrés.

Une température de 11 à 12 degrés est donc suffisante ; néanmoins il faut que l'eau offre aussi quelques conditions indispensables : non-seulement elle devra être potable et d'un débit suffisant, mais il faudra veiller à ce que la température, au lieu d'émergence, ne varie pas ou varie peu jusqu'au moment de son application. Dans ce but, les appareils seront situés aussi près que possible de la source; les réservoirs auront une capacité variant entre 6 et 10 mètres cubes. Cette disposition permettra d'y renouveler l'eau très-souvent et très-rapidement. Quant à la quantité d'eau nécessaire, il faut compter, pour chaque douche, sur une dépense moyenne d'environ 200 litres, chiffre assurément très-approximatif.

A côté des réservoirs d'eau froide, il faut placer un réservoir d'eau chaude destiné à l'alimentation de la douche écossaise et de la douche alternative; il sert, en outre, à donner au médecin la facilité d'élever la température de l'eau quand celle-ci est trop basse.

La hauteur maximum de l'eau au-dessus du niveau des appareils destinés aux applications ordinaires de l'hydrothérapie doit être de 8 mètres environ; il faut donc installer un réservoir qui réponde à ces conditions. Pour atténuer la pression qui, dans ces cas, se trouve souvent trop forte, l'adjonction d'un ou deux autres réservoirs placés plus bas est utile et permet de modifier facilement cette pression. Certaines pompes à air donnent le même résultat; mais, en dehors des difficultés qu'elles présentent pour leur entretien, elles n'offrent pas, surtout dans les grands établissements, les avantages des réservoirs installés à des hauteurs différentes.

La salle de douches doit être aérée et surtout bien ventilée, ni basse ni humide; elle sera convenablement chauffée, de façon que sa température se

Fig. 18.

maintienne de 18 à 20 degrés, exposée autant que possible au midi; son plancher doit être en bois, percé de trous et légèrement en contre-bas de la salle; il doit être disposé de telle sorte que l'eau s'écoule rapidement sans jamais y séjourner. A côté de l'emplacement des douches, on disposera des piscines pour l'eau froide et pour l'eau chaude.

Les salles destinées aux sudations seront séparées de la salle de douches sans en être bien éloignées. En dehors de l'emplacement réservé aux salles d'opération, on établira un promenoir destiné, en cas de mauvais temps, à abriter les malades qui, après la douche, doivent, pour faciliter la réaction, se livrer à l'exercice.

Hydrothérapie à domicile

Les applications d'eau froide peuvent être faites quelquefois au domicile du malade; mais il importe qu'un agent aussi puissant soit manié avec discernement. Des erreurs dans le choix du procédé à employer peuvent avoir des conséquences sérieuses. Les malades doivent donc commencer le traitement hydrothérapique sous la direction d'un médecin qui leur indiquera les procédés qui leur conviennent et leur apprendra le maniement des appareils; après cet apprentissage nécessaire, ils peuvent, à la rigueur, continuer chez eux un traitement qui, néanmoins, nous le répétons, a toujours besoin d'être surveillé. Dans tous les cas, le médecin qui accepte la responsabilité d'un traitement hydrothérapique à domicile se trouvera dans des conditions déplorables; cependant l'hésitation n'est pas permise quand le malade n'est pas transportable ou quand il est retenu chez lui par les exigences sociales ou professionnelles. Ces réserves faites, voyons comment on peut appliquer la méthode hydrothérapique à domicile.

Et d'abord il est facile de pratiquer partout des ablutions ou des lotions avec des éponges, d'appliquer des compresses ou des ceintures humides, de faire de l'irrigation continue, d'utiliser la glace quand l'emploi en est indiqué. On peut aussi faire des affusions; on a même construit, à cet effet, des baquets et des seaux en caoutchouc, qui sont extrêmement commodes, et que les malades peuvent emporter en voyage. Les frictions avec le drap mouillé peuvent être pratiquées en tout lieu. Nous les conseillons aux malades qui sont forcés d'interrompre un traitement commencé dans un établissement. Ils peuvent ainsi perpétuer, dans une certaine limite, l'action de l'hydrothérapie. Les immersions dans une grande baignoire sont susceptibles de produire quelques-uns des effets des immersions dans une piscine. On peut toujours administrer à domicile un demi-bain, un bain de siége et un bain de pieds à eau dormante.

Parmi les procédés d'application du calorique que l'on peut mettre en usage à domicile, nous citerons : les maillots secs et humides, l'étuve à la lampe et le bain de vapeur.

Les modificateurs hydrothérapiques, dans lesquels l'eau doit être animée d'une certaine force de projection, sont d'une installation difficile. Ainsi les douches, les bains de cercles, les bains de siége à eau courante ne sont pas faciles à établir dans les maisons particulières. On peut néanmoins organiser

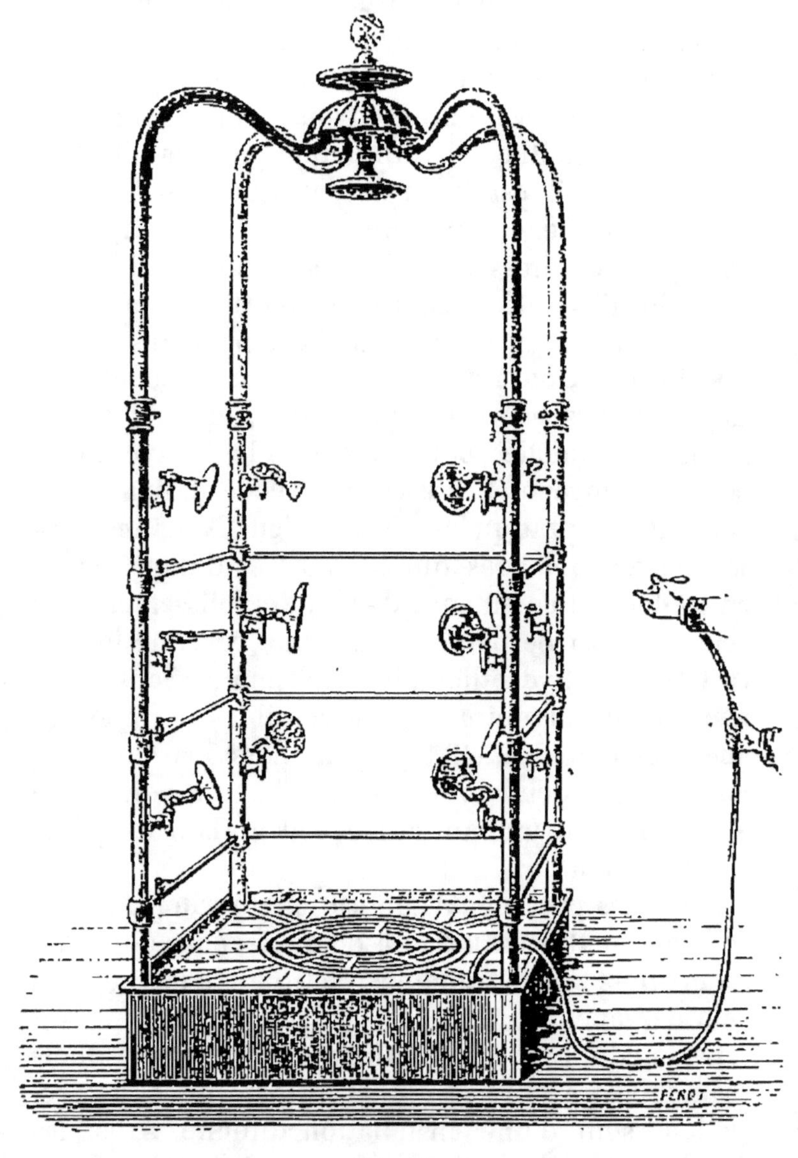

Fig. 19.

des appareils convenables quand la pression des

eaux municipales est suffisante, ou quand il est possible d'installer un réservoir à une certaine hauteur.

Certains appareils réunissent dans un petit espace la plupart des indications qui peuvent se présenter. Celui de M. Charles, représenté ci-contre, se compose d'un soubassement carré, à chaque angle duquel s'élève une colonne creuse qui, se recourbant à 2^m80 de hauteur, va se réunir au centre de la figure, à celle des autres angles : une pomme d'arrosoir est vissée au point de jonction : sur chaque colonne montante se trouvent trois robinets articulés qui portent des pommes, des gerbes ou tout autre ajutage. Tous les tuyaux de distribution se trouvent dans le soubassement ; la tête des robinets, suffisamment prolongée, fait saillie au dehors sur un des côtés et en facilite ainsi la manœuvre. Pour donner la douche en cercles, on fait placer le malade au centre de la planche à claire-voie qui couvre le soubassement, on ouvre un ou deux robinets, selon que l'eau doit être froide ou mitigée ; aussitôt les jets convergents des douze gerbes qui garnissent les colonnes viennent frapper à la fois toute la périphérie du corps. Veut-on localiser l'action sur le foie, la rate, etc., on supprime les ajutages inutiles en tournant les robinets articulés. S'agit-il d'un bain de siége à eau courante, il suffit d'enlever un des panneaux du plancher et d'installer un siége en métal pouvant se fixer à la hauteur voulue. L'appareil ainsi disposé sert aussi à donner la douche rectale ; un petit tuyau en caoutchouc, muni d'un robinet qui supporte différents ajutages, sert à donner les douches vaginales. Enfin une douche mobile est adaptée au

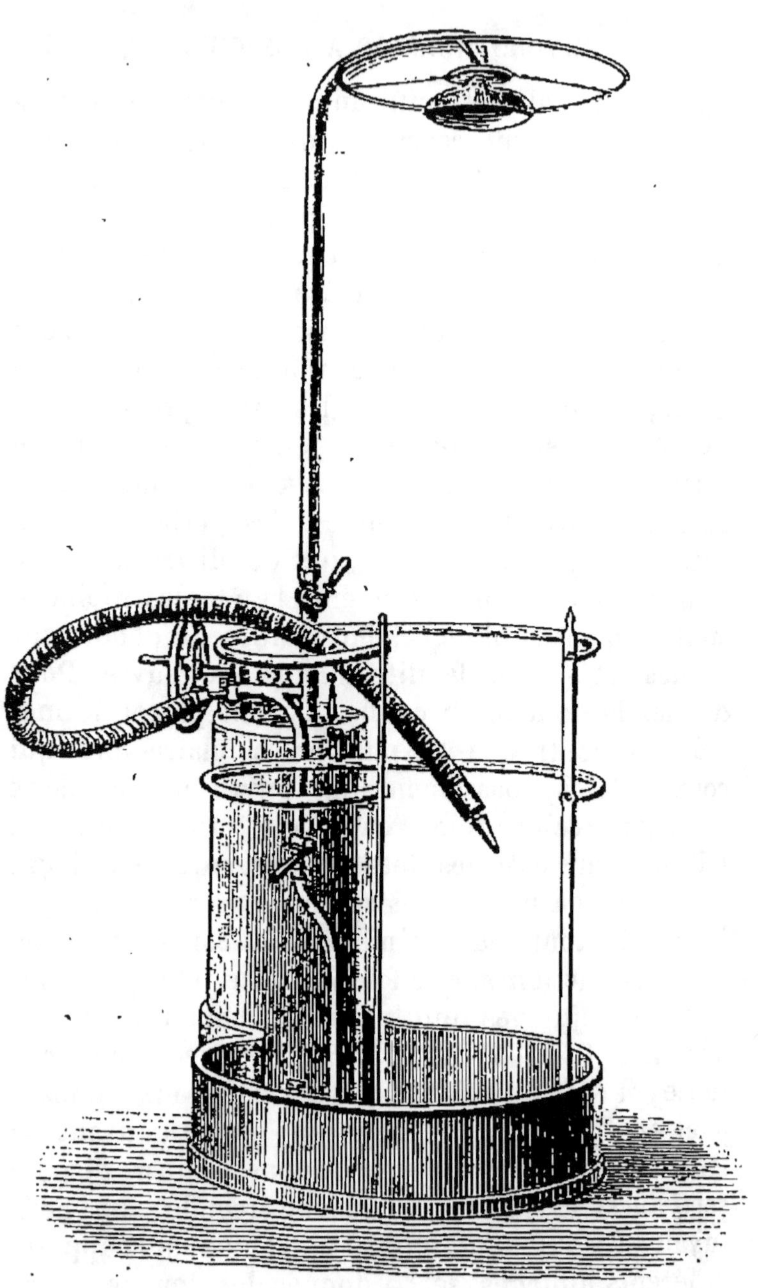

Fig. 20.

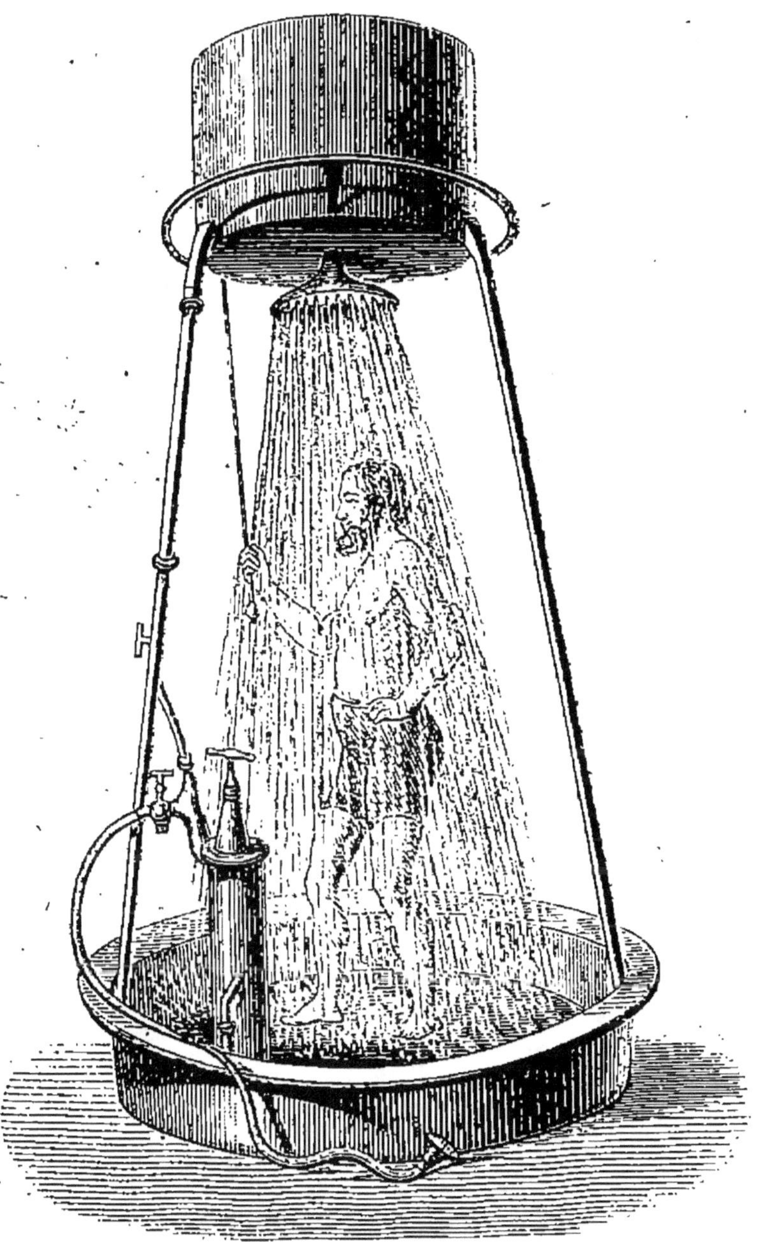

Fig. 21.

récipient, qui réunit alors tous les appareils hydrothérapiques les plus usités.

L'appareil se complète par deux réservoirs, un à
eau froide, un à eau chaude, d'une capacité de
2 mètres cubes, installés à 6 ou 7 mètres de hauteur. Si l'on ne peut les installer, on utilisera les
appareils à pompe à air pour exercer une pression
sur l'eau.

A titre de renseignements nous pouvons indiquer
aussi les deux appareils ci-contre, comme pouvant
faciliter l'application de l'hydrothérapie à domicile.

CHAPITRE IV

EFFETS THÉRAPEUTIQUES PRODUITS PAR L'HYDROTHÉRAPIE

L'hydrothérapie peut passer à juste titre pour un agent hygiénique susceptible de maintenir dans une harmonie parfaite les principales fonctions de l'organisme et capable, par conséquent, de protéger l'homme contre les influences morbides qui l'entourent. Mais, en dehors de son action hygiénique et prophylactique, elle est douée d'une puissance curative qu'on ne saurait contester.

Les effets thérapeutiques de l'hydrothérapie peuvent être divisés en deux grandes catégories : *effets primitifs ou directs ; effets consécutifs ou indirects.*

Les effets primitifs ou directs sont : 1° des effets *antiphlogistiques* ; 2° des effets *sédatifs* ; 3° des effets *excitants.* Les effets consécutifs ou indirects sont : 1° des effets *toniques et reconstituants* ; 2° des effets *spoliateurs et dépuratifs* ; 3° des effets *résolutifs et altérants.*

Effets primitifs — Effets antiphlogistiques

La médication antiphlogistique est l'ensemble des moyens ou agents propres à combattre l'élément inflammatoire sous quelque forme qu'il se présente, qu'il soit le résultat d'une cause extérieure ou qu'il n'apparaisse que comme phénomène secondaire d'une pyrexie. Dans ces deux cas, et surtout dans le premier, l'hydrothérapie joue un rôle efficace, et si ses applications ne sont pas plus nombreuses, c'est que beaucoup de médecins ne peuvent se résoudre à employer l'eau froide dans les maladies inflammatoires avec fièvre.

Avant de parler de la médication antiphlogistique, nous dirons quelques mots de l'inflammation et de sa marche en général. La physiologie expérimentale nous apprend qu'elle a, dans son évolution, une marche naturelle, tendant à la résolution. Si donc on veut intervenir par une médication quelconque, celle-ci devra viser à maintenir la marche de la maladie dans sa voie normale et l'empêcher de s'en éloigner.

Si l'inflammation, une fois déclarée, doit passer nécessairement par toutes les phases d'évolution qui lui appartiennent, il n'en est pas moins vrai que l'on peut quelquefois arrêter, dès le début, le développement du processus inflammatoire et le faire avorter. L'expérience clinique nous l'a démontré, et l'hydrothérapie nous en fournit les moyens. C'est ainsi que l'application du maillot peut quelquefois faire avorter une bronchite, une angine ou toute autre inflammation viscérale. Le maillot humide pourrait, à la vérité, remplir le même but: mais c'est un moyen plus incertain, en ce sens qu'il a l'inconvénient d'exposer le corps à un refroidissement dont on ne peut pas toujours limiter la durée. L'étuve sèche, pourvu qu'on la fasse suivre d'une douche froide et courte ou d'une friction avec le drap mouillé, peut aussi rendre de grands services dans ce sens.

Ces diverses pratiques ont une efficacité incontestable lorsqu'il y a lieu de soupçonner une inflammation commençante; elles sont, du reste, exemptes de danger. Mais quand l'inflammation est avancée, tout ce qu'on peut espérer est d'aider la nature à produire la résolution.

Effets antiphlogistiques de l'hydrothérapie dans les inflammations traumatiques. — Dans les cas d'inflammation consécutive à un traumatisme, il peut survenir des accidents d'une gravité extrême que tout le monde connaît. En intervenant à temps, il n'est pas rare qu'on apaise les manifestations et qu'on favorise la terminaison la plus heureuse. Ce sont les compresses froides souvent renouvelées, les applications de glace pilée ou l'irrigation continue qui sont les moyens les plus propres à amener ce résultat.

Empêcher toute réaction, tel est le principe de la médication antiphlogistique. Les compresses seront donc peu tordues et renouvelées dès que les téguments commenceront à s'échauffer. Cependant, quel que soit le procédé que l'on emploie, il importe de ne pas suspendre tout degré de vitalité dans les tissus, résultat qui pourrait être la conséquence d'une application froide permanente. A cet effet, de petites interruptions dans l'application favoriseront momentanément l'afflux du liquide sanguin et obvieront à l'inconvénient que nous venons de signaler.

Dans le traumatisme, l'action du froid est complexe; il diminue la sensibilité et la douleur, il enlève la sensation de chaleur souvent insupportable, il produit le spasme des vaisseaux capillaires et, par suite, la rétropulsion du sang dans les parties profondes, phénomènes concourant à deux résultats : la suppression de l'hémorrhagie quand elle existe, et la déplétion des tissus. En un mot, c'est en produisant à la fois une triple action anesthésique, réfrigérante et hémostatique, que l'eau froide est antiphlogistique.

Effets antiphlogistiques de l'hydrothérapie dans les inflammations d'origine interne. — Dans les inflammations de cause interne, il faut distinguer celles qui se manifestent extérieurement, comme le rhumatisme et l'érysipèle, et celles qui, comme la pneumonie, ne s'accusent par aucun signe inflammatoire extérieur. Dans le premier cas, pour le rhumatisme, par exemple, les compresses froides ont donné de très-bons résultats. Cependant il faut toujours agir avec une grande prudence lorsqu'on peut craindre une manifestation du côté du cœur. Le maillot humide offre moins de danger, mais il devra être renouvelé dès que la réaction apparaîtra, et jusqu'à ce que la fièvre ait disparu pour faire place à un apaisement général; on se trouvera bien alors de laisser suer le malade pendant quelques instants pour produire une détente salutaire.

Malgré les résultats surprenants de cette médication, on trouve souvent chez les malades une répugnance qu'il est quelquefois impossible de vaincre. Toutefois, il convient de signaler les heureuses tentatives faites par les docteurs Blachez, Féréol, Raynaud, etc., dans le rhumatisme cérébral.

La pneumonie, la péritonite et la plupart des inflammations viscérales ont été traitées, soit par les compresses froides, soit par le maillot humide et la glace. Mais, malgré les résultats obtenus, nous pensons qu'on ne doit recourir à ces applications qu'au début de la maladie.

Effets antiphlogistiques de l'hydrothérapie dans les maladies avec fièvre. — Dans la fièvre typhoïde et dans quelques fièvres éruptives, les applications froides ont été employées afin d'obtenir une soustraction de chaleur, un calme relatif de l'excitabilité nerveuse, et un ralentissement du pouls. Il est incontestable que, dans les fièvres éruptives, elles donnent lieu à un ralentissement du pouls, apaisent les troubles nerveux et diminuent le sentiment de cuisson et de démangeaison insupportable qu'on éprouve dans ce cas. En produisant ces résultats, elles préservent les viscères, et le cerveau en particulier, de ces actions réflexes morbides que développe l'irritation de la peau. Dans ce but, on emploie avec succès les frictions avec le drap mouillé, légèrement tordu, les affusions ou les lotions rapides sur tout le corps. Les immersions dans de l'eau entre 20º et 25º se sont aussi montrées très-efficaces ; toutefois elles présentent de sérieux inconvénients.

L'application prolongée du maillot humide ou du maillot sec, en provoquant la sudation, ont pu, dans quelques cas, faire reparaître une éruption rentrée; mais, si l'on a obtenu des succès par cette méthode, il faut bien dire aussi qu'elle peut donner lieu à des accidents redoutables.

Quant au traitement de la fièvre typhoïde, les résultats sont assez concluants pour être signalés. Malheureusement on n'a guère expérimenté que l'immersion qui est un moyen très-difficile à appliquer et on a laissé de côté les frictions, les lotions, les affusions qui auraient pu rendre d'immenses services. Nous reviendrons sur cette question pratique en étudiant les indications et les contre-indications de l'hydrothérapie. Pour le moment, nous nous contenterons de dire que les effets antiphlogistiques de l'hydrothérapie, dans les maladies en question, sont demandés à l'immersion dans de l'eau, à 20° ou 22° centigrades, à la friction avec le drap mouillé, aux lotions et aux affusions.

Effets sédatifs

Le froid produit sur l'organisme, suivant son mode d'application, une action sédative, et une action excitante. Nous nous occuperons tout d'abord de l'action sédative.

Les effets sédatifs sont de deux ordres : *directs* et *indirects*. Des exemples feront comprendre la signification de ces deux termes. Si, dans un point quelconque de l'économie, il existe une sensibilité maladive exagérée, et qu'on fasse une application d'eau froide prolongée jusqu'à ce que l'anesthésie s'ensuive ou au moins jusqu'à ce que cette sensibilité disparaisse, on produit une sédation directe. Si, au contraire, un malade présente des symptômes d'excitation dépendant d'un état général morbide, de l'anémie par exemple, et qu'on s'adresse, non plus au système nerveux, mais à l'affection générale qui les a causés, en apaisant les nerfs, on produit une sédation indirecte. Cette sorte de sédation sera étudiée plus tard ; occupons-nous ici de la première.

En général, il ne faut la rechercher, dans la plupart des maladies nerveuses, que lorsqu'il y a des phénomènes d'exacerbation ou des phénomènes de paroxysmes ; telle est la règle qui a été posée par Currie et soutenue par Schedel. A part quelques exceptions, elle est encore vraie aujourd'hui.

Pour produire la sédation, l'application d'eau froide doit être longue et exempte de percussion ; c'est là un fait que nous avons précédemment établi, et sur lequel nous n'avons pas besoin d'insister. Dans de pareilles conditions, les résultats sont heureux. Il faut savoir néanmoins qu'il n'en est pas toujours ainsi, et que les procédés sédatifs peuvent, si leur usage est prolongé, amener non plus une sédation, mais une véritable sidération du système nerveux.

Pour obtenir la sédation, c'est le plus souvent à l'immersion que l'on a recours. Si elle est trop courte, la réaction apparaît, et avec elle des phénomènes d'excitation ; si elle est trop longue, le système nerveux peut se trouver dans un état de prostration qui n'est pas sans danger. Il faut donc que l'immersion soit surveillée avec soin et que sa durée soit basée sur la susceptibilité du malade. Si l'immersion ne peut être supportée, il faut ou élever la température de l'eau de quelques degrés, ou avoir recours à d'autres procédés moins violents. De ce nombre sont les affusions, les lotions, les ablutions, les frictions faites avec un drap mouillé non tordu.

Si ces moyens échouent, il faut essayer le maillot humide ou le demi-maillot; seulement, il faut avoir le soin de renouveler le drap mouillé quand les signes de réaction apparaissent et recommencer la même opération à quelques heures d'intervalle, en ayant soin toujours de s'opposer au développement de la chaleur. Si le maillot humide ne réussit pas, il faut recourir au procédé dont nous avons déjà parlé, qui se compose d'une série d'affusions ou de lotions froides souvent renouvelées. A mesure que ces applications se multiplient, les phénomènes de réaction deviennent de plus en plus faibles et la sédation apparait avec ses avantages. Cette pratique n'est certainement pas infaillible, mais elle offre des garanties de sécurité et de succès.

Si, pour obtenir la sédation générale, les difficultés sont grandes, il n'en est pas de même quand il s'agit de provoquer une action sédative localisée. Tous les moyens dont relèvent les effets antiphlogistiques trouvent ici leur emploi. Dans cet ordre d'idées, la glace, les compresses froides souvent renouvelées, l'irrigation continue sont assurément les agents les plus favorables. A ces applications froides locales, nous devons ajouter, pour être complet, la douche écossaise dont l'action analgésique est incontestable, et dont les effets sédatifs sont très-caractérisés.

Effets excitants

Les uns sont passagers, directs, atteignant immédiatement le but recherché ; de ce nombre sont les effets *excito-moteurs* proprement dits, les effets *révulsifs* et *sudorifiques*. Les autres ne se manifestent que lentement et résultent d'une série d'excitations qui se manifestent d'abord dans le système nerveux et dans le système sanguin et qui, finalement exercent leur influence sur toutes les fonctions de l'organisme ; de ce nombre sont les effets toniques ou reconstituants, les effets altérants, etc. Les premiers exercent une action thérapeutique immédiate, et n'ont besoin que d'une seule application hydrothérapique pour apparaître ; ils sont plutôt destinés à combattre les accidents ou les symptômes d'une maladie que la maladie elle-même. Les seconds, au contraire, ne sont produits qu'à la longue, souvent après de nombreuses applications successives ; ils s'adressent à tous les grands fonctionnements de l'organisme et contribuent, par conséquent, à la guérison des maladies générales dans lesquelles leur intervention est justifiée.

C'est aux effets excitants que l'hydrothérapie doit ses plus heureux résultats ; et l'on peut affirmer que, de toutes les maladies qui sont justiciables de cette médication, il en est peu qui ne réclament, à un moment donné, son action reconstituante. Il n'est guère, en effet, de maladie chronique ou nerveuse qui ne soit liée à un état de faiblesse de l'organisme ou à un défaut de nutrition du sang.

Effets excito-moteurs

Parmi les effets excitants spéciaux qui peuvent, sous l'influence de la médication hydrothérapique, se manifester dans les différentes parties de l'organisme, le plus important est l'*effet excito-moteur*, qui se produit d'une manière toute spéciale et que la physiologie peut expliquer. L'impression ressentie à la peau provoque, dans d'autres parties de l'organisme, des actions réflexes, se traduisant par un mouvement ; de son point de départ à son point d'arrivée, l'impression parcourt un arc que l'on peut appeler, en raison des effets produits, arc excito-moteur.

Ces effets n'étant que le produit d'actions réflexes, on comprendra qu'il faut, si l'on veut agir sur une fonction ou un organe déterminé, opérer sur la région de la peau la plus disposée, par ses sympathies nerveuses, à provoquer l'action réflexe recherchée dans cet organe ou cette fonction. Malheureusement la physiologie n'a pas encore bien établi la topographie des actions réflexes, et ce n'est qu'en se guidant sur un raisonnement physiologique que l'on peut localiser la douche dans telle ou telle partie.

Lorsque les effets excito-moteurs doivent s'étendre à tout l'organisme, il faut recourir à la douche générale froide ou alternative. Lorsqu'il est nécessaire de localiser ces effets dans un organe, il faut localiser la douche sur la région cutanée qui offre avec l'organe intéressé le plus de sympathies nerveuses. C'est ainsi que, dans les engorgements du foie et de la rate, on administre la douche hépatique, la douche splénique, ou une affusion avec le col de cygne sur la région dorsale de la colonne vertébrale. C'est aussi par la même raison qu'on administre une douche sur la partie inférieure du sternum, pour agir sur les reins et augmenter la sécrétion ordinaire. C'est en vertu du même principe qu'on pratique une affusion un peu prolongée sur le centre génito-spinal ou qu'on applique une douche hypogastrique, lorsqu'on doit réveiller les contractions vésicales. Nous signalerons encore, dans cet ordre d'idées, l'action réflexe bien manifeste que produit sur l'utérus, sur le rectum et sur la vessie, la douche localisée sur la plante des pieds, ou le bain de pieds froid à eau courante. A chaque instant on utilise ce dernier, soit dans l'atonie du rectum, de la matrice ou de la vessie, soit dans les hémorrhagies de ces organes, surtout quand ces hémorrhagies sont liées à un épuisement général du système nerveux.

De ce que nous venons de dire, il résulte qu'il y a des effets excito-moteurs locaux ou généraux, suivant qu'on agit sur une portion limitée des téguments, ou sur le corps tout entier. Quant aux moyens qui servent à les produire, ils varient nécessairement suivant les indications. C'est, le plus souvent, l'eau froide sous forme de douches que l'on emploie, quelquefois c'est le calorique ; dans d'autres circonstances, c'est la combinaison des deux agents.

L'effet excito-moteur est indiqué dans plusieurs paralysies du sentiment et du mouvement, dans certains troubles des nerfs vaso-moteurs et des nerfs qui dépendent du grand sympathique, dans certaines congestions viscérales dues à l'atonie vasculaire, etc....

Effets révulsifs

Déterminer à la surface cutanée une irritation artificielle capable de contre-balancer une irritation morbide située dans une autre région de l'organisme ayant avec la première des relations bien établies, tel est le but de la révulsion. Il est bien important de connaître, avant tout, la partie de l'organisme sur laquelle il faut agir, car la valeur du moyen ne joue qu'un rôle secondaire. Dans cette médication, en effet, ce n'est pas la violence du moyen qu'il faut rechercher, il faut surtout déterminer sur quelle région cutanée il convient de localiser l'application. Des affections qui avaient résisté aux procédés les plus énergiques de la méthode révulsive ont cédé facilement à l'emploi d'agents hydrothérapiques peu violents, mais appliqués d'une façon plus rationnelle.

Pour obtenir de bons effets de la révulsion, il faudra établir préalablement, par des essais, la méthode de traitement, fixer le choix de l'agent, choisir entre l'eau froide et le calorique, déterminer sous quelle forme on doit les employer et quel est le maximum d'effet que ces agents thérapeutiques sont capables de produire. C'est en marchant résolûment dans cette voie que l'on arrivera à faire de l'hydrothérapie un traitement vraiment rationnel et scientifique.

L'hydrothérapie, au point de vue de l'action révulsive, agit à la fois localement, en produisant une action spéciale dans un point donné, et généralement, en amenant dans tout l'organisme des modifications physiologiques qui se produisent dans toutes les fonctions de l'économie. La prédominance de l'une ou l'autre de ces actions dépend du procédé employé.

Les douches froides générales agissent sur toute la surface du corps et produisent des effets marqués dans tout l'organisme. Si la douche est localisée, elle produira, suivant la surface atteinte, des effets dans tel ou tel organe. A la vérité, la douche froide agit en congestionnant la peau aux dépens des parties profondes; mais son action la plus énergique est celle qu'elle exerce sur le système nerveux périphérique, à l'aide duquel elle provoque des actions réflexes dans d'autres parties du corps. Si l'on veut principalement agir en congestionnant la peau, il faudra faire précéder l'application froide d'une application de calorique, et, dans ce cas, nous ne saurions trop insister sur les services que peut rendre la douche écossaise. C'est, du reste, au médecin de juger et de rechercher, dans chaque cas particulier, à quelle action il doit avoir recours et quel est le procédé le plus propre à produire cette action.

Effets sudorifiques

L'hydrothérapie est un des sudorifiques les plus puissants que possède la thérapeutique. Les procédés dont elle dispose permettent d'obtenir tous les effets du calorique; on peut produire la transpiration à tous les-degrés; en y associant l'eau froide, on enlève aux effets sudorifiques leur influence affaiblissante on stimule les nerfs, les vaisseaux et les glandes de la peau, et l'on facilite, par conséquent, le fonctionnement du système cutané.

Nous ne sommes pas de ceux qui ne voient dans le calorique qu'un moyen exclusivement destiné à provoquer la sueur, et qui font de la sudation la base de tout traitement hydrothérapique. Suivant nous, le calorique peut rendre d'autres services, d'abord comme agent de réchauffement, chez les personnes dont la calorification est lente; il peut, en outre, selon son mode d'application, permettre d'augmenter ou d'atténuer l'action de l'eau froide.

Il nous paraît au moins inutile d'avoir recours aux sudations dans les affections à fond anémique, ainsi que dans les maladies où domine l'épuisement nerveux. Nous en avons retiré de bons effets, au contraire, contre les états morbides entretenus par un vice du sang. Les pertes occasionnées par la sueur appellent des réparations; de là, un mouvement d'assimilation plus accentué, qui, combiné avec une alimentation hygiénique bien entendue, ou une médication appropriée, agit de la manière la plus favorable et peut rendre au liquide sanguin toutes ses qualités.

On retirera également de grands avantages des sueurs provoquées avant l'application d'eau froide, pour combattre certains états spasmodiques, dans certains cas de contractures, à la condition, toutefois, que le malade ait assez de force pour les supporter.

La sudation suivie d'application d'eau froide a souvent réussi dans certains engorgements viscéraux et dans les engorgements articulaires en particulier. Elle favorise l'absorption et la résorption interstitielle des éléments de nouvelle formation.

Quant aux moyens de provoquer la sueur, ils sont déjà connus ; ce sont : les étuves sèches et humides, l'eau chaude, les douches de vapeur, le maillot sec et le maillot humide.

Effets consécutifs ou indirects

Les effets consécutifs sont ceux qui se manifestent après un temps assez long et qui résultent de l'application souvent répétée d'un ou plusieurs procédés. De ce nombre sont les effets *toniques et reconstituants*, les effets *spoliateurs et dépuratifs*, les effets *altérants et résolutifs*.

Effets toniques et reconstituants

Ainsi que nous l'avons déjà dit, l'action reconstituante de l'hydrothérapie résulte de l'application successive et méthodique des procédés qui agissent en stimulant convenablement les diverses fonctions de l'organisme. De tous les modificateurs hydrothérapiques employés dans ce but, le plus efficace est, sans contredit, l'eau froide. Sous son influence, toutes les fonctions se réveillent, la circulation et l'innervation se régularisent ; les mouvements d'assimilation et de désassimilation sont plus prononcés, et, finalement, l'organisme éprouve une véritable régénération. C'est aux effets excitants de l'hydrothérapie que ces résultats doivent être attribués, mais il faut du temps et beaucoup de patience pour atteindre le but qu'on se propose. La reconstitution de l'organisme que l'on cherche est une œuvre de longue haleine et, pour l'obtenir, il faut que le traitement hydrothérapique soit suivi avec une grande régularité et une grande persévérance.

Effets spoliateurs et dépuratifs

L'hydrothérapie, en agissant sur les fonctions de l'économie, a pour résultat d'en assurer et d'en régulariser le jeu, et c'est en favorisant de la sorte le mouvement d'assimilation et de désassimilation, qu'elle exerce des effets dépuratifs. C'est du moins le sens que, selon nous, on doit attribuer au mot *dépuration*.

La pratique prolongée de l'hydrothérapie produit en outre des *crises*. Quelle que soit l'explication que l'on choisisse pour comprendre les phénomènes critiques, il est un fait certain, indiscutable, c'est que ces phénomènes se manifestent. La peau et les muqueuses sont souvent le siége, par suite du traitement hydrothérapique, de manifestations morbides qui, dans certains cas, annoncent une guérison prochaine. C'est, en général, chez les rhumatisants, les goutteux, les herpétiques et, en un mot, chez les malades placés sous l'influence d'une diathèse que l'on voit apparaître les phénomènes critiques; en dehors de ces affections, les crises sont rares. Quant à être un indice prochain de guérison, cela n'est pas toujours exact.

Nous admettons donc que les crises existent en tant que manifestation morbide, mais ce n'est pas pour cette raison que nous attribuons à l'hydrothérapie des effets dépuratifs. La véritable dépuration produite par cette médication consiste bien moins, selon nous, dans une spoliation qui se ferait par la peau et les muqueuses, ou dans la révulsion à la surface des téguments, que dans l'activité imprimée aux mouvements d'assimilation et de désassimilation. A moins de découvrir ce qu'on spolie ou ce qu'on révulse, le mot dépuration ne doit pas être interprété d'une autre façon.

Pour provoquer la dépuration, tous les moyens employés en hydrothérapie sont bons. Tantôt ce sont les douches froides simples, tantôt le calorique qui réussissent le mieux. Dans certains cas, ce sont les sueurs forcées qui sont capables de développer la plus grande somme d'activité fonctionnelle. Il y a là une question d'adaptation individuelle qui doit être examinée pour chaque cas particulier.

Effets résolutifs et altérants

Les effets résolutifs et altérants appartiennent, comme les effets reconstituants, au groupe des effets consécutifs de l'hydrothérapie. Les uns et les autres ne se manifestent qu'après un certain temps, lorsque l'économie a été profondément modifiée par une série d'applications d'un ou plusieurs modificateurs appropriés.

L'hydrothérapie, par ses effets excito-moteurs et révulsifs, est capable de faciliter la résolution ou la résorption des engorgements, des épanchements, des infiltrations et des tuméfactions articulaires. Primitivement, l'effet que l'on développe est un effet excitant ; pour produire l'action curative complète, il faut renouveler les applications, car ce n'est que la répétition des effets excitants qui amène la résolution.

Par ses effets résolutifs, l'hydrothérapie semble parfois agir à la façon des altérants, comme l'iode ou le mercure, en provoquant la disparition de certaines tumeurs ; d'autres fois, il est nécessaire de lui adjoindre, à titre d'adjuvants, des médicaments altérants. Dans ce cas, elle ne vient qu'en aide à la médication, et permet à l'organisme, en augmentant sa puissance de réaction, de supporter plus longtemps un traitement dont l'emploi prolongé pourrait devenir une cause sérieuse d'épuisement.

Sans proscrire absolument les sudations, nous sommes persuadé, contrairement à quelques auteurs, que, dans bien des cas, elles ne sont pas indispensables pour produire des effets altérants. Il nous semble plus juste d'admettre que les effets résolutifs sont surtout produits par l'activité imprimée à toutes les fonctions d'élimination, en excitant la circulation et en régularisant l'innervation. On n'a pas besoin de solliciter des sécrétions abondantes et de recourir, par exemple, aux sueurs forcées, comme le pensent quelques, médecins. Cette pratique devient parfois une cause de débilitation, et il ne faut l'employer que quand elle est bien indiquée. Le meilleur procédé à suivre consiste, selon nous, à soutenir l'organisme dans sa lutte contre la maladie, en le fortifiant contre celle-ci, au lieu de le débiliter, et en lui permettant de réparer les pertes qu'elle lui fait subir.

On voit donc que les effets résolutifs et altérants ne sont que le résultat d'effets excitants spéciaux et qu'ils ressortissent, comme ces derniers, à l'emploi de tous les procédés. Nous nous abstiendrons de toute espèce d'indication, le lecteur étant suffisamment édifié sur le choix des procédés et les règles de leur emploi.

Effets hygiéniques

L'hydrothérapie est un agent hygiénique de premier ordre, ayant pour effet de régulariser les fonctions de l'économie et de maintenir leur intégrité. Par son intervention opportune, elle met l'organisme à même de se défendre contre les maladies épidémiques qui peuvent l'atteindre.

Administrée sous forme d'immersion, d'ablution ou de douche, l'eau froide donne généralement, pourvu que son application soit de courte durée, une activité plus grande aux phénomènes vitaux ; elle entretient la souplesse des muscles et augmente leur force, elle régularise l'action du système nerveux et exerce une influence des plus salutaires sur le moral lui-même.

Appliquée durant l'été, l'eau froide tonifie l'organisme et lui permet de supporter, sans faiblir, les déperditions occasionnées par la chaleur. Prise pendant l'hiver, elle augmente l'énergie de l'organisme qu'elle met en état de résister plus facilement aux rigueurs de la température.

Le procédé le plus usité en hygiène est l'immersion dans une baignoire, dans une piscine ou dans un bain de natation; ces immersions ont sur la santé une influence incontestable. Les étuves, dans les contrées septentrionales, facilitent les fonctions de la peau, et, par la chaleur qu'elles communiquent, mettent le corps à même de supporter plus facilement les froids rigoureux de ces climats.

Quant à l'eau ingérée, on peut, si elle est pure, la considérer comme la meilleure de toutes les boissons.

Certaines règles président à l'intervention de l'hydrothérapie en hygiène; l'âge, le sexe, le tempérament des individus peuvent modifier le mode d'application. Il existe aussi des préceptes généraux, s'appliquant à toutes les individualités, et desquels on ne saurait s'écarter impunément.

En général, avant de subir une application hydrothérapique, il faut être à jeun, ou n'avoir pris qu'une très-légère quantité d'aliments de digestion facile, un potage, par exemple. Le sujet doit avoir chaud et ne pas attendre que l'évaporation de la sueur ait refroidi ses téguments. Il faut se plonger résolûment, sans hésitation, dans l'eau, ou, si l'on prend une douche, se faire arroser rapidement toutes les parties du corps.

L'application doit toujours être de courte durée, suivie de frictions ou d'exercices corporels, tels que la promenade en plein air. Le moment le plus favorable pour se livrer à ces pratiques hydrothérapiques est, sans contredit, l'heure du lever. C'est une erreur de croire que l'immersion froide est dangereuse quand le corps est en sueur; il n'y a de danger que lorsque les battements du cœur et les mouvements respiratoires sont accélérés, ou que la transpiration résulte d'une fatigue ou d'un exercice très-violent. A ce point de vue, on ne peut que déplorer la pratique des établissements de gymnastique dans lesquels les exercices violents sont toujours suivis de l'application d'une douche froide, alors qu'il serait préférable d'avoir recours à des applications beaucoup moins énergiques, une simple lotion, par exemple.

Nous avons dit que les pratiques hydrothérapiques varient suivant l'âge, le sexe, le tempérament des individus. Jusqu'à l'âge de cinq, six ou sept ans, les lotions ou les immersions froides sont généralement mauvaises; et, bien que quelques enfants les supportent bien, il vaut mieux employer de l'eau à la température de 18° à 20° et même 25°. Quant aux enfants en nourrice, nous proscrivons absolument pour eux l'usage de l'eau très-froide.

Vers l'âge de sept ans, alors que l'enfant se transforme intellectuellement et se développe physiquement, il est bon de le soumettre à des ablutions, à des affusions et même à des immersions froides. Ces applications, à la condition d'être courtes et suivies d'exercices corporels, sont très-efficaces pour aguerrir les enfants contre le froid, pour les préserver des engelures, pour développer leurs muscles et combattre la prédisposition au lymphatisme. L'hydrothérapie, appliquée régulièrement, triomphe aussi de ces incontinences d'urine si fréquentes dans le jeune âge, et qui, trop souvent, sont le prélude de névroses difficiles à guérir.

Les applications hydrothérapiques peuvent aussi rendre de grands services entre douze et dix-huit ans, en favorisant chez les jeunes sujets le développement des qualités viriles, en augmentant la puissance de l'organisme et la vigueur des muscles, en équilibrant le système nerveux et en corrigeant certains penchants funestes qui peuvent donner lieu à des maladies sérieuses.

Enfin, dans l'âge mûr, les pratiques hydrothérapiques doivent être subordonnées à chaque constitution.

Si le tempérament sanguin est bien accusé, si la constitution est forte et vigoureuse, les douches nous semblent inutiles; et, dans ce cas, l'hygiène hydrothérapique doit se borner aux bains et piscines tièdes avec natation. De plus, pour assurer et entretenir la régularité des fonctions, le sujet pratiquera, à des intervalles plus ou moins éloignés, quelques sudations, et il fera usage d'eau froide en boisson.

A mesure que l'homme avance en âge, les pratiques hydrothérapiques deviendront plus utiles pour prévenir les infirmités de la vieillesse. Nous connaissons des vieillards très-avancés en âge qui ne doivent qu'à ce moyen l'intégrité de leur santé.

Lorsqu'on se trouve en présence d'une constitution lymphatique, il faut agir avec énergie et stimuler sans crainte toutes les fonctions. Les douches franchement excitantes, c'est-à-dire froides, courtes et percutantes, sont le meilleur moyen de combattre le lymphatisme.

Comme les bains de mer, les douches, et notamment la douche en pluie forte et froide, produisent une excitation maladive chez les personnes dont le système nerveux est très-irritable. Il faut donc, pour éviter cette action défavorable, procéder avec ménagement; en conséquence, il sera préférable de commencer par des affusions pour arriver graduellement à d'autres moyens plus fortifiants.

Les dispositions individuelles, les aptitudes à contracter telle ou telle maladie, doivent être prises en considération. Les rhumatisants et les goutteux feront bien de s'habituer de bonne heure à l'eau froide, en ayant soin de se soumettre de temps à autre aux sudations. Les personnes faibles, délicates, sensibles aux variations de température, les gens à musculature peu développée et enclins aux enrouements et aux bronchites, les individus que leur profession condamne à l'immobilité ou à des fatigues excessives se trouveront bien de douches toniques quotidiennes. Pour les sujets qui se livrent à un travail fatigant et chez lesquels l'activité musculaire est surmenée, nous préférons à la douche l'immersion froide ou tempérée.

En général, les femmes sont douées d'une plus grande impressionnabilité que les hommes; et, si elles résistent plus facilement à certaines sensations physiques, telles que le froid extérieur, par exemple; elles cèdent plus volontiers à la fatigue qu'elles ne peuvent supporter sans faiblir: Elles ont, en outre;

une fonction spéciale, la fonction cataméniale, qui a un retentissement des plus marqués sur l'organisme depuis la puberté jusqu'à la ménopause. Chez la femme, le rôle du système nerveux est prépondérant, et les manifestations morbides prennent parfois un caractère tout spécial. Au surplus, dans le genre de vie inhérent à notre civilisation et à nos mœurs, la femme trouve un grand nombre de causes qui concourent à l'accroissement de sa susceptibilité nerveuse : ce sont les émotions, les habitudes de plaisir, les lectures frivoles, les passions vives, qui, en agissant sur elle d'une manière incessante, contribuent à épuiser son organisme. Elle doit forcément lutter contre ces influences, et, dans cette lutte, l'hydrothérapie sera d'un très-grand secours, si toutefois elle est appliquée avec discernement.

Avant d'aller plus loin, il est bon d'examiner l'influence de l'hydrothérapie sur la fonction menstruelle.

A cet égard, nous dirons tout d'abord que l'hydrothérapie favorise, en général, l'apparition des règles; par conséquent, elle est indiquée chez les jeunes filles qui sont tourmentées par le travail de la puberté. A cette époque de la vie, bien des jeunes personnes éprouvent, dans leur santé, des modifications qui, sans être une véritable maladie, deviennent la source de vives perturbations fonctionnelles dont l'apaisement ne s'effectue que lorsque les règles se déclarent. Dans ce cas, la douche mobile, promenée sur tout le corps, est éminemment efficace. Sous son influence, absolument exempte de dangers et d'inconvénients, les règles s'établissent sans difficulté et sont parfois dégagées de ces douleurs qui altèrent, à la longue, la santé des jeunes filles.

Hygiéniquement parlant, les applications froides, pendant l'écoulement des règles, n'exposent la femme à aucun danger et ne peuvent même pas occasionner le moindre inconvénient. Toutefois il n'est pas prudent de commencer l'hydrothérapie pendant la période menstruelle ; mais si la femme est bien réglée, si elle est surtout bien acclimatée à l'eau froide, et s'il n'y a pas du côté des organes sexuels une perturbation maladive, l'usage de l'eau froide est, nous le répétons, tout à fait inoffensif. Nous devons ajouter que, de tous les procédés hydrothérapiques, celui qui s'adapte le mieux aux circonstances est la douche mobile généralisée.

A l'époque de la ménopause, il faudra conseiller certaines pratiques hydrothérapiques, et, en particulier, la douche générale qui, en donnant à la peau une suractivité fonctionnelle exagérée, sera susceptible de remplacer, dans de certaines limites, la grande fonction qui va disparaître. Nous n'avons jamais eu qu'à nous louer de ce conseil.

Une femme grosse peut-elle être soumise aux applications froides? A moins d'indication spéciale, nous nous abstenons, et nous pensons que telle doit être la règle. Néanmoins, quand la grossesse provoque des accidents sérieux, quand elle engendre certains états nerveux qui sont quelquefois le début de névroses interminables, les affusions et les lotions froides peuvent être employées avec succès. Nous ne croyons pas que l'état de grossesse soit une contre-indication à l'hydrothérapie. Il est bien entendu que les procédés doivent être choisis avec le plus grand soin et maniés avec une excessive prudence.

Pendant la lactation, les applications froides sont souvent conseillées avec raison aux personnes faibles et épuisées qui veulent continuer à nourrir. Elles ont pour effet, en régularisant la nutrition dans toute l'économie, d'augmenter la sécrétion lactée. Un seul accident est à prévoir dans ce cas, c'est le retour prématuré des règles; dans ce but, on évitera de donner des douches sur le bassin, en ayant soin de ne pas insister sur les parties inférieures du corps. On emploiera des douches à percussion légère, des affusions ou de simples lotions.

Nous dirons, en terminant, que l'hydrothérapie peut rendre les plus grands services quand il existe une agglomération d'hommes, comme par exemple dans les casernes, les lycées, etc. Appliquée d'une façon bien entendue, elle préviendrait, croyons-nous, le plus souvent, bien des épidémies qui ne se produisent ou ne s'entretiennent que grâce aux mauvaises conditions hygiéniques dans lesquelles se trouvent les individus par le fait de l'agglomération.

CHAPITRE V

CONDITIONS D'UN BON TRAITEMENT
HYDROTHÉRAPIQUE
INDICATIONS — CONTRE-INDICATIONS

Dans les chapitres précédents, nous avons étudié
les principaux agents de l'hydrothérapie, la manière
de les appliquer et leur mode d'action sur l'organisme. Il nous reste, avant d'aborder la partie clinique de ce livre, à examiner dans quelles conditions ces agents peuvent être appliqués, et à étudier,
par conséquent, les indications et les contre-indications de l'hydrothérapie. En outre, pour être complet, il sera nécessaire que nous parlions de l'insti-
tution, de la direction, de la forme et de la durée du
traitement hydrothérapique.

Pour procéder avec méthode, nous dirons que les
indications et les contre-indications sont absolues
ou relatives. Il peut arriver que le traitement hydrothérapique ne soit indiqué ou repoussé que dans
quelques-unes de ses pratiques. Cette distinction a
de l'importance et mérite d'être convenablement
mise en relief.

Il existe, en effet, des états pathologiques qui sont justifiables de l'hydrothérapie en général, et contre lesquels, cependant, certaines pratiques échouent. Contre la chloro-anémie, par exemple, l'hydrothérapie est indiquée ; mais si la malade est sujette à des hémorrhagies utérines, il faut éviter les douches localisées sur le bassin et sur les membres inférieurs, les bains de siége prolongés, les pédiluves chauds, les sacs à glace lombaires, tandis qu'on peut donner, en toute sécurité, des douches sur la partie supérieure du corps, des bains de pieds froids à eau courante dirigée sur la plante des pieds, le sac à glace vaginal, etc.

Autre exemple : l'hystérie est une maladie que l'on combat très-efficacement par l'hydrothérapie, et, pourtant, il est indispensable de varier les procédés si l'on veut répondre aux indications nombreuses et variées que présente cette névrose. Il ne faudrait pas croire que, dans tous les cas, elle doive être traitée par des moyens identiques. L'affection est-elle dominée par des phénomènes d'excitation du système nerveux? C'est aux applications sédatives qu'il faudra avoir recours. A-t-on constaté, au contraire, des phénomènes d'épuisement? On donnera alors la préférence à des applications excitantes.

Lorsque le calorique est indiqué, comme dans le cas de douleurs névralgiques très-tenaces, par exemple, dans la sciatique liée au rhumatisme ou à la goutte, les procédés à mettre en usage ne doivent pas être choisis aveuglément. Ainsi les étuves humides et sèches ne peuvent être employées chez les personnes pour qui la station assise ou debout est impossible. Dans ces circonstances, c'est aux maillots qu'on a recours de préférence.

Le maillot sec ne peut convenir aux personnes dont l'excitation est très-grande. Le maillot humide ne sera pas employé quand on redoutera des congestions du cerveau, ou quand le malade n'aura pas une puissance calorifique suffisamment développée. Chez les femmes atteintes de congestion utérine et prédisposées aux hémorrhagies, ou bien encore chez les sujets impressionnables et surexcités il ne faudra point recourir à l'étuve à la lampe.

Ces exemples suffisent pour démontrer qu'il ne faut pas repousser le traitement hydrothérapique alors seulement que quelques-unes de ses pratiques sont contre-indiquées. Ce que nous venons de dire suffira pour établir cette distinction dont l'importance n'échappera à personne.

Nous allons maintenant indiquer d'une façon générale, les états morbides qui peuvent être traités par l'hydrothérapie, et ceux contre lesquels son intervention est inutile ou nuisible.

De l'hydrothérapie dans les maladies aiguës

D'une manière générale, on peut dire que l'hydrothérapie est la médication des maladies chroniques, et qu'elle ne convient qu'exceptionnellement aux maladies aiguës. Toutefois, quelques-unes de ces dernières sont justiciables de cette méthode de traitement. Dans les affections chirurgicales telles que les plaies, les fractures, les contusions, les brûlures, etc., on peut, comme chacun le sait, faire avorter l'inflammation primitive ou du moins favoriser sa résolution au moyen de lotions, de compresses froides souvent renouvelées, ou par un système d'irrigation que nous avons précédemment décrit.

Les maladies internes proprement dites, certaines affections inflammatoires telles que la pneumonie, la méningite, le rhumatisme, ont été traitées par l'hydrothérapie, et le succès a parfois couronné la tentative. Mais nous sommes disposé à considérer ces succès comme des résultats exceptionnels. Du reste, à quoi bon traiter par l'hydrothérapie des maladies qui ne réclament pas son intervention, surtout quand on a à sa disposition des moyens plus efficaces et moins dangereux ?

Dans les fièvres éruptives, l'hydrothérapie a été essayée, et on lui doit de véritables succès ; sa seule intervention a pu calmer la fièvre, abaisser la chaleur animale, apaiser les désordres nerveux et même ramener à la peau une éruption disparue. Doit-on, pour cela, recourir toujours aux pratiques hydrothérapiques ? Non, nous ne comprenons l'intervention d'un pareil traitement que lorsque les moyens employés n'ont pu abaisser la chaleur extraordinaire du corps et dominer les désordres nerveux qui accompagnent ces affections.

Dans la fièvre typhoïde, dans le typhus, la méthode hydrothérapique a été essayée plus largement encore et, nous devons le dire, avec plus de succès que dans les autres maladies aiguës. Contre le typhus, nous pouvons sans crainte conseiller l'hydrothérapie, et cela d'autant mieux que la thérapeutique ordinaire est sur ce point désarmée. Contre la fièvre typhoïde, il faut être plus réservé. Dans cette maladie, la méthode de traitement, qui a pour but de combattre l'hyperthermie, de façon à ramener la température à son degré normal, a reçu le nom de *méthode allemande*, ou *méthode de Brandt*. Loin de nous la pensée de vouloir changer cette dénomination; toutefois, il n'est pas sans intérêt de rechercher jusqu'à quel point elle est exacte. Sans remonter, comme l'a fait M. Stanislas Julien, dans son Étude sur la médecine des Chinois, jusqu'au troisième siècle de notre ère, pour en attribuer l'idée première à un médecin chinois, Hoa-Tcho, qui traitait les fébricitants par des affusions froides, nous retrouvons, à une époque beaucoup plus rapprochée, les observations de Wright (1777), de Brandeth (de Liverpool) en 1791; de Dinisdale, Marshall, Cochrane, qui attestent l'heureux effet de cette médication. Plus tard, Currie rend compte des effets favorables qu'il obtint des affusions froides, et, sur une première série de cinquante-huit cas de fièvre typhoïde, il accuse cinquante-six succès.

Nous avons déjà dit que Jacquez employa les affusions froides et le drap mouillé avec tant de bonheur, qu'il fut presque conduit à ériger en méthode générale l'application du froid dans la forme dynamique de la fièvre typhoïde. Cette idée thérapeutique n'est donc pas nouvelle. Néanmoins, la méthode de Brandt, c'est-à-dire l'usage des bains froids tels qu'il les prescrit, de quinze minutes de durée, sans tenir compte ni de l'âge du fébricitant, ni de la période de la maladie, ni de la prédominance de tel ou tel symptôme ou de telle ou telle complication, cette méthode, disons-nous, lui appartient bien en propre, et nous pensons que personne ne songera à la lui contester. Quoi qu'il en soit, voyons quels ont été les résultats obtenus et signalons les indications et les contre-indications des diverses applications hydrothérapiques employées dans cette maladie.

Nous dirons, pour commencer, que les fièvres typhoïdes traitées par l'eau froide donnent un nombre de décès moins considérable que celles que l'on combat par les méthodes ordinaires. Tel est, du moins, le résultat des statistiques publiées jusqu'à ce jour.

Il semble résulter des observations recueillies tout récemment par les médecins des hôpitaux de Paris, qu'il faut, en général, avoir recours à la réfrigération dans les cas suivants : 1° quand cette affection s'accompagne d'une forte élévation de température (40 à 41°), et c'est cette indication qui domine toutes les autres; 2° lorsque l'élévation thermique s'accompagne de symptômes généraux graves, tels que : délire continu, phénomènes ataxiques, contractures, soubresauts, etc., etc.; 3° quand le nombre des pulsations cardiaques est exagéré.

Les contre-indications à la réfrigération sont les suivantes : 1° l'adynamie, quand elle s'accompagne de tendance au refroidissement; 2° les hémorrhagies.

Enfin, quand la fièvre typhoïde affecte la forme thoracique, et quand il existe de la congestion pulmonaire, il ne faut recourir à la réfrigération qu'avec beaucoup de circonspection.

Nous ne pensons pas qu'il faille intervenir d'emblée; nous pensons, au contraire, qu'il est bon d'observer le malade pendant les premiers jours. Mais si, vers la fin du premier septénaire, la température oscille entre 40° et 41°, il n'y a plus à hésiter. Il en est de même lorsque le pouls atteint de 115 à 120 pulsations, et qu'il présente en même temps les caractères du dicrotisme.

Pour Brandt, la perforation intestinale seule est une contre-indication à sa méthode; mais, comme nous venons de le voir, il est d'autres cas qui commandent, sinon l'abstention, du moins une excessive prudence. S'il existe de la bronchite ou de la pleuro-pneumonie, il faut renoncer à cette thérapeutique réfrigérante, surtout si l'hyperthermie n'est pas très-sensible. Dans ce cas, quelques praticiens ont eu à se louer de l'emploi méthodique des bains tièdes. Il faut aussi renoncer à cette médication si le pouls est très-faible et les contractions cardiaques peu énergiques, parce qu'il pourrait se produire une syncope mortelle.

Étudions maintenant quels sont les moyens pratiques généralement utilisés.

Le docteur Brandt veut qu'on administre constamment des bains à la température de 20° et que le malade y soit maintenu pendant quinze minutes. Ce procédé nous semble au moins inutile, et nous préférons la température de 26° à 28° pour débuter, sauf à descendre jusqu'à 22° ou 20° si une plus grande réfrigération est nécessaire.

Il est impossible de rien préciser en ce qui concerne le nombre de bains qu'il faut donner dans les vingt-quatre heures; nous dirons seulement qu'il faut les rapprocher d'autant plus que l'hyperthermie se reproduit avec plus de rapidité. Si la température de l'air ambiant est suffisamment élevée, comme pendant l'été, il y a tout avantage à continuer les bains jusqu'à la convalescence; mais, en hiver, on fera bien d'y renoncer dès que le thermomètre n'accusera, pour la chaleur propre, qu'une température de 39°. Quant à la durée du bain froid, elle varie avec la température de l'eau, l'âge du malade, les complications que présente la maladie et l'intensité des symptômes que l'on veut combattre. Dans tous les cas, il nous paraît inutile d'attendre, pour faire sortir le malade du bain, que le frisson se produise. Nous préférons, pour notre part, les immersions très-courtes, fréquemment répétées et suivies immédiatement de frictions sur tout le corps, le malade ayant été remis au lit après l'opération et enveloppé, au sortir du bain, d'un peignoir de flanelle.

Dans la plupart des cas, il ne nous semble pas absolument nécessaire d'avoir recours aux bains froids, et nous croyons que les lotions, les affusions froides ou le drap mouillé, employés avec méthode, peuvent rendre de plus grands services. Ces divers procédés ont sur l'immersion dans le bain un immense avantage; ils sont d'une application plus facile, sont mieux supportés par les malades et répondent à des indications thérapeutiques plus nombreuses. Au surplus, nous regrettons que, dans les expériences récentes, on ait employé, d'une manière à peu près exclusive, l'immersion dans de l'eau à 20° pour combattre l'augmentation de chaleur qui accompagne la fièvre typhoïde. On aurait pu obtenir le même résultat en élevant la température de l'eau et en renouvelant l'application fréquemment. Par ce procédé, la soustraction de chaleur est, il est vrai, plus faible, mais le refoulement du sang vers les parties profondes est moins accentué et, par ce fait, le malade se trouve moins exposé aux congestions viscérales, aux hémorrhagies, aux syncopes et aux accidents de toute sorte que la fièvre typhoïde entraîne avec elle. Au surplus, il faut bien reconnaître que l'hyperthermie n'est qu'un symptôme de cette terrible affection; à côté d'elle viennent se grouper des phénomènes d'ataxie et d'adynamie qui ont parfois un caractère très-grave et contre lesquels sont employées avec succès les lotions, les affusions ou les frictions avec un drap mouillé. Pour toutes ces raisons nous préférons ces divers procédés à l'immersion.

En résumé, nous ne nions pas l'heureuse influence que peuvent avoir certaines applications froides dans l'évolution des états morbides à forme aiguë; mais, nous le répétons, le succès de ces applications n'implique en aucune façon leur indication générale.

De l'hydrothérapie dans les maladies chroniques
Indications — Contre-indications

L'hydrothérapie est le traitement par excellence des maladies chroniques; toutefois elle ne convient pas à toutes ces maladies indistinctement, et il est nécessaire de faire un choix.

Pour procéder avec méthode, nous examinerons séparément :

1º Les maladies dans lesquelles l'hydrothérapie est inutile ou peut être nuisible;

2º Les maladies qui sont du ressort de l'hydrothérapie et parmi celles-ci :

a. Celles qu'elle guérit;

b. Celles qu'elle atténue;

c. Celles dont elle modifie certains symptômes
sans produire de modifications dans leur nature.

Maladies dans lesquelles l'hydrothérapie est inutile ou peut être nuisible

En principe comme en fait, les affections anatomiquement constituées par le développement de
produits hétéromorphes dans le parenchyme des
tissus, tels que le cancer, le tubercule, etc., résistent à la médication hydrothérapique. Il est même
dangereux d'employer cette méthode de traitement
lorsque les productions morbides siégent dans des
organes importants, comme le poumon, le cerveau
et le cœur, et que ces organes sont le siége d'hémorrhagies, d'inflammation ou de congestion.

Toutefois nous devons reconnaître ici que l'hydrothérapie peut être mise à contribution pour faire
disparaître quelques-uns des symptômes qui accompagnent ces maladies. Ainsi, pour ne citer qu'un
exemple, elle peut calmer ou arrêter le vomissement qui accompagne le cancer de l'estomac, permettre au malade de prendre de la nourriture, et
l'aider ainsi à supporter le mal en ranimant ses
forces épuisées.

Parmi les affections caractérisées par des modifications dans l'état normal des tissus, sans qu'il y
ait pour cela production hétéromorphe, il en est
qui échappent à l'influence de l'hydrothérapie:

d'autres, au contraire, relèvent de ce traitement, du moins dans une certaine mesure. De ce nombre sont quelques inflammations chroniques, l'hypertrophie, l'atrophie, les hydropisies dues à la chlorose, les œdèmes produits par le défaut de vitalité des tissus, les hémorrhagies traumatiques, surtout quand les vaisseaux lésés peuvent être atteints directement par l'eau froide, les hémorrhagies passives favorisées par la stase veineuse et celles qui se rattachent à un trouble de l'innervation.

Nous venons de passer rapidement en revue les maladies qui peuvent se généraliser dans tous les tissus et qui, de près ou de loin, sont liées à des troubles sérieux de nutrition ou à de véritables lésions organiques. Il nous reste à étudier leurs manifestations dans les divers appareils de l'organisme et à rechercher si la localisation du mal peut être une source d'indication ou de contre-indication.

Dans l'énumération qui va suivre, nous ne traiterons que des lésions qui peuvent atteindre les viscères, et nous commencerons par celles qui siégent dans le cerveau et dans la moelle épinière.

Maladies organiques du cerveau et de la moelle épinière. — Dans les affections organiques du cerveau et de la moelle épinière, le médecin doit se borner à soutenir ou à ramener à l'état normal les fonctions qui ont été troublées par ces affections. Dans cette voie, l'hydrothérapie, par son action excito-motrice, exercera une influence salutaire sur la motilité, la sensibilité et sur les diverses fonctions organiques soumises au contrôle des centres nerveux, et on pourra l'employer avec profit. Mais, si l'on veut obtenir réellement d'heureux résultats, il faut attendre, pour recourir à ce traitement, que la lésion soit à l'abri des poussées congestives. Ainsi, parmi les lésions des centres nerveux et des nerfs, il en est, telles que les tumeurs de tissu homologue, les atrophies, les dégénérescences et les scléroses, dont l'évolution peut être arrêtée dans son développement. Mais si l'on intervient d'une manière intempestive, on peut tout compromettre et favoriser le progrès du mal au lieu d'entraver sa marche. Nous avons vu assez souvent les tristes résultats que produit l'hydrothérapie appliquée d'une manière irrégulière et inopportune, pour être autorisé à recommander aux médecins de ne conseiller cette médication que lorsque les affections sont à l'abri de poussées inflammatoires.

Maladies organiques de l'estomac et des voies génito-urinaires. — L'hydrothérapie a été essayée contre la plupart de ces maladies et, dans les cas les plus difficiles, elle a soulagé un grand nombre de malades sans les exposer au moindre danger; elle peut donc être employée sans inconvénients.

Maladies de poitrine. — Nous n'avons assurément pas la prétention d'avoir guéri la phthisie; mais nous pouvons assurer avoir vu des malades, soupçonnés d'être atteints de cette cruelle affection, bénéficier d'une façon remarquable d'un traitement convenablement institué. Sous son influence, l'appétit se développait, la nutrition devenait plus active, et les forces générales augmentaient sensiblement. Concurrement, la toux était calmée, les sueurs devenaient moins abondantes et le sommeil plus réparateur. En présence de ces bienfaits, il ne faudrait pas conclure que l'hydrothérapie doive faire partie de la thérapeutique ordinaire des phthisiques. Elle ne convient que dans ces cas douteux où il est difficile d'établir, d'une manière précise, la nature de la lésion. D'après nous, les malades guéris n'étaient pas des phthisiques, tout au plus étaient-ils menacés de le devenir. Quoi qu'il en soit, nous pouvons affirmer que les malades qui sont dans cet état peuvent quelquefois bénéficier d'un traitement hydrothérapique bien dirigé. Cependant on devra s'abstenir d'y avoir recours s'il existe de la fièvre et si les poussées congestives ou inflammatoires sont fréquentes, parce que les désordres augmenteraient sous l'influence du traitement.

Maladies du cœur. — Bien que les affections organiques du cœur soient incurables, il y a des cas dans lesquels l'hydrothérapie, maniée avec prudence et habileté, a rendu de très-grands services, soit en décongestionnant le cœur, soit en favorisant son fonctionnement. Toutefois, comme son intervention peut exposer les malades à des accidents sérieux, nous croyons qu'il faudra procéder avec ménagement et l'on devra même en proscrire l'emploi quand il existera de l'asystolie, quand les vaisseaux seront athéromateux et quand le cœur présentera une dilatation prononcée de ses cavités avec amincissement des parois.

La médication nous a paru mieux réussir dans les hypertrophies et dans quelques-unes de ces affections cardiaques mal déterminées qui ne compromettent pas la vie des malades et qui peuvent éprouver dans la marche de l'affection un temps d'arrêt assez prolongé.

En résumé, dans les maladies du cœur, l'hydrothérapie peut quelquefois soulager, mais elle ne guérit jamais. Dans tous les cas, on choisira la douche mobile de préférence à tout autre procédé; on emploiera pour débuter une eau modérément froide, et l'on n'opérera, dans les premiers jours, que sur la partie inférieure du corps.

Maladies de la peau. — Dans les affections cutanées d'origine diathésique, l'hydrothérapie ne joue qu'un rôle hygiénique; elle n'est pas nuisible, mais elle est à peu près inutile. Dans celles qui sont dues à des troubles fonctionnels du système nerveux, comme le zona, par exemple, ou à des modifications spéciales du tissu cutané et de ses annexes, comme le furoncle, l'hydrothérapie agit parfois avec une efficacité remarquable. Nous verrons d'ailleurs comment il faut l'employer et quels effets thérapeutiques il convient de produire en étudiant certaines maladies de la peau.

Troubles fonctionnels divers. — Bien que l'hydrothérapie soit la médication par excellence des troubles fonctionnels, il en est contre lesquels elle est parfois insuffisante. Parmi les troubles du système nerveux qui résistent à l'hydrothérapie, il faut citer des tics, des tremblements et certaines formes de l'aliénation mentale. Dans la partie clinique de ce livre, nous nous efforcerons de bien préciser les cas où l'hydrothérapie peut être utilement appliquée et ceux qui commandent l'abstention.

Maladies qui sont justiciables de l'hydrothérapie

1° Maladies dont elle modifie certains symptômes

sans agir sur l'essence même du mal. — Chez les personnes atteintes d'un cancer de l'estomac, l'hydrothérapie peut arrêter les vomissements; elle peut aussi calmer la toux dans certaines maladies de poitrine. Elle modifie certains troubles de la sensibilité et du mouvement chez les malades qui ont une lésion organique du cerveau ou de la moelle épinière; elle arrête ou diminue les hémorrhagies utérines produites par une tumeur de la matrice. Dans ces cas, l'hydrothérapie n'a pas la moindre action curative sur la maladie qui donne lieu à ces symptômes; mais elle soulage les malades, et ce résultat est suffisant pour être autorisé à en conseiller l'emploi. Nous n'insisterons pas davantage sur ces indications.

2° *Maladies atténuées par l'hydrothérapie.* — Dans cette classe, nous devons ranger les maladies caractérisées par une altération spéciale du sang et des tissus, telle qu'on la rencontre dans le rhumatisme, la goutte, l'herpétisme, la scrofule, l'albuminurie et le diabète, dans quelques intoxications et dans les lésions organiques qui ne modifient pas sensiblement les éléments histologiques.

3° *Maladies guéries par l'hydrothérapie.* — Sont curables par l'hydrothérapie, toutes les affections sans lésions organiques qui procèdent de changements non spécifiques des éléments organiques. Dans ce groupe se rencontrent : l'anémie, la chlorose, les maladies chroniques à forme asthénique et la plupart des affections qui sont caractérisées par une perturbation dans le fonctionnement des divers systèmes de l'économie. Dans ce groupe se trouvent la plupart des affections du tube digestif, les maladies utérines, etc.; mais c'est surtout contre les névroses que l'hydrothérapie remporte ses plus beaux et ses plus légitimes succès. Le concours de l'eau froide est aussi efficace contre la fièvre intermittente, la dysentérie chronique et, en général, contre les empoisonnements miasmatiques. On pourra encore tirer profit des effets antiphlogistiques de l'hydrothérapie, de son action hémostatique, sédative et révulsive, selon les indications qui se présenteront.

Début du traitement — Choix du procédé

Quand on a décidé de soumettre un malade au traitement hydrothérapique, il importe, avant tout, de savoir comment il convient de commencer. Est-il préférable de débuter par l'eau froide, comme certains auteurs le conseillent, ou bien vaut-il mieux soumettre les malades à des applications destinées à tâter leur susceptibilité, leur force de réaction et leur degré de résistance au froid? A cela nous répondons que le choix du procédé doit être basé tout à la fois sur la nature du mal et sur la susceptibilité du malade. Lorsque les maladies offrent des indications spéciales, il faut régler le début du traitement sur l'effet thérapeutique que l'on veut obtenir, à moins qu'il n'existe des contre-indications bien manifestes. Si l'on veut, par exemple, faire avorter une inflammation traumatique, c'est à la médication antiphlogistique qu'il faut s'adresser, et les divers procédés que nous avons décrits peuvent être utilisés. Le choix, dans ce cas, n'est donc pas difficile, mais il n'en est pas toujours ainsi.

On peut se trouver dans des circonstances où le malade, atteint d'excitation générale, a besoin d'être calmé rapidement. Il ne saurait y avoir alors aucune contre-indication à l'emploi des piscines tempérées, aux affusions tièdes, etc. Si pourtant on jugeait convenable de faire intervenir l'eau froide, on pourrait terminer l'affusion tiède par une application froide, sans percussion et de courte durée, ou bien employer les applications froides qui ne provoquent pas une perturbation profonde de l'organisme. Nous en excepterons cependant la piscine froide qui peut, dans certains cas, il est vrai, amener une détente salutaire, mais qu'il ne faut employer qu'avec la plus extrême précaution chez les malades qui n'ont jamais été traités par l'eau froide, à cause du mouvement de concentration qu'elle produit. Il sera donc prudent, avant de recourir à ce moyen puissant, de tâter la susceptibilité du malade et d'essayer son degré de résistance par des moyens moins violents.

Dans les exemples choisis, les difficultés ne sont pas considérables ; elles sont plus sérieuses lorsqu'il faut obtenir un effet excitant et provoquer une réaction dans l'organisme. Dans ce cas, l'application doit convenir, tout à la fois, à la maladie et au malade. Si la maladie réclame un effet thérapeutique déterminé, la susceptibilité du malade exige souvent que le procédé employé soit adapté à la force de résistance et au degré d'excitabilité que le froid est capable de déterminer dans son organisme. Ce résultat ne peut être atteint qu'après avoir interrogé l'économie. On devra donc tenter un essai pour savoir avec quelle rapidité la réaction se produit et quelle est sa durée, pour bien apprécier l'influence de l'eau froide sur tous les appareils organiques et bien analyser son action sur le système nerveux. Ces renseignements sont nécessaires pour régler la température de l'eau ; car, lorsqu'elle est trop froide, elle a souvent l'inconvénient de provoquer des réactions violentes chez les sujets dont le système nerveux épuisé demande beaucoup de ménagements. Il est donc utile, nécessaire même, de commencer par une application modérément froide qui n'éveille qu'une légère réaction et ne provoque pas de fatigue.

C'est surtout dans les affections nerveuses qu'il faut agir, au début, avec prudence et réserve. Que de personnes nerveuses on éloigne de l'hydrothérapie, en commençant par une douche en pluie trop froide ou trop énergique ! L'organisme ne résiste à l'impression du froid que dans la mesure de ses forces. Aller au delà, c'est fatiguer le malade sans profit, et vouloir le priver ainsi d'une médication qui, sagement administrée, aurait pu être pour lui d'une grande utilité.

Lorsque le système nerveux ne joue aucun rôle dans la maladie, comme dans l'anémie pure et simple, par exemple, les applications froides peuvent être indistinctement mises en usage. On commencera donc par une douche froide et courte. Convenablement employé, ce modificateur donnera une juste idée de la résistance du malade ; dans les séances suivantes, il sera facile de juger s'il convient de modifier la durée, la force de projection et la température de la douche.

Il est des circonstances dans lesquelles le médecin doit rechercher d'emblée les effets révulsifs de l'hydrothérapie, lorsqu'il a à combattre une névralgie violente, par exemple. Dans ce cas, il aura recours à l'action simultanée du calorique et du froid. Tous les moyens employés pour l'application du calorique peuvent être mis en usage dès le début, mais le meilleur est la douche écossaise, dont on peut régler à volonté la température et la durée, qu'il est facile de localiser ou de généraliser et qui permet d'apprécier très-exactement la tolérance du malade. S'il est impossible de transporter le malade jusqu'à la salle de douche, on aura recours aux maillots, suivis d'applications froides faites sur place.

Il est encore des cas où le début du traitement doit être surveillé avec le plus grand soin. Ainsi, pour ne citer qu'un exemple, quand on aura à traiter l'une de ces ménorrhagies interminables qui rendent la femme impotente pendant vingt-cinq jours sur trente, on débutera, si la maladie ne présente pas de gravité exceptionnelle, par de légères applications générales, destinées à faciliter la tolérance pour l'eau froide. On arrivera ainsi, sans secousse, à l'emploi de la douche localisée sur la partie supérieure du corps, des bains de pieds froids à eau courante, du sac vaginal, etc., qui, dans l'espèce, constituent l'ensemble des agents curatifs. Mais si la ménorrhagie est grave, si la santé générale est compromise, il ne faudra pas hésiter à recourir d'emblée à l'emploi des modificateurs spéciaux que nous venons d'énumérer. On devra même, dans ce cas, administrer le traitement pendant que la femme a ses règles. Si la manœuvre est habilement conduite, aucun accident ne surviendra, et l'on observera souvent des améliorations rapides et durables. A ce propos, nous dirons que, s'il est possible de commencer un traitement hydrothérapique à l'époque des règles, il peut aussi y avoir du danger pour une personne nerveuse et impressionnable à commencer une cure hydrothérapique dans un pareil moment. En général, il ne faut pas débuter pendant la période menstruelle, à moins que la gravité de la situation ne commande d'intervenir. Mais si la malade est suffisamment acclimatée, on peut, le plus souvent, continuer le traitement pendant la période cataméniale, à moins que des indications spéciales n'imposent la plus grande réserve. Nous verrons même que, dans certaines circonstances, il est nécessaire d'intervenir pendant cette période.

Quand faut-il commencer le traitement? — La cure hydrothérapique peut être faite à toutes les époques de l'année. Cependant, il est des cas où il faut savoir choisir la saison qui convient le mieux à la maladie et au malade. En principe comme en fait, nous pouvons dire qu'on a peu à se préoccuper de la saison si le traitement est administré dans une salle bien installée au point de vue du chauffage et de l'aération. Mais, en général, un temps modérément froid et sec est préférable à un temps chaud et humide. Certaines indications peuvent faire naître des exceptions ; ainsi, les personnes auxquelles l'exercice est impossible choisiront l'été, parce que, dans cette saison, la réaction est plus assurée. Les malades d'une santé délicate, ceux qui ont une certaine susceptibilité des voies respiratoires ne commenceront pas leur traitement en hiver, mais ils pourront le continuer dans cette saison s'ils sont déjà acclimatés.

L'hydrothérapie pendant la saison froide est utile lorsqu'on veut provoquer un entraînement physique, modifier profondément la circulation et reconstituer l'organisme. En effet, sous. la double influence du froid extérieur et des applications excitantes de l'hydrothérapie, les dépenses corporelles sont rendues plus actives, les mouvements fonctionnels plus accentués et la réparation des tissus plus complète.

Il existe d'autres indications spéciales relatives aux maladies nerveuses; la plupart de ces affections présentent des exacerbations en automne et au printemps, ou bien se manifestent pour la première fois à ces époques de l'année. Il faudra donc essayer de lutter .contre le mal en soumettant les malades au traitement hydrothérapique environ un mois avant l'époque présumée de la crise, pour l'atténuer ou la faire avorter si c'est possible.

Où et comment le traitement doit-il être suivi? — Le succès de la cure est-il plus assuré quand le traitement est suivi dans un établissement spécial que lorsqu'il est fait à domicile? La question ainsi posée est facile à résoudre. Evidemment l'hydrothérapie faite à domicile n'a pas la même puissance que lorsqu'elle est pratiquée dans un établissement exclusivement consacré à ce genre de traitement. Toutefois, comme les circonstances peuvent empêcher le malade de se déplacer, on est autorisé à conseiller quelquefois l'hydrothérapie à domicile: mais, dans ce cas, il importe de savoir quels sont les procédés dont on doit se servir et dans quelles limites le médecin peut compter sur la cure. Les procédés mis en usage dans ces cas particuliers sont : les lotions, les ablutions, les immersions dans une baignoire, les frictions avec le drap mouillé et les sudations de toutes sortes. On peut aussi employer les douches froides et chaudes quand on a la possibilité de les installer convenablement. A cet effet, il existe des appareils fixes ou mobiles qui peuvent remplacer, dans une certaine mesure, les appareils de nos établissements. Toutefois, il faut que les applications soient surveillées avec soin ; car, si elles sont faites en dehors de toute direction médicale, elles peuvent compromettre la santé des malades au lieu de l'améliorer. Nous ajouterons, en outre, que, dans les cas difficiles, il vaut mieux commencer le traitement dans un établissement spécial. En agissant ainsi, les malades se mettent au courant des pratiques qui leur conviennent et ils peuvent, sans danger, continuer chez eux une cure commencée sous une direction compétente. A côté de ces raisons techniques qui militent en faveur de l'hydrothérapie faite dans un établissement spécial, il en est d'autres d'un autre ordre qu'il importe de signaler.

Parmi les prescriptions hygiéniques auxquelles il est nécessaire de soumettre les malades, il en est qui semblent à première vue pouvoir être parfaitement suivies dans la famille. Mais est-on bien sûr de trouver toujours dans ce milieu le calme et le repos désirés? Est-on sûr aussi de trouver, dans l'entourage du malade, la volonté qui saura le conduire vers le but indiqué, qui le soutiendra en se rendant compte du mal qu'il éprouve, qui l'aidera, en un mot, affectueusement, mais sans faiblesse? Nous le demandons aux dyspeptiques, aux hypochondriaques, aux mélancoliques, aux femmes hystériques, à toutes les personnes nerveuses que les sceptiques et les ignorants traitent parfois de malades imaginaires, sans se douter des erreurs qu'ils commettent et du mal qu'ils leur font. Est-il possible que ces malades puissent guérir complétement en continuant de vivre dans le milieu où le mal a pris racine et s'est développé? Il faut que le patient rompe avec ses habitudes, abandonne provisoirement ses occupations quotidiennes, s'astreigne à un régime régulier, se condamne à une vie tranquille et se soumette enfin à une sorte d'entraînement sans lequel le système nerveux ne pourra jamais retrouver l'équilibre perdu.

Pour atteindre ce résultat, la vie de famille n'offre que des ressources limitées et devient parfois même un obstacle à la guérison. Le malade, autorisé par ses souffrances, exerce sur son entourage une influence tyrannique contre laquelle rien ne peut réagir. Dans ces conditions, quand son intelligence reste intacte, ses facultés affectives finissent par se troubler; il cesse d'aimer ce qu'il aimait et devient difficile, indécis ou capricieux à l'excès. Les parents eux-mêmes, prompts à s'alarmer sans raison, entravent le médecin dans l'accomplissement de sa tâche et communiquent souvent au malade des appréhensions à l'abri desquelles il doit être placé. Pour toutes ces raisons qu'il serait facile de multiplier, il faut que le malade change de milieu; et il trouvera dans un établissement spécial toutes les ressources thérapeutiques que réclame sa situation. D'un côté, l'action des méthodes variées de l'hydrothérapie; de l'autre, l'influence que peut exercer le médecin sur un malade qu'il observe sans cesse et qu'il est chargé de placer sur la voie de la guérison. Dans un établissement bien organisé, le traitement, le régime, le genre de vie, les distractions même, doivent être réglés par le médecin qui, en échange de la responsabilité qu'il accepte, doit rencontrer chez le malade une confiance absolue dans les prescriptions qu'il lui trace.

Les établissements reçoivent deux sortes de malades : les pensionnaires qui résident dans l'établissement, et les externes qui, logeant en dehors, viennent aux heures du traitement.

La vie d'interne convient aux malades qui ont besoin d'être soumis à un régime régulier, d'être observés avec une grande assiduité, et pour lesquels la fatigue physique peut devenir une cause d'insuccès.

Les malades qui ne sont pas dans ces conditions peuvent, sans inconvénient, être externes; il y a même parfois de réels avantages à faire un traitement dans ces conditions, s'il est suivi avec régularité.

Nous croyons inutile d'ajouter que, pour être efficace, l'hydrothérapie doit être appliquée par un médecin expérimenté. Livrée à l'empirisme ou au hasard, cette médication peut devenir dangereuse ou compromettre la guérison. Dominés par cette crainte, les malades la redoutent et beaucoup de médecins n'osent plus la recommander. Il y a là un danger que nous devons signaler, pour éviter ces insuccès qui, bien que prévus, peuvent compromettre l'avenir de cette méthode thérapeutique si utile et si efficace.

Dans quelques établissements hydrothérapiques, presque tous les malades sont invariablement soumis aux mêmes procédés le matin, à midi et le soir. Nous n'avons rien à dire contre cette méthode exclusive lorsqu'il faut provoquer une grande perturbation dans les fonctions de l'économie, ou lorsqu'il faut soumettre l'organisme à un entraînement capable de modifier le sang et les tissus, comme cela est exigé dans le rhumatisme ou la goutte. Mais, dans la plupart des maladies chroniques, il ne saurait en être ainsi. En outre, les malades ne peuvent pas tous supporter des manœuvres multipliées, et, pour la plupart, deux séances par jour suffisent; quelquefois même il faut se borner à une seule application quotidienne. Il ne peut donc exister, sur ce point, des règles fixes et nous croyons qu'il est préférable de baser le nombre des opérations sur la nature du mal et la constitution des malades.

Durée du traitement hydrothérapique. — La médication hydrothérapique ne saurait porter ses fruits qu'à la faveur d'une grande régularité et d'une grande persistance. Malades et médecins doivent bien se pénétrer de cet axiome qui repose sur une connaissance approfondie de la nature et de la marche des maladies chroniques. Elle s'adresse, en effet, plutôt à l'état constitutionnel morbide qu'aux symptômes qui caractérisent le mal. Pour cette raison, on doit considérer le traitement hydrothérapique comme un traitement à longue échéance, et nous devons ajouter que ses effets sont plus prompts quand les malades se soumettent facilement aux exigences qu'il comporte. La durée du traitement dépend à la fois de la nature de l'affection et de l'énergie du malade. Si l'affection est récente, peu enracinée, et si le malade est bien disposé, le traitement sera court. Si, au contraire, la maladie est ancienne et compliquée, et si le malade offre peu de résistance, la cure sera longue.

Il faut bien se garder de suspendre le traitement si, au début, les troubles fonctionnels augmentent ou sont remplacés par des phénomènes morbides d'un autre ordre. Ces perturbations ne présentent aucune gravité; elles sont parfois nécessaires. Dans tous les cas, elles ne tardent pas à être remplacées par un bien-être qui peut être, il est vrai, troublé de temps en temps par une petite rechute, mais qui, en somme, doit être considéré à bon droit comme le signe d'une guérison prochaine. Il est bon d'é-clairer le malade sur ces alternatives qui peuvent avoir lieu pendant le traitement; car il pourrait, par ignorance, abandonner la cure au moment où il est urgent de la continuer.

Les effets de l'hydrothérapie se manifestent, le plus souvent, dans le cours du traitement; quelquefois ils ne se produisent qu'après sa cessation. Ce fait bien constaté nous conduit à apporter une certaine modi-fication dans la durée du traitement approprié à quelques maladies; ainsi, chez les gens nerveux, par exemple, nous faisons, à un instant donné, in-terrompre l'application de tout moyen curatif.

Cette continuation des effets hydrothérapiques après la cessation de la cure est un des faits qui militent le plus sérieusement en faveur d'un trai-tement fractionné. Il est certain que, le jour où les

médecins seront bien convaincus de l'exactitude de
ces résultats, cette méthode qui, dans quelques
cas, a d'incontestables avantages sur la méthode
du traitement continu, sera plus fréquemment
suivie.

Quand les malades ont besoin d'être entraînés
pour lutter contre une affection constitutionnelle,
quand il importe d'imprimer une grande activité
aux mouvements d'assimilation et de désassimilation, il est bon de ne pas interrompre le traitement,
puisque, dans ce cas, c'est par la continuité d'action qu'il agit. Il est cependant des malades qu'une
longue cure excite ou fatigue; il faut alors s'arrêter
et laisser à la nature le soin de compléter le rétablissement de la santé.

En résumé, nous pouvons dire que lorsque le
traitement hydrothérapique est bien indiqué et
bien appliqué, il est peu de malades qui n'en
retirent de réels avantages. Les moins heureux
ressentent même une amélioration passagère, une
augmentation des forces, un retour d'énergie
morale qui, en constituant un répit, leur permettent
de prendre haleine.

Beaucoup d'entre eux, atteints de maladies d'un
pronostic grave, retrouvent l'appétit, le sommeil,
la régularité des principales fonctions et comme
une provision de forces nouvelles; quelques symptômes, même des plus sérieux, subissent une modification heureuse qui laisse aux forces médica-
trices le temps de se manifester.

Pour discréditer l'hydrothérapie, beaucoup de
personnes en décrivent les pratiques sous un aspect
effrayant; elles imaginent des moyens de torture

bien propres à frapper les imaginations crédules et timorées. L'eau, disent-elles, n'est pas seulement froide, elle est glacée ; le malade qui va recevoir cette douche glacée ne doit pas seulement avoir chaud, il faut que son corps soit ruisselant de sueur. Peu s'en faut qu'elles n'affirment que la douche doive être prise en plein air, même pendant l'hiver! Le régime, au lieu d'être substantiel et varié, doit être sévère et uniforme ; l'exercice, au lieu d'être modéré et adapté aux forces du sujet, se change en des actions violentes et désordonnées ; on ne marche plus, on court ; on fait du trapèze à haute volée, on couche dans des chambres froides, il faut toujours respirer un air froid! Pour un entraînement destiné à former des lutteurs, on comprendrait toutes ces pratiques violentes, mais nous ne pouvons imaginer comment s'entretiennent toutes ces idées fausses qui expliquent, jusqu'à un certain point, aussi bien l'hésitation du médecin que les inquiétudes de la famille et la terreur du malade. Heureusement pour ce dernier, il en est autrement, et l'hydrothérapie actuelle, telle que l'ont faite les progrès accomplis depuis un certain nombre d'années, est une des méthodes les plus douces de la thérapeutique. Elle ne fait violence à aucune individualité et se plie à toutes. Si les premiers essais émeuvent et surprennent, l'impression est rapide et suivie d'un bien-être immédiat qui rassure et attire. Elle ne fait naître aucun de ces dégoûts que provoquent certains produits pharmaceutiques et ne compromet jamais les fonctions digestives.

L'hydrothérapie réclame le calme moral et les distractions douces ; elle proscrit les exercices violents et n'a besoin que de ceux qui relèvent les forces sans les troubler. Elle peut, dans beaucoup de circonstances, par le bien-être physique qu'elle procure, aider les malades à supporter les fatigues et les agitations de la vie. C'est à ses bienfaits qu'il faut attribuer l'engouement de ses adeptes qui, dans la crainte de perdre le bien-être obtenu, n'osent abandonner leur traitement.

Il n'y a donc rien de terrifiant dans les pratiques hydrothérapiques. Quant aux accidents et aux dangers qu'elles font naître, ils n'existent guère que dans l'imagination de ceux qui les craignent, ou résultent de manœuvres irrationnelles. Pendant plus de seize ans d'une pratique considérable, nous n'avons pas constaté un seul accident produit par cette excellente médication.

Nous venons d'exposer dans tous ses différents détails la méthode hydrothérapique. Avant d'entreprendre la partie clinique de cet ouvrage, qu'il nous soit permis d'insister encore sur des idées trop peu répandues. Elles concernent surtout les malades:

L'hydrothérapie rend ce qu'on lui donne et rien de plus; c'est-à-dire que ses effets sont proportionnés à l'assiduité, à la persistance, à la docilité des malades, autant dans les pratiques à suivre que dans les règles à observer. Ceux qui ne savent ou ne peuvent faire au traitement et aux exigences de leur santé le sacrifice temporaire de leurs intérêts ou de leurs plaisirs, ceux qui composent avec les nécessités de leur position de malade, qui assignent le succès à terme fixe et lui refusent tout délai, ceux qui ne se soumettent pas aux règles principales ou accessoires de la médication, qui se complaisent aux changements, tous ceux, en un mot, qui ne se placent pas dans les conditions d'un bon traitement, compromettent, à coup sûr, le résultat thérapeutique. Ils agiraient plus sagement en s'abstenant.

CLINIQUE HYDROTHÉRAPIQUE

CHAPITRE VI

MALADIES DIATHÉSIQUES

Sans nous engager ici dans l'étude des diathèses, de la spécificité et des influences héréditaires, nous pouvons, de prime abord, établir deux catégories distinctes de maladies chroniques, les unes générales, les autres locales. Les premières résident dans tout l'organisme et peuvent se manifester localement ; les autres sont d'abord limitées, elles peuvent s'étendre et devenir générales.

Les causes de ces maladies sont tellement nombreuses, et les phénomènes morbides par lesquels elles se traduisent sont tellement variés, qu'envisager leur mode de développement ou esquisser leur tableau séméiologique serait un travail qui dépasserait bien vite les limites dans lesquelles nous devons nous renfermer. Seulement, il est indispensable de connaître la marche de ces maladies pour bien apprécier les services que peut rendre l'hydrothérapie.

Ces affections sont de véritables troubles de nutrition, à marche lente et insidieuse, pouvant donner lieu à des accidents aigus, et susceptibles de guérir soit par les simples efforts de la nature, soit par l'intervention de la thérapeutique. Leur évolution est intimement liée à l'état des fonctions digestives, qui contribuent essentiellement à la nutrition de l'organisme. C'est un fait acquis à la science que ces maladies incurables, ou réputées comme telles, une fois constituées, ne s'aggravent pas tant que persiste l'intégrité de l'appareil digestif et tant que les phénomènes de nutrition s'exécutent régulièrement. En effet, lorsque les fonctions digestives viennent à être troublées, les malades éprouvent d'abord de l'inappétence et du dégoût pour les aliments; les digestions deviennent laborieuses et il en résulte une insuffisance de nutrition, de l'amaigrissement, une réparation insuffisante qui amènent la diminution ou la perte des forces. A mesure que ces troubles digestifs s'accroissent, la dénutrition du sang augmente, l'anémie fait des progrès rapides, et l'innervation ne tarde pas à être atteinte à son tour.

Dès lors commence une série de phénomènes se manifestant, à la fois, du côté du système nerveux et du système circulatoire, et finissant par produire un état cachectique très-caractérisé. Employée dans ces cas, l'hydrothérapie, en exerçant une influence salutaire sur les fonctions digestives, et, par voie de suite, sur les phénomènes de nutrition, peut enrayer les progrès du mal et retarder le terme fatal.

Dans d'autres cas, l'influence de l'hydrothérapie

est autrement efficace. Nous voulons parler de ces
affections caractérisées par des troubles fonctionnels et de celles dont il est difficile de préciser la
nature, parce que l'esprit flotte incertain entre l'idée
d'une lésion histologique, d'une altération de nutrition localisée ou d'un simple trouble dynamique.
Dans ces différentes manifestations morbides, nous
ne craignons pas d'affirmer que l'hydrothérapie
rendra d'éminents services.

Goutte

La goutte procédant par des manifestations aiguës
est rarement traitée dans les établissements hydrothérapiques. Nous ne la revendiquons que lorsqu'elle
affecte une marche continue, progressive et arrivant à cet état pathologique généralement désigné
sous le nom de *goutte chronique*.

Certaines manifestations irrégulières ou anormales, certains actes pathologiques de tous genres,
qu'il est plus ou moins difficile de rattacher à l'état
diathésique lui-même, compliquent souvent la
goutte et subissent l'influence de cette diathèse. Ce
sont les *accidents de la goutte*, justiciables, dans des
circonstances que nous déterminerons ultérieurement, de la médication hydrothérapique.

Les causes de la goutte, en dehors des prédispositions héréditaires, sont l'inaction, la prédominance abdominale et *l'abus de l'innervation*. « On
ne saurait nier, dit M. Durand-Fardel, dans son
Traité des Maladies chroniques, que si une

alimentation riche, un grand appétit, un goût prononcé pour les liqueurs alcooliques, des habitudes sédentaires et l'insuffisance d'exercice musculaire concourent à la manifestation de la goutte, cette pathogénie subit également l'action d'une prédominance cérébrale et d'abus intellectuels ou affectifs. »

De l'interprétation même des conditions pathogéniques de la goutte découlent les indications du traitement qui lui est approprié. La goutte consistant dans une anomalie d'assimilation, c'est aux fonctions digestives, cutanées et urinaires, au maintien ou à la restauration de leur intégrité qu'il convient de s'attacher. D'après M. Durand-Fardel, le traitement de la diathèse goutteuse est parfaitement indiqué par la pathogénie de cette affection et doit être presque exclusivement hygiénique. « En effet, dit-il, l'hygiène nous fournit les moyens d'activer les phénomènes d'assimilation qui s'accomplissent dans le sein de nos tissus et d'en corriger les anomalies dans une certaine mesure. »

L'hydrothérapie interviendra avec ses applications pratiques pour favoriser l'assimilation des principes nécessaires à l'entretien de l'organisme. Elle exercera de plus son influence sur l'innervation dont les troubles jouent dans le développement de la goutte un rôle très-considérable.

Traitement hydrothérapique dans la goutte.— Dans la goutte aiguë, on a employé, et l'on emploie encore, les immersions locales froides et de longue durée, les compresses froides souvent renouvelées, et enfin les compresses froides ou fraîches, recouvertes d'un corps non conducteur de la chaleur, comme la

laine, par exemple, appliquées d'une façon intermittente.

Pour les immersions, on se sert d'un baquet plein
d'eau froide, dans lequel on plonge les membres qui
sont le siége du mal, jusqu'à ce que les phénomènes morbides s'apaisent. Après un intervalle de
repos, et sans attendre que les accidents reprennent leur acuité, on renouvelle cette opération, que
l'on peut répéter, sans inconvénient, quatre ou cinq
fois par jour.

Si le malade ne peut exécuter aucun mouvement,
on remplacera l'immersion par une application de
compresses froides souvent renouvelées, en ayant
soin de les mouiller fréquemment, afin d'empêcher
les symptômes inflammatoires de s'aggraver. Ces
deux procédés donnent d'assez heureux résultats;
cependant nous avons pu constater parfois qu'ils
étaient inefficaces. Pour cette raison nous leur préférons les compresses excitantes appliquées de la
façon suivante :

On place sur les parties douloureuses des compresses trempées dans de l'eau fraîche et recouvertes très-exactement avec de la laine, pour
préserver la partie malade du contact de l'air.
L'appareil, laissé en place pendant un certain temps,
constitue un petit bain de vapeur local, qui presque
toujours apaise la douleur; lorsqu'on l'enlève, il
faut avoir le soin, pour compléter l'action du calorique, de frictionner le membre malade avec une
compresse trempée dans de l'eau fraîche. Si la
première application n'a pas suffi pour calmer la
douleur, il faudra recommencer cette opération
qu'on pourra, du reste, renouveler sans danger à

différentes reprises, jusqu'à ce que l'on obtienne l'apaisement désiré.

Pour la goutte chronique, le choix du procédé doit être entièrement basé sur l'état du malade.

Quand il y a dépression des forces, quand la peau est pâle et les muscles amoindris, quand l'innervation est frappée d'épuisement et que la cachexie est menaçante, s'il n'existe aucune complication sérieuse du côté du cerveau, des poumons ou du cœur, on aura recours, en toute sécurité, aux douches froides générales courtes ou aux frictions avec le drap mouillé fortement tordu. On détermine, par ce procédé, une action tonique très-énergique, qui est très-utile aux goutteux de cette catégorie.

Quand la peau est sèche, on peut avoir recours à l'action prolongée du calorique, si, toutefois, le malade est assez fort pour la supporter ; l'étuve sèche, l'étuve humide ou bien l'étuve à la lampe jusqu'à la production de la sueur rendent, dans ces cas, de grands services ; mais il faut avoir le soin de compléter l'action du calorique par une application froide ou fraîche, suivant la susceptibilité du malade.

La douche écossaise est indiquée et rendra de grands services s'il existe des douleurs erratiques ou localisées dans certaines parties du corps.

Lorsque les articulations sont engorgées et les mouvements difficiles, on fait précéder la douche générale d'une douche froide localisée sur l'articulation malade, en ayant soin de régler progressivement sa durée et sa percussion. Quand l'eau est très-froide, les malades ne peuvent supporter les douches locales. Pour obvier à cet inconvénient qui n'est pas rare, on fait intervenir la douche alternative qui produit souvent l'effet résolutif que l'on recherche.

Quand l'excitabilité nerveuse est grande, le procédé qui rend le plus de services consiste dans l'application du maillot humide ou du demi-maillot pendant une heure environ. Cette application doit être immédiatement suivie d'une friction avec un drap convenablement mouillé.

Si la goutte est compliquée de lésions matérielles du côté du cœur, des poumons ou du cerveau, il faut être fort circonspect dans l'emploi de l'hydrothérapie. La gravité de l'état cachectique peut seule motiver l'application de ce mode de traitement ; si on l'emploie, c'est à la douche qu'il faudra recourir ; elle devra être courte, à percussion légère dans les parties supérieures, et fortement stimulante dans les parties inférieures ; on se trouvera bien de faire précéder son application d'un bain de pieds chaud à eau courante.

Dans les cas d'accidents du côté de l'estomac ou de l'intestin, des reins, de la vessie ou de l'utérus, on pourra, on devra même joindre aux pratiques générales l'emploi des modificateurs spéciaux qui sont utilisés contre les maladies des organes dont nous venons de parler, et auxquels nous consacrerons, dans la suite de ce livre, une étude toute particulière.

Si le malade est pléthorique, les applications ne devront jamais être très-excitantes ; on n'agira sur la peau qu'avec des douches légères et modérément froides, de manière à ne pas provoquer de réaction violente. Le malade pourra, sans inconvénient, être soumis à l'usage des sudations, et on lui conseillera de boire souvent de l'eau froide dans la journée.

Le plus souvent, il sera utile que le malade ne boive que de l'eau, qu'il se soumette à un régime sévère et qu'il se livre à un exercice régulier.

La goutte ne révèle parfois son existence que par une série de phénomènes nerveux qui constituent la névrose arthritique de certains auteurs. Assez fréquente chez la femme et chez la jeune fille, elle réclame des applications hydrothérapiques variées et bien conduites. C'est surtout lorsque la localisation du mal a lieu dans l'estomac ou dans la matrice qu'il faut procéder avec mesure ; nous indiquerons comment il faut combattre ces complications lorsque nous nous occuperons des maladies du tube digestif et de la matrice. Quant à la névrose proprement dite, il faudra suivre les préceptes thérapeutiques indiqués dans le traitement des névroses, et ne pas perdre de vue que c'est seulement en soumettant le malade à un entraînement persévérant qu'on pourra faire disparaître cette sorte de manifestation arthritique.

Gravelle

Sous le nom de gravelle, on qualifie l'ensemble des symptômes qui précèdent, accompagnent ou suivent la présence de concrétions ou de graviers dans les urines. Il ne s'agit ici que des gravelles diathésiques, comprenant celles où l'urine est acide, urique ou oxalique, et se distinguant des gravelles catarrhales qui ne sont, à proprement parler, qu'un phénomène symptomatique.

Dans cette affection, il y a anomalie de nutrition.

Il y a insuffisance dans l'assimilation des principes albuminoïdes, et ce défaut d'assimilation amène la formation de graviers. Toute médication doit avoir pour but d'empêcher cet état de choses de se produire. Il est donc indiqué d'amener au plus haut degré d'activité physiologique l'ensemble des fonctions qui se relient aux phénomènes chimiques présidant à l'accomplissement des métamorphoses organiques. C'est pour cette raison que l'hydrothérapie est employée avec tant de succès contre la gravelle.

Traitement hydrothérapique dans la gravelle. — Dans le traitement de cette diathèse, pour stimuler les fonctions de l'organisme, on pourra se servir de la douche froide généralisée, en tenant compte, dans son application, de l'état des forces du malade et des complications qui peuvent se présenter. On prendra en considération ce que nous avons dit à propos de la goutte ; néanmoins, pour la gravelle, les contre-indications sont moins nombreuses.

On activera les fonctions de la peau par l'action combinée du calorique et de l'eau froide ; dans le but d'augmenter la sécrétion urinaire, les malades seront soumis à l'usage interne de l'eau à hautes doses, si toutefois l'état de l'organisme le permet.

Si, pendant le traitement hydrothérapique, des coliques néphrétiques se déclarent, il faudra suspendre toute application excitante et avoir recours aux immersions tièdes plus ou moins prolongées.

Nous n'avons pas la prétention de substituer l'eau froide aux eaux minérales généralement employées dans le traitement de la maladie qui nous occupe ; mais les succès que nous avons obtenus par l'hydrothérapie nous engagent à dire que, dans la plupart des cas, les malades peuvent compter sur les bons effets de cette médication.

Albuminurie

Nous n'avons pas à nous occuper ici de la forme aiguë de cette maladie; mais, dès le début, cette affection peut se présenter sous la forme chronique, n'ayant d'autre symptôme bien apparent que la présence anormale, quelquefois passagère, de l'albumine dans l'urine, une diminution des forces musculaires et une moindre activité des forces digestives. On peut alors intervenir efficacement par une médication reconstituante, dans les cas très-fréquents, par exemple, où les causes déterminantes de l'albuminurie se relient à des influences dépressives, à des vicissitudes atmosphériques, à des excès vénériens ou alcooliques, aux suites de couches, etc. Mais la condition nécessaire pour que l'hydrothérapie soit applicable est que cet état morbide ne coïncide pas avec une altération organique bien caractérisée.

L'hydrothérapie produit de très-heureux résultats, même lorsque l'albuminurie s'accompagne d'œdème des extrémités inférieures, de troubles du côté de la vision ou de désordres nerveux graves; cependant, il faut toujours procéder avec la plus grande circonspection.

Traitement hydrothérapique dans l'albuminurie. — Pour agir utilement, il convient, au début du traitement, de recourir à l'action combinée de la chaleur et du froid. Les sudations à l'aide des diverses étuves que l'on connaît, ou le simple réchauffement de

la peau par une douche chaude plus ou moins prolongée précédant une application froide, courte et
énergique, sont les moyens qu'on emploie le plus
fréquemment. On peut, pendant longtemps et sans
inconvénient, soumettre les malades aux effets du
simple réchauffement ; mais il ne faut pas abuser
des sudations. Dans tous les cas, si l'on a été assez
heureux pour apaiser les principaux phénomènes
morbides, il faut, pour empêcher leur réapparition,
conseiller au malade de faire usage, pendant longtemps, d'une douche froide quotidienne, ou d'une
friction faite avec un drap mouillé fortement tordu.
On doit recommander au patient de se mouvoir, s'il
est possible ; dans le cas contraire, on le frictionnera
longtemps avec un drap sec, une couverture de
laine ou un gant de crin ; le malade se soumettra de
plus à des mouvements passifs ou à un massage
général.

L'hydrothérapie est contre-indiquée lorsqu'il
existe des complications cardiaques, pulmonaires
ou cérébrales sérieuses. Il faudrait, pour motiver
cette opinion, entrer dans des considérations trop
détaillées pour le cadre de ce livre. Contentons-
nous de dire qu'il est préférable de s'abstenir.

En règle générale, si, malgré certaines complications, on suppose que l'hydrothérapie peut rendre
des services, il importe d'agir avec une grande prudence, et il faut savoir le plus tôt possible si l'on
doit persévérer dans cette médication, ou si l'on doit
la rejeter. En tout état de cause, il est nécessaire, avant
de commencer le traitement, de faire une analyse
exacte des urines. Ces précautions prises, il faut, après
la première application hydrothérapique, qu'elle con-

siste en une douche chaude ou une sudation suivies d'une douche froide ou bien en une simple douche froide, il faut, disons-nous, faire une nouvelle analyse des urines. Si la quantité d'albumine est augmentée, il vaut mieux s'abstenir. Dans le cas contraire, on peut continuer; et, si les applications hydrothérapiques sont bien faites, on pourra améliorer la situation du malade.

Diabète — Glycosurie

La glycosurie consiste dans la présence d'une quantité anormale de sucre dans les urines; c'est un symptôme et non une maladie proprement dite.

Le diabète sucré est une affection constitutionnelle caractérisée par une sécrétion urinaire abondante, renfermant du sucre en quantité plus ou moins grande, une soif très-vive, un appétit exagéré et un amaigrissement progressif.

Il faut encore considérer cette affection comme une anomalie des métamorphoses organiques, et, en particulier, comme le résultat d'une perturbation dans l'assimilation. En général, on est en droit de rapporter son étiologie à tout ce qui trouble vivement l'innervation, et, en s'en tenant à cette remarque qui résulte de l'observation des faits, il est facile d'en conclure qu'elle est justiciable de l'hydrothérapie.

Il peut se faire que, sous l'influence d'un régime bien ordonné, la glycosurie disparaisse, mais si le régime et les prescriptions hygiéniques ne suffisent pas, il faudra promptement recourir à une thérapeutique plus active et conseiller au malade, ou Vichy, ou l'hydrothérapie, ou bien l'un et l'autre.

D'une manière générale, il nous semble préférable de commencer le traitement par une cure à Vichy ; mais si la période de l'année ne le permet pas, on aura recours tout de suite au traitement hydrothérapique, parce qu'il ne faut pas perdre de temps.

Traitement hydrothérapique dans le diabète. — Quand le diabète est le résultat de fatigues éprouvées par les fonctions de l'économie, quand surtout la force nerveuse semble épuisée, et que le glycosurique est dans cet état indéterminé qui n'est plus la santé et qui n'est pas encore la maladie, l'hydrothérapie est indiquée.

Si le malade consent à se soumettre à l'usage quotidien d'une application froide, et notamment d'une douche suivie d'une promenade en plein air, son état pourra s'améliorer peu à peu et sa santé reprendra son intégrité. Pour atteindre ce résultat, il est nécessaire que la douche, si celle-ci peut être employée, soit courte, froide et que la force de projection soit suffisamment énergique.

Lorsque la perspiration cutanée est diminuée, que la peau est sèche et la circulation du sang peu active, il faut combiner l'action du calorique à celle de l'eau froide ; la douche chaude est, de tous les procédés employés, celui qui convient le mieux à toutes les indications. Toutefois, quand il est nécessaire de déterminer une légère sudation, on aura recours à l'étuve à la lampe, si les douches chaudes prolongées sont insuffisantes. Nous donnons la préférence, dans ce cas, à l'étuve à la lampe, parce que les étuves générales épuisent souvent les malades. Nous préférons aussi ce procédé aux maillots, parce que ces derniers déterminent des furoncles, des anthrax, quelquefois même des accidents plus graves.

Quand l'altération du sang est prononcée et qu'il est encore impossible de constater des lésions, il faut insister sur l'emploi de la douche reconstituante et user modérément des frictions sèches ou humides qui déterminent des accidents inflammatoires du côté de la peau, ainsi que cela se rencontre si souvent chez les diabétiques.

Si l'on découvre les traces d'une altération organique, il faut agir avec beaucoup de discernement et régler l'application de l'hydrothérapie sur la nature et le siége de la lésion.

Si le cerveau, les poumons ou le cœur sont le siége d'une lésion grave, on n'aura recours à cette médication que lorsqu'il y aura nécessité absolue de relever les forces de l'organisme. Alors, en agissant avec prudence et ménagement, on peut encore arrêter momentanément la marche de la maladie et donner au pauvre patient un peu de répit. Mais quand les organes sont profondément atteints, quand l'évolution de l'altération domine la scène morbide, l'hydrothérapie, devenue inefficace, doit être laissée de côté.

Si les altérations organiques ont pour siége d'autres appareils, le foie ou le rein, par exemple, les malades pourront bénéficier sensiblement du traitement hydrothérapique qui est, dans ce cas, plus facile à appliquer et par conséquent plus efficace. Le procédé qui mérite alors la préférence consiste dans l'usage d'une douche générale froide, biquo-

tidienne, précédée d'une douche localisée sur la
région intéressée.

Nous conseillons, en même temps que les applications à l'extérieur, l'usage de l'eau en boisson.
Si elle est fraîche, de bonne qualité et prise avec
mesure, elle peut rendre de grands services.

Obésité — Polysarcie

L'obésité pathologique ou polysarcie est une maladie caractérisée par une accumulation anormale de
graisse dans une ou plusieurs des régions du corps.
Elle peut être considérée comme le résultat d'un
vice héréditaire ou comme la manifestation d'une
diathèse acquise. Elle est due, dans tous les cas, à
un défaut d'oxydation des substances qui ont la
faculté de se transformer en graisse. L'alimentation
joue assurément un grand rôle, mais il existe une
autre cause très-importante : c'est une trop grande
lenteur de la circulation capillaire. Quand cette disposition organique se manifeste, les mouvements
d'assimilation et de désassimilation sont troublés
dans leur mode, les actions nerveuses qui président
à la nutrition sont suspendues et les fonctions de
la peau, dont l'intégrité serait si utile dans de pareilles circonstances, sont souvent sérieusement altérées.

Pour remédier à cet état de choses, il faut une
alimentation bien choisie, un genre de vie bien ré-
glé sur les véritables principes de l'hygiène et une
sorte d'entraînement organique dans lequel l'hydrothérapie joue un rôle très-important.

De l'hydrothérapie dans l'obésité. — Une alimentation choisie, des exercices régulièrement et longtemps continués, les inhalations d'oxygène et les purgatifs répétés, les eaux minérales alcalines, etc., conviennent sans nul doute pour combattre l'obésité ; mais peu de personnes ont le courage de s'y soumettre aussi longtemps qu'il le faudrait. Aussi conseillons-nous l'emploi de l'hydrothérapie dont l'action est puissante sur la circulation capillaire, sur la transpiration cutanée, sur les sécrétions et sur la plupart des fonctions qui, dans l'obésité, sont si profondément altérées.

Il existe, en hydrothérapie, deux méthodes de traitement de l'obésité. L'une d'elles consiste dans l'usage exclusif des sueurs forcées ; l'autre dans l'emploi des douches froides précédées, de temps en temps, d'une sudation ou d'un simple réchauffement. La première compte à son actif quelques succès ; mais, continuée longtemps, elle jette une grande perturbation dans l'organisme, elle est même parfois inapplicable, et nous l'avons vue souvent rester inefficace. Nous donnons la préférence à la seconde méthode, et c'est à la douche froide générale en pluie ou en jet, répétée deux fois chaque jour, que nous avons recours.

Dans quelques cas, et notamment quand la transpiration est faible, on se trouvera bien de soumettre les malades à une application de calorique avant la douche ; mais il faut éviter de provoquer chez eux des transpirations exagérées. On recommandera aussi de ne boire de l'eau qu'en très-petite quantité, car ce liquide a le privilége de favoriser l'engraissement.

Si l'obésité est partielle et limitée, par exemple, aux parois de l'abdomen, aux épiploons, au mésentère, les digestions sont laborieuses, la respiration devient gênée, et il peut se produire des troubles circulatoires résultant de la compression exercée sur les gros vaisseaux qui parcourent la cavité abdominale. Dans ce cas, on se trouvera bien de joindre à l'hydrothérapie des pratiques de massage.

Si l'obésité se complique de troubles sérieux du côté du cerveau et du cœur, il faut faire des applications froides et courtes, afin de ne provoquer qu'une légère stimulation de l'organisme, qui ne répondrait qu'incomplétement à l'attaque par le froid, si celle-ci était trop violente.

Rhumatisme

Nous ne pouvons pas entrer ici dans des considérations générales sur le rhumatisme; ce qu'il importe de signaler, au point de vue des applications hydrothérapiques, c'est la communauté de modalités diathésiques que l'observation traditionnelle a reconnue au rhumatisme. Bien entendu, la classe des maladies rhumatismales où la phlegmasie contre-indique, du moins dans la plupart de ses applications, l'emploi de l'eau froide, échappe à notre ressort; mais l'arthrite chronique simple, l'arthrite nerveuse, le rhumatisme musculaire, ou fibreux, névralgique ou viscéral, la névrose, sont justiciables de notre thérapeutique.

Traiter d'une part la diathèse elle-même, de l'autre,

les manifestations du rhumatisme, tel est le problème à résoudre. Nous pouvons affirmer en toute conscience que, pour le résoudre, c'est-à-dire pour répondre aux deux indications que nous venons de formuler, il n'est pas de moyen plus efficace que l'hydrothérapie.

Traitement hydrothérapique dans la diathèse rhumatismale. — Ce n'est ni le calorique à une haute température, ni le froid extrême qui peuvent exercer une modification salutaire dans l'évolution de la diathèse rhumatismale. Le véritable traitement de cette maladie repose sur une combinaison judicieuse du calorique et de l'eau froide à l'extérieur et à l'intérieur. Il faut, en général, réchauffer le malade avant de le soumettre à l'eau froide; en agissant ainsi, on donne à la peau une plus grande activité, on évite au malade les inconvénients d'un grand refroidissement et l'on facilite les fonctions de calorification. Le froid seul pourrait produire le résultat que l'on cherche, mais ce ne serait qu'après avoir abaissé la température du corps et provoqué une excitabilité dont on ne peut toujours régler l'étendue et la puissance; pour cette raison, il importe, surtout au début du traitement, si on ne veut pas exposer le malade à des douleurs difficiles à faire disparaître, d'agir avec circonspection.

Pour utiliser le calorique, on emploie les étuves sèches et humides, l'étuve à la lampe, les maillots et enfin les douches et les bains chauds. L'étuve humide, souvent employée contre la maladie qui nous occupe, agit mieux que l'étuve sèche générale. Néanmoins nous lui reprocherons de ne pas donner à la peau une vitalité suffisante, de fatiguer rapidement les malades et d'être parfois impuissante à modifier un état diathésique invétéré.

L'étuve à la lampe est plus facile à appliquer et plus efficace que les étuves générales; mais il ne faut pas que le milieu chauffé de cette façon dépasse une température d'environ 45° centigrades, si l'on ne veut pas exposer le malade à des accidents. Il est utile de dire que parfois ce procédé exaspère les douleurs, occasionne des congestions dans les organes du bassin et détermine une excitabilité nerveuse excessive; il est, de plus, impraticable chez les personnes qui ne peuvent rester assises.

Dans ce dernier cas, les maillots humides et secs conviennent bien, malgré les quelques inconvénients dont ils sont entourés. Le maillot sec est contre-indiqué chez les personnes dont le système nerveux est surexcité; quant au maillot humide, il réveille quelquefois les douleurs, tout en combattant efficacement les désordres de l'innervation; il peut aussi produire des congestions internes chez les malades prédisposés à ces accidents.

Pour toutes ces raisons, nous préférons l'eau chaude, sous forme de bains et de douches. Les bains sont très-utiles, mais leur application n'est pas toujours facile et nous préférons conseiller la douche écossaise administrée avec l'appareil que nous avons décrit. Pour bien appliquer cette douche, il faut avoir soin de commencer avec de l'eau à 34 ou 35 degrés centigrades, en ayant soin d'augmenter la température d'une manière insensible au moyen de robinets appropriés, jusqu'à ce que le malade accuse une agréable sensation de chaleur. On continue alors l'application pendant quelques minutes, et quand on juge l'action du calorique suffisante, on administre sur toute la surface du corps une douche froide et courte.

L'opération terminée, le malade sera frictionné ou massé, s'il ne l'a été avant la douche, et, après avoir pris plusieurs verres d'eau froide, il se promènera au grand air; s'il ne peut marcher, on lui fera exécuter des mouvements passifs.

Quand la maladie s'améliore, on diminue progressivement l'application du calorique, et l'on augmente celle du froid; mais on agira avec mesure et l'on n'aura recours aux applications exclusivement froides que lorsque le malade pourra en tirer profit. Pour assurer la guérison définitive, le traitement devra être continué pendant quelque temps après la disparition des accidents.

Après la douche, les applications les plus puissantes sont la piscine et la friction avec le drap mouillé. La piscine est indiquée dans les cas de surexcitation du système nerveux, mais il faut avoir bien soin d'éviter un refroidissement trop considérable, qui aurait pour conséquence de faire reparaître les phénomènes douloureux. La friction avec le drap mouillé, malgré son action très-salutaire, est bien loin d'égaler la douche, dont l'action est si sûre et l'application si facile.

Rhumatisme articulaire chronique. — La combinaison judicieuse du calorique et du froid est le meilleur mode de traitement de cette affection; on donnera la préférence au maillot humide, suivi d'une friction froide, quand plusieurs articulations et surtout celles de la colonne vertébrale seront intéressées. On se trouvera bien aussi de l'emploi de douches alternatives localisées. Il sera bon, en même temps, d'appliquer plusieurs fois chaque jour sur les parties malades des compresses trempées dans l'eau froide et recouvertes de laine ou d'un tissu imperméable, de manière à produire, en interceptant l'air, un bain de vapeur localisé ou tout au moins une forte excitation cutanée. Ces applications locales doivent toujours être précédées ou accompagnées d'une application générale dans laquelle le calorique et le froid doivent jouer le rôle que nous leur avons assigné ; et tout traitement hydrothérapique doit se compléter par l'usage exclusif de l'eau froide à l'extérieur, surtout quand la diathèse scrofuleuse fait sentir son influence sur la marche de la maladie rhumatismale qu'elle complique.

Rhumatisme noueux. — Cette maladie, lorsqu'elle vient à se généraliser, imprime à l'économie un dépérissement général contre lequel il importe d'opposer un traitement énergique. L'hydrothérapie peut être d'un grand secours et permet à l'organisme de lutter contre l'envahissement de la cachexie. Pour atteindre ce but, on aura recours aux applications toniques et notamment à la douche froide et aux frictions avec le drap mouillé. Mais il sera utile de réchauffer le malade avant de le soumettre à l'action de l'eau froide. S'il est nécessaire de recourir aux sudations, l'étuve à la lampe peut rendre de grands services.

Nous avons vu les déformations articulaires se modifier sous l'influence de la douche froide locale; mais il faut avouer que ce résultat est difficile à obtenir. Lorsque les malades veulent bien se soumettre à une médication suivie, voici comment nous procédons : au début, nous faisons exécuter sur les articulations malades des frictions à l'aide de compresses imprégnées d'eau froide. Quelquefois, dans cette opération, la susceptibilité du malade exige que l'on commence avec de l'eau à 20° centigrades. Pendant trois ou quatre semaines, ces frictions sont répétées deux fois par jour. Après ce temps, on a recours aux applications excitantes ; à cet effet, on se sert de compresses mouillées recouvertes d'un tissu imperméable qu'on laisse en place pendant deux ou trois heures ; on pratique ensuite des frictions en enlevant l'appareil. Après un mois de ce traitement, on emploie la douche de vapeur ou, ce qui est préférable, la douche alternative, et l'on arrive enfin à la douche froide localisée, dont la force de percussion doit être graduée avec beaucoup de soin.

Rhumatisme musculaire. — Le traitement de cette affection sera exposé avec détail dans le chapitre que nous avons consacré à l'étude des maladies de l'appareil locomoteur ; il n'y a donc pas lieu de nous en occuper ici.

Rhumatisme viscéral. — Dans le traitement hydrothérapique du rhumatisme viscéral, il est presque toujours nécessaire de combiner le calorique à l'eau froide. Ce que nous avons dit en étudiant le rôle de l'hydrothérapie dans la diathèse rhumatismale peut être mis à profit pour le traitement des manifestations viscérales de cette diathèse ; seulement il sera parfois nécessaire de modifier certaines applications ou d'en faire de nouvelles.

Si le rhumatisme est localisé dans le tube digestif et s'il se manifeste par des phénomènes douloureux, on obtiendra l'apaisement des souffrances par une douche écossaise localisée, une série d'applications de l'étuve à la lampe suivies d'une application froide, un demi-maillot ou bien une ceinture humide renouvelée deux ou trois fois dans le jour. Lorsque le rhumatisme se révèle par une perte ou tout au moins par un affaiblissement des fonctions digestives, ou bien encore par des vomissements avec troubles des sécrétions, on pourra joindre aux moyens précédents le bain de cercles, la douche alternative, le col de cygne et le sac à glace de Chapman appliqué sur la colonne vertébrale.

On ne saurait être trop prudent dans l'application de l'hydrothérapie quand les manifestations rhumatismales ont pour siége le cerveau, les poumons ou le cœur; il est même des cas dans lesquels on ne doit intervenir à aucun prix.

Si le rhumatisme se fixe sur la moelle épinière ou sur ses enveloppes, s'il donne lieu à des névroses générales, si, enfin, il intéresse l'appareil génito-urinaire, l'hydrothérapie peut être fort utile, comme nous le démontrerons en étudiant les maladies des appareils organiques en particulier.

Névrose rhumatismale. — Ce que nous avons dit de la névrose arthritique peut s'appliquer à la névrose rhumatismale. Tout le monde sait que l'hydrothérapie convient à la fois au traitement du rhumatisme et au traitement de l'état nerveux. Il suffira de combiner les procédés que nous conseillons dans ces deux états pathologiques pour instituer une médication rationnelle contre la névrose rhumatismale.

Lymphatisme — Scrofule

Quelle que soit la part du tempérament lymphatique dans le développement de la scrofule, on s'accorde à reconnaître que les affections scrofuleuses, une fois développées chez les individus tenus pour lymphatiques, suivent une marche rapide et présentent chez eux plus d'intensité et plus de résistance que chez d'autres sujets.

Parmi les phénomènes auxquels donne lieu la scrofule, les manifestations extérieures sont surtout justiciables de l'hydrothérapie. Dans les applications de cette méthode de traitement, on tiendra compte des diverses formes comme des périodes de la maladie. Deux faits d'observation méritent surtout d'être signalés à l'appui de l'emploi méthodique de l'eau froide chez les scrofuleux.

Le premier est relatif à l'influence des saisons sur la marche des affections scrofuleuses. Un grand nombre d'entre elles, les ophthalmies, les coryzas, les bronchites notamment, s'aggravent en hiver et s'améliorent en été, tandis que les affections cutanées de la même origine prennent habituellement plus d'intensité au printemps. Il est possible de prémunir la constitution contre ces influences à échéance déterminée. Dans le premier cas, on suivra le traitement hydrothérapique pendant l'automne et, dans le second, pendant les premiers jours du printemps. Dans l'un comme dans l'autre cas, il faudra produire des effets reconstituants; et pour cela on aura recours à l'emploi longtemps continué de douches froides, courtes et excitantes. Un grand nombre d'observations constatent l'efficacité de l'hydrothérapie contre le lymphatisme et contre certaines manifestations de la scrofule. Elle agit comme les bains de mer, et elle a sur ces derniers l'avantage de pouvoir être continuée longtemps sans inconvénient. En second lieu, la scrofule bénigne, que Sauvages a judicieusement appelée la scrofule *fugace,* se manifestant par des éruptions impétigineuses et des engorgements ganglionnaires indolents, guérit tantôt d'une manière spontanée, tantôt en vertu d'une sorte de crise survenant au moment de la puberté. Il reste alors une disposition particulière à certaines affections. Le but du traitement doit être de favoriser un processus favorable.

Traitement hydrothérapique dans le lymphatisme et la scrofule. — Contre le lymphatisme et la scrofulose du jeune âge, les bains de mer et les eaux minérales sont habituellement employées ; mais il n'est pas toujours possible et prudent de continuer ce genre de médication ; on pourra le remplacer par des bains salés et par un traitement hydrothérapique léger. Chez les adultes, l'hydrothérapie convient mieux encore, parce qu'on peut en user sans être astreint à tous les ménagements que réclame l'enfance.

Nous avons essayé toutes les méthodes hydrothérapiques conseillées contre cet état morbide, et nos observations sont assez nombreuses pour pouvoir donner notre avis en toute connaissance de cause.

La méthode des sueurs forcées, qui consiste à soumettre chaque jour les malades à des transpirations extrêmement abondantes, doit être rejetée comme inefficace et souvent difficile à appliquer.

Les sudations, néanmoins, peuvent rendre de grands services, si l'on en use avec modération et à de longs intervalles. L'eau en boisson et prise en grande quantité nous a paru très-salutaire les jours d'application de ce procédé. Pour provoquer la sueur, on choisira de préférence le maillot sec et surtout l'étuve à la lampe. Il est toujours bien entendu qu'une application froide devra terminer l'opération.

Les immersions et les affusions peuvent être utilisées avec profit, mais elles provoquent un refroidissement trop considérable chez les malades dont la vitalité est extrêmement amoindrie; il ne faut donc les employer qu'avec une extrême réserve et il est nécessaire de prendre les précautions qui facilitent une bonne et franche réaction.

Pour atteindre ce but, les frictions avec le drap mouillé sont parfois insuffisantes. C'est à la douche froide, en pluie et surtout en jet, qu'il faut donner la préférence, parce qu'elle permet de faire des applications bien adaptées à la nature de l'affection et à la susceptibilité du malade.

A la douche générale froide il faut souvent adjoindre certaines applications locales dirigées contre les engorgements qu'amène la diathèse scrofuleuse. Dans ce cas, les douches locales froides sont souvent fort salutaires: mais comme elles ne produisent pas toujours les effets qu'on en attend, nous aimons mieux appliquer la douche alternative dont l'action résolutive est incontestable.

Rachitisme — Ostéomalacie

Les conditions d'alimentation et d'habitation, l'exposition à l'air et au soleil, l'exercice modéré, sont, on le sait, à prendre en considération dans le traitement du rachitisme.

On a aussi employé, avec avantage, les frictions sèches et excitantes, les bains de mer. Au même titre que ces moyens, l'hydrothérapie doit occuper une place sérieuse dans le traitement du rachitisme. Elle sera appliquée suivant le mode conseillé dans la scrofule, et il faudra, si l'on veut produire une modification sensible dans l'état des malades, que le traitement soit longtemps suivi.

Ce que nous venons de dire pour la cure du rachitisme peut s'appliquer à celle de l'ostéomalacie, maladie de l'âge adulte, peu fréquemment observée.

Herpétisme — Maladies de la peau

Nous ne pouvons entrer ici dans les discussions aussi nombreuses que savantes qui ont été soulevées par l'importante question de l'herpétisme. Ce qui nous importe à considérer, c'est que la peau, suivant l'expression de M. Cuigneau, représente dans son étendue « un instrument d'hématose, un vaste réseau vasculaire, une immense surface de sécrétion et d'absorption. » Cet aperçu de ses propriétés physiologiques ouvre immédiatement des perspectives favorables à l'emploi méthodique des pratiques hydrothérapiques ayant pour but, dans le cas qui nous occupe, de modifier l'action cutanée, de la solliciter et de la régulariser.

Ce que nous devons surtout envisager, c'est de prémunir l'enveloppe cutanée contre les causes qui troublent ses fonctions et, par suite, favorisent le développement de l'herpétisme. Or M. Gueneau de Mussy relie à cette étiologie toutes les conditions capables d'affaiblir l'énergie vitale ou de troubler l'harmonie fonctionnelle, telles que la puberté, la ménopause, les fatigues du corps, de l'esprit, etc. L'hydrothérapie interviendra puissamment pour arrêter ou devancer les manifestations de l'herpétisme; il en sera de même pour certaines névralgies paraissant se rattacher à la diathèse herpétique, pour les douleurs rhumatismales si fréquentes chez les dartreux et pour les accidents de dyspepsie dont ils sont parfois affectés. Ce que nous dirons du traitement hydrothérapique à propos des névroses s'adapte efficacement à ces circonstances pathologiques. En définitive, c'est toujours à l'acte initial et permanent de la vie, à la nutrition, qu'il faut remonter pour avoir raison de ces anomalies de fonctions rattachées à un état diathésique polymorphique.

Du traitement hydrothérapique dans l'herpétisme et dans les maladies de la peau. — D'après ce que nous venons de dire sur la manière dont il faut envisager l'herpétisme, ce que nous avons dit en traitant de l'hydrothérapie dans la goutte peut convenir dans la thérapeutique de cet état diathésique; nous y renvoyons le lecteur.

Il nous reste à examiner le traitement des maladies de la peau. Le prurigo, l'érythème, le psoriasis, l'eczéma, etc., peuvent se manifester en dehors de l'influence herpétique, et, quand ces affections cutanées ne sont pas compliquées de sécrétions morbides abondantes, l'hydrothérapie peut rendre de grands services. On aura soin alors de ne jamais employer des applications trop excitantes; dans l'espèce, les immersions prolongées, dans un bain ou dans une piscine d'eau tempérée, conviennent mieux que les autres procédés. On ne doit recourir aux applications froides que lorsque l'éruption est sur le point de disparaître, et lorsqu'on suppose que la peau a besoin d'être excitée dans ses fonctions.

Contre le psoriasis et certains cas d'eczéma, le professeur Hébra, de Vienne, recommande les pansements à l'eau, les bains de vapeur, les sources chaudes et non minéralisées et enfin le bain continu. Nous avons expérimenté ces procédés, et les résultats obtenus ne nous permettent pas d'affirmer que les médecins trouveront dans ces moyens les éléments d'un traitement toujours efficace. Les immersions tempérées, même prolongées, et les applications froides excitantes entretiennent à la peau une irritation qu'il est parfois difficile d'apprécier. Par contre, on peut tirer un grand parti de cette irritation artificielle quand on est en présence d'une affection catarrhale de nature herpétique, et qu'on peut espérer délivrer la membrane muqueuse en provoquant une éruption à la peau. Nous avons vu quelquefois des catarrhes utérins, des catarrhes de l'estomac et de l'intestin, guérir après un traitement hydrothérapique à la suite duquel des plaques eczémateuses se sont manifestées à la surface cutanée.

Nous pourrions citer un grand nombre d'observations qui démontrent l'utilité de l'hydrothérapie dans certaines formes de l'herpétisme, et prouver combien sont chimériques les craintes qu'ont certains médecins d'une répercussion dangereuse. Nous ne croyons pas cela nécessaire, et nous engageons les médecins à faire usage de cette médication, surtout quand l'affection cutanée est à son déclin. A cette période de la maladie, elle peut, mieux que tout autre traitement, régulariser les fonctions de la peau et prévenir les manifestations internes qui se produisent quelquefois après la disparition de l'éruption cutanée.

Anémie — Chlorose

Ce qu'il importe d'envisager, à notre point de vue spécial, c'est que le sang, dans ces affections, n'est jamais malade primitivement; il participe exclusivement aux désordres de la nutrition, et il ne manifeste ses effets que par l'intermédiaire du système nerveux. Les applications de l'hydrothérapie aux traitements des anémiques partent toutes de ce principe et y puisent leur efficacité.

L'anémie peut être due à une faiblesse de nutrition, à une perte de sang ou à une trop grande consommation de l'organisme. Il y a modification dans les éléments constitutifs du sang, et ce que l'on peut dire, c'est que, quelle que soit la cause qui produit cette maladie, la diminution de l'élément globulaire est l'altération la plus commune; c'est elle qui entrave l'absorption de l'oxygène, qui gêne les transformations organiques et, par conséquent, l'échange des matières; c'est elle encore qui atténue la formation de la chaleur animale, l'énergie du système nerveux et des muscles.

La chlorose est une affection anémique dans la majorité des cas, mais elle a un caractère idiopathique très-formel. Il semble qu'elle est une affection d'ordre nerveux, siégeant dans le système ganglionnaire et pouvant avoir son point de départ ou son foyer principal dans le cœur, dans l'estomac ou dans la matrice. C'est une maladie sérieuse. Trousseau insistait sur son caractère diathésique, gage, suivant lui, d'immunité au sujet de certaines lésions organiques, de la tuberculose en particulier. Là où il s'agit d'une anomalie aussi profonde de l'innervation et de la sanguification, on ne saurait s'étonner de la gravité et de la ténacité de cette affection; elle peut manifester son existence en provoquant des accidents passagers; mais elle laisse parfois une empreinte redoutable dans l'économie et la livre à de fâcheuses influences morbides ou tout au moins à un état valétudinaire insupportable.

Nous ne pouvons nous étendre ici sur la description de ces deux maladies; si l'on rencontre souvent de grandes difficultés dans leur médication, on peut néanmoins affirmer qu'il est rare qu'elles se terminent fatalement et qu'on en triomphe presque toujours au moyen d'un traitement bien dirigé.

Du traitement hydrothérapique dans l'anémie et

dans la chlorose. — Quelle que soit la cause de l'anémie, le traitement hydrothérapique est le meilleur moyen de la combattre. Comme la reconstitution de l'organisme est toujours le résultat qu'il faut viser, toutes les applications froides excitantes sont propres à obtenir ce résultat, mais la douche est le procédé le plus efficace. On en usera néanmoins avec un grand ménagement, notamment dans les anémies qui résultent d'une lésion organique dont l'évolution peut être accélérée par les applications excitantes.

L'application de l'hydrothérapie n'est pas aussi facile dans la chlorose, en raison des désordres nerveux ou des perturbations fonctionnelles dont certains organes sont souvent le siége, perturbations qui méritent une certaine attention et qui nécessitent des applications hydrothérapiques spéciales.

Les applications toniques sont celles qui conviennent le mieux dans la chlorose. Si, par suite d'une susceptibilité morbide, les malades supportent difficilement les effets excitants, il faudra agir avec douceur au début, attendre que l'acclimatation vienne sans secousse et progressivement, et terminer, en dernière analyse, par l'usage extérieur de l'eau froide, qui est l'élément prépondérant dans la thérapeutique antichlorotique. Telle est la règle générale qui doit servir de guide dans le traitement de la chlorose ; cette règle, cependant, est sujette à certaines modifications, en rapport avec les diverses formes que prend cette affection.

Ainsi l'on administrera la pluie, une douche localisée dans la partie supérieure du corps, ou bien encore un bain de pieds à eau courante froide, en dirigeant les jets sur la plante des pieds, quand on aura à traiter une chlorotique dont les règles sont trop abondantes. (Voir *Ménorrhagie.*)

Quand les règles sont insuffisantes, on applique de préférence la douche froide sur les reins, sur le bassin et sur les parties inférieures. On se trouvera bien également d'un bain de siége froid court ou d'un bain de siége prolongé à eau courante chaude, immédiatement suivi de quelques jets d'eau froide, d'une douche chaude sur la partie interne des cuisses, ou d'un bain de pieds chaud à eau courante.

Si la malade est atteinte de névralgies, que la douleur siége dans l'ovaire, dans l'utérus, dans l'estomac, etc., on aura recours à l'étuve à la lampe ou à la douche écossaise, en ayant soin de terminer l'application par une douche froide. Si, comme cela est fréquent, la douleur siége dans la tête, on peut employer la pluie froide; mais il ne faut pas que la percussion soit trop forte et que la sensation du froid exaspère la malade. Dans ce cas, il sera préférable de recourir à une pluie tempérée dont on pourra, selon les circonstances, modifier la température en la rendant tour à tour plus chaude ou plus froide.

Si la malade présente des phénomènes d'anesthésie ou de paralysie, il sera bon de faire précéder l'application générale d'une douche alternative ou d'une douche froide excitante dirigée sur les régions dont les propriétés vitales sont amoindries.

Si la malade est sujette à des phénomènes convulsifs; si elle a des crises de nerfs, et si la chlorose confine à l'hystérie, comme cela se voit assez souvent, il faudra employer des douches à températures variées et se conduire comme nous l'indiquerons dans le chapitre des névroses.

La chlorose accidentelle et la chlorose diathésique peuvent être traitées de la même façon; mais le traitement varie essentiellement au point de vue de la durée. On comprend, en effet, qu'une chlorose diathésique comporte une cure plus longue et plus régulière.

Leucocythémie — Purpura — Scorbut

Une étroite affinité existe entre l'anémie, la chlorose avancée et certaines cachexies de causes diverses dont il est question dans d'autres parties de cet ouvrage. Nous parlerons ici seulement de la leucocythémie, du purpura et du scorbut, lesquels sont justiciables aussi de l'hydrothérapie.

Quoi qu'il en soit de l'étiologie obscure de la leucocythémie, il est évident que le traitement s'adressera à l'anémie chez les malades de cette catégorie. Nous appliquerons les mêmes réflexions à l'emploi de l'hydrothérapie dans l'état constitutionnel qui a trait au purpura et au scorbut.

Pour ces maladies, le traitement consiste, comme dans tous les cas où l'organisme est dans une grande prostration, à employer la méthode excitante en observant la précaution de ne pas provoquer des réactions trop fortes. Dans le purpura, on insistera davantage sur l'excitation de la peau. Dans la leucocythémie, on devra de temps en temps joindre aux applications toniques la douche hépatique et la douche splénique pour combattre les engorgements du foie et de la rate si fréquents dans cette maladie.

CHAPITRE VII

DES INTOXICATIONS — DES CACHEXIES

Des intoxications chroniques

Lorsqu'un poison est absorbé lentement, d'une façon continue, et à des doses insuffisantes pour déterminer des accidents aigus, il se produit dans l'économie une dyscrasie qui a pour effet d'altérer la nutrition et de troubler les diverses fonctions. Il y a, dans ce cas, ce qu'on appelle une intoxication.

Pour remédier à cet état pathologique, on a songé à favoriser la disparition du poison renfermé dans l'économie. De là l'origine de ce qu'on appelle la méthode éliminatrice, et des nombreuses méthodes dépuratives sudorales.

Ces méthodes ont donné de bons résultats, mais il ne faudrait pas s'attacher à l'interprétation empirique qu'en donnaient ceux qui les appliquaient, et qui tenait à l'imperfection de leurs connaissances en physiologie. C'est parce qu'elles développent une exagération des actes physiologiques qu'elles agissent, en favorisant, pour ainsi dire, par ce travail forcé, le retour d'un fonctionnement régulier dans les organes. Le poison est-il éliminé et comment l'est-il? par quel mécanisme physiologique? Nous ne saurions ici examiner cette question. Tout ce qu'il faut que nous retenions, c'est qu'en activant le fonctionnement des organes nous pouvons arriver à rétablir la santé quand elle est compromise par une intoxication; il est dès lors facile de prévoir déjà le rôle que peut jouer ici l'hydrothérapie.

De l'état cachectique

Le sang peut être altéré dans sa quantité ou dans ses principes. S'il y a une diminution de la masse sanguine ou de l'un ou de l'autre de ses éléments, l'appréciation clinique reste la même : on dit que le malade est anémique; si la qualité du liquide sanguin est altérée et que les tissus eux-mêmes présentent des troubles de nutrition, on dit que le malade est cachectique. Il y a donc lieu de séparer la cachexie et l'anémie que l'on confond souvent. La cachexie comporte, avec elle, un certain degré d'anémie, mais elle s'accuse aussi par des phénomènes redoutables. Que doit-on entendre par cachexie? Pour définir cet état, il faut remonter à sa pathogénie; c'est ce qu'a fait M. Jaccoud. Selon lui, la cachexie est un état morbide variable produit par l'action d'un poison sur le sang, et ayant pour résultat une altération profonde de la nutrition, par suite de lésions portant à la fois sur la texture des principaux organes et sur la composition du sang.

Les poisons qui amènent cette altération si profonde de l'organisme sont très-variés et n'agissent pas tous de la même façon; mais ils finissent toujours par provoquer une perversion de la nutrition, et l'on peut voir se dérouler chez les malades la série des accidents qui constitue cet état morbide qu'on appelle la cachexie.

Si l'on peut rendre à cette nature qui succombe une énergie suffisante, si l'on peut parvenir à ranimer la circulation, à rendre au système nerveux son excitabilité perdue, à donner à la nutrition l'activité nécessaire; si, en même temps, on peut lutter contre les obstacles locaux que produisent les congestions passives, on verra les forces de l'organisme se réveiller et favoriser par suite l'action médicatrice.

Aucun agent médicamenteux ne nous paraît mieux réaliser ces conditions que l'hydrothérapie. On voit, sous son influence, reparaître, une à une, les fonctions qui semblaient éteintes. L'appétit renaît, la digestion redevient facile, l'assimilation se manifeste par un embonpoint progressif, la circulation se rétablit peu à peu dans toutes les parties du corps et, à mesure qu'elle se régularise, la peau perd sa teinte cachectique. L'organisme, en un mot, semble restauré. Pour atteindre ce résultat, le traitement hydrothérapique doit être puissamment excitant. Cependant, avant de l'appliquer tel que les circonstances l'indiquent, on doit tâter, avec prudence, la susceptibilité du malade. Quand rien ne contre-indique l'action de l'hydrothérapie, c'est aux douches froides, courtes et généralisées qu'il faut donner la préférence, en ayant soin, bien entendu, de les faire précéder par des douches locales, lorsqu'il existe des indications spéciales.

Les congestions chroniques des viscères dans les cachexies sont surtout à redouter, et l'on ne voit souvent le traitement général réussir que lorsque l'état local s'est amendé. Il ne faut donc pas négliger cette indication, qui doit contribuer au succès de l'application, et ne pas oublier que ces congestions diminuent parfois avec une très-grande rapidité sous l'influence de la douche locale.

Il est donc nécessaire de relever l'organisme par des douches froides excitantes, et de combattre les congestions viscérales par des applications appropriées. Mais il existe encore une indication importante, mise en relief par la théorie de l'élimination des poisons, en admettant qu'on se range à cette manière de voir. A ce point de vue, l'hydrothérapie peut rendre des services sans présenter les inconvénients des autres méthodes dont le but est de solliciter les fonctions des téguments externes. C'est par la sudation ou la douche chaude suivie de la douche froide que nous pouvons arriver à ce résultat. Sous l'influence de ces modificateurs, la peau, sollicitée vivement, reprend toute sa tonicité, et l'on peut renouveler souvent ou continuer longtemps ce traitement sans avoir à craindre l'épuisement de la fonction.

Pendant le traitement hydrothérapique, le régime du cachectique doit être aussi surveillé. Dès que l'appétit renaît, le malade éprouve une tendance extrême à le satisfaire avec excès. Il ne faut pas oublier alors que le retour du besoin de nourriture ne coïncide pas toujours avec le rétablissement de la fonction digestive, sous peine de commettre une imprudence capable de détruire les effets salutaires d'un bon traitement. Mettre l'alimentation en rapport avec le rétablissement progressif de la nutrition, telle est la règle à suivre.

De l'empoisonnement chronique par l'alcool

L'alcool, comme on le sait, pénètre dans l'organisme par les veines, traverse le foie, entre dans la circulation et, de là, imprègne tous nos tissus. Le foie et le cerveau semblent être ses lieux de dépôt favoris. Là, il s'accumule, s'emmagasine, et c'est de ce côté que nous voyons se manifester les premiers accidents toxiques ; à chaque libation copieuse le foie et le cerveau se congestionnent : aussi voit-on rapidement se produire, du côté du foie surtout, des congestions passives. Au début, l'organe, bien qu'augmenté de volume, fonctionne encore ; si, à ce moment, on n'intervient pas, il se produit alors des lésions graves, telles que la sclérose et la dégénérescence graisseuse du foie, dont le but final sera l'anéantissement de la fonction.

On ne saurait donc se prémunir trop tôt contre une situation aussi redoutable ; il faut intervenir à tout prix, afin d'enrayer la marche des lésions qui vont envahir le foie. L'hydrothérapie a été essayée dans ces cas difficiles, et il n'est pas de médecin qui n'en ait pu constater les heureux effets. Mais, avant de faire connaître les procédés qu'il faut employer, il est indispensable de faire ressortir nettement les indications thérapeutiques.

Il n'est pas rare d'avoir à traiter des malades qui ne présentent que des troubles de la vie organique, parmi lesquels on rencontre presque toujours la dyspepsie catarrhale, la congestion du foie, la congestion des reins avec albuminurie, des troubles circulatoires caractérisés par des œdèmes, en un mot, des perturbations variées de la nutrition, capables d'entraîner le patient vers la cachexie. Chez ces malades, le système nerveux central paraît complétement épargné; c'est à peine si l'on peut constater quelques désordres du côté de la périphérie nerveuse.

Ces cas sont assurément les plus simples. Le but qu'il faut atteindre est, d'une part, l'amélioration de la nutrition, et, d'autre part, la disparition de ces congestions passives qui commencent par de simples troubles fonctionnels et qui finissent par de véritables lésions de tissu.

Pour obtenir l'amélioration de la nutrition, il ne suffit pas toujours d'enlever le malade aux influences de la cause morbide et de l'obliger à observer les règles de l'hygiène bien entendue; il faut encore l'aider à réparer les désordres intervenus dans l'organisme, et, alors, l'hydrothérapie peut être d'une grande utilité en répondant aux indications principales d'après lesquelles il faut diriger la thérapeutique de l'affection. Relever les forces générales, décongestionner l'organe hyperhémié, tel est le résultat qu'il faut atteindre; et il n'est personne qui ne sache que l'hydrothérapie peut aisément arriver à ce double but. De plus, dans certains cas où il est nécessaire d'agir vivement sur la peau, on peut, en associant le calorique à l'eau froide, rendre de très-grands services.

Mais, s'il est des cas dans lesquels l'hydrothérapie est très-efficace, il nous paraît nécessaire d'indiquer ceux dans lesquels nous l'avons vue échouer, et de préciser les circonstances dans lesquelles elle ne doit pas être employée.

Quand les congestions atteignent la poitrine et qu'il existe de la bronchite, du catarrhe et surtout de l'hémoptysie ; quand l'augmentation primitive de l'activité fonctionnelle du cœur a été remplacée par une atonie de l'organe, conséquence d'une hypertrophie graisseuse ou mieux d'une stéatose ; quand les vaisseaux, suivant le cœur dans sa régression, s'infiltrent de matières grasses ou deviennent athéromateux, et que, par suite de ces modifications organiques, ils se dilatent et peuvent se rompre, l'hydrothérapie est inutile ; et même, si elle est maniée avec témérité et d'une manière inconsciente, elle peut être très-préjudiciable. Nous n'ignorons pas le bien passager qu'elle peut produire, même dans ces circonstances difficiles ; malgré cela, nous ne conseillons pas d'y recourir. Si, toutefois, on est contraint de l'appliquer, il faut agir avec une grande circonspection.

Quand les congestions viennent se fixer dans les reins, on peut et l'on doit même employer l'hydrothérapie. Dans ces circonstances, le calorique prépare merveilleusement à l'action de la douche froide. En outre, dans ces congestions des reins, la douche, appliquée sur le bas du sternum, est aussi appelée à rendre de grands services. Son premier effet est, il est vrai, d'augmenter l'albumine dans les urines, et cette augmentation est d'autant plus marquée, que l'eau est à une température plus basse. Mais si le malade est préalablement réchauffé ou si la douche chaude précède la douche froide, l'albumine apparaît en quantité moindre. Si, après la douche, il y a constamment augmentation d'albumine, il faut suspendre le traitement.

Jusqu'à présent, nous sommes resté dans le domaine de la vie organique. Si le système nerveux est atteint, le traitement devient plus difficile à manier, et disons tout de suite qu'il ne peut s'appliquer à tous les cas.

Le cerveau est particulièrement affecté dans l'alcoolisme chronique ; il peut offrir des lésions très-variées, depuis la simple hyperhémie jusqu'à l'atrophie. Quelques auteurs pensent que l'excitation intellectuelle correspond à l'hyperhémie cérébrale, et que son épuisement coïncide avec un état anémique. Ceci, du reste, est une question bien difficile à résoudre d'une manière positive. Quoi qu'il en soit, ces deux états conduisent fatalement à la déchéance de la fonction cérébrale. Il doit donc exister, dans la substance même du cerveau, un trouble de nutrition qui augmente ou diminue selon le mode d'action de la cause qui peut le produire. C'est pour cela que, dans un certain nombre de cas, pour obtenir la guérison, il faut employer les agents de l'hydrothérapie qui ont un effet reconstituant.

La méthode serait facile à appliquer si nous n'avions pas à tenir compte des formes variées que peuvent présenter les phénomènes qui témoignent de l'existence d'une affection cérébrale.

Lorsque l'excitation intellectuelle domine tous les autres symptômes, on aura recours à la douche tempérée à percussion légère, dirigée sur la tête ; on donnera, en même temps, une douche froide générale, en dirigeant le jet sur les parties inférieures. Ce procédé, auquel on a adjoint quelquefois les bains ou les piscines tièdes, réussit parfois à calmer l'excitation. Dans le cas contraire, on pourra abaisser graduellement la température de la douche en pluie ou faire des lotions froides sur la tête avant d'administrer la douche générale. Quand l'excitation sera apaisée, les applications toniques devront être employées afin de prévenir les rechutes.

L'hydrothérapie est d'un usage difficile quand il existe des hallucinations et des conceptions délirantes. Il faudra cependant essayer de combattre ces désordres par des affusions froides à percussion légère et souvent répétées.

Si le symptôme dominant est l'épuisement cérébral, il faut recourir à la douche en pluie toute froide ; mais, comme il importe de ne pas ramener les phénomènes d'excitation, qui auraient comme conséquence de provoquer un épuisement cérébral plus grand que celui qu'on veut combattre, on doit employer des douches en pluie à percussion faible, surtout au début, et n'augmenter la force de projection qu'à mesure qu'on approche de la guérison. En outre, l'eau employée ne dépassera pas, dans les premières opérations, une température d'environ 20° centigrades; plus tard, on pourra aller jusqu'à 12° ou 10°. A ce moment, la durée de la pluie ne dépassera jamais 30 à 40 secondes, afin de laisser à la circulation cérébrale toute l'activité qui lui est nécessaire pour rendre à l'encéphale son fonctionnement. Pendant que la pluie tombera sur la tête du malade, on fera bien de diriger un jet d'eau assez puissant sur ses pieds.

C'est en suivant cette méthode de traitement que nous avons pu combattre les nombreuses perversions fonctionnelles qui accompagnent l'alcoolisme chronique et que nous avons arrêté les progrès envahissants de cette terrible intoxication.

Quant à l'usage de l'eau à l'intérieur, sans conseiller son usage à hautes doses, nous engageons les malades à user de l'eau en boisson aux repas et dans l'intervalle qui les sépare, surtout immédiatement après les séances hydrothérapiques. L'eau fraîche et de bonne qualité agit comme un tonique, facilite la circulation et exerce une heureuse influence sur les sécrétions de l'organisme.

L'hydrothérapie peut rendre encore des services dans les cas où il existe des altérations histologiques graves du cerveau et de la moelle épinière. Il faut les étudier avec soin avant de décider si le traitement hydrothérapique doit être suivi. Dans ces conditions, nous ne saurions trop recommander la prudence, surtout si le tissu cérébral est fortement atteint, et nous conseillerons l'abstention quand l'encéphale est le siége de poussées inflammatoires fréquentes. Nous reviendrons, du reste, avec plus de détails sur ce sujet, quand nous examinerons spécialement les affections organiques du cerveau.

13.

De l'empoisonnement par le mercure

Nous avons traité par l'hydrothérapie un certain nombre de malades ayant tous les signes de l'empoisonnement chronique par le mercure. Chez quelques-uns, cette méthode de traitement a parfaitement réussi ; chez d'autres, elle a échoué. Dans ces derniers cas, tous les procédés hydriatiques avaient été essayés ; mais la cachexie était tellement avancée, que l'action de l'hydrothérapie a été complétement insuffisante. Les malades auxquels nous faisons allusion avaient des hémorrhagies ou des nécroses, et la nutrition ne pouvait plus se faire chez eux que dans des limites très-restreintes.

Cependant, dans quelques cas, les fonctions digestives se sont réveillées, et une notable amélioration s'est produite sous l'influence de l'hydrothérapie.

Les malades qui ont guéri étaient tous atteints du tremblement caractéristique de l'affection. Ils offraient de plus des complications du côté des voies gastro-intestinales.

Nous avons donné nos soins à plusieurs malades atteints de tremblement, sans aucun signe apparent de cachexie. Chez ceux dont la peau était sèche et dont la santé générale n'était pas sensiblement altérée, les étuves, surtout l'étuve à la lampe, ou le maillot, suivies d'une application froide, ont réussi. Chez certains malades relativement faibles, nous avons dû substituer la douche chaude aux procédés de sudation. Dans d'autres circonstances, alors que les phénomènes de cachexie dominaient, les douches froides ont amené de meilleurs résultats.

De l'intoxication saturnine

Le plomb, introduit dans l'économie par les voies ordinaires d'absorption, conduit plus ou moins rapidement l'organisme à un état cachectique dont les manifestations sont caractéristiques de l'intoxication.

Le premier accident de cet empoisonnement est la colique de plomb, contre laquelle on a jadis institué le traitement resté célèbre sous le nom de *traitement de la Charité*. Évacuants et sudorifiques sont administrés coup sur coup, et le succès en quelques jours est complet. On a évidemment obéi à cette indication : débarrasser l'organisme du poison et réveiller les fonctions de la peau. Or la sudation, telle qu'on l'emploie dans les établissements hydrothérapiques, est un excellent adjuvant, et nous avons vu des coliques de plomb réellement soulagées par la sudation suivie d'une douche froide. De plus, les malades se trouvent bien de l'usage de la ceinture humide excitante. Ils doivent l'appliquer deux fois par jour, en ayant soin de la garder environ trois heures chaque fois. Quelques-uns se .trouvent bien d'une douche chaude dirigée sur la région abdominale et suivie d'une douche froide. Enfin il sera bon d'utiliser quelquefois la douche ascendante, dont on graduera avec soin la percussion et la température.

Contre l'arthralgie saturnine, nous préférons

douche écossaise portée sur les parties douloureuses et suivie immédiatement d'une douche froide générale. Il faut, dans ces cas, lutter hardiment et sans trêve, car ces douleurs dans les membres sont trop souvent les précurseurs de la paralysie. Contre la paralysie saturnine, les douches froides sont d'un grand secours.

Parmi les accidents cérébraux du saturnisme, la forme la plus commune, et en même temps la seule qui nous fournisse quelques indications hydrothérapiques, est celle que Grisolle a appelée *délirante*. Contre ce symptôme redoutable, la seule application qui puisse rendre quelques services est la douche en pluie très-prolongée avec de l'eau modérément froide. Sous l'influence de cette médication puissamment sédative, les accès ont quelquefois une durée beaucoup plus courte et ils ont moins de tendance à se reproduire.

Dans la forme convulsive, l'hydrothérapie n'a qu'un rôle très-modeste; on peut employer la douche sédative, mais il faut se hâter si l'on veut parvenir à calmer cette surexcitation violente qui se révèle à nous par des accès d'éclampsie se rapprochant toujours de plus en plus. Dans le coma, nous sommes encore plus désarmés, car la terminaison est toujours funeste.

Empoisonnement par l'arsenic

Dans le traitement de cette intoxication, il faut, après avoir écarté d'abord la cause du mal, favoriser l'élimination de cette substance en provoquant des transpirations abondantes à l'aide des applications du calorique, en exagérant les fonctions rénales par l'usage de l'eau à hautes doses, en un mot, en activant les sécrétions.

Enfin on combattra les phénomènes spéciaux qui se présentent dans les divers organes, en cherchant, dans la méthode hydrothérapique, les moyens appropriés dont nous avons parlé à l'occasion des autres intoxications. On n'oubliera pas que l'hydrothérapie doit ranimer le système nerveux déprimé, régulariser la circulation troublée et relever les fonctions languissantes.

Ce que nous avons dit dans les intoxications qui précèdent est suffisant pour faciliter le choix du procédé qui convient dans un cas déterminé.

Empoisonnement par le phosphore

Ce qui frappe d'abord, dans l'empoisonnement par le phosphore, c'est la stéatose rapide des organes. La circulation est atteinte en première ligne, les congestions sont fréquentes et nombreuses; toutes les fonctions sont lésées et la cachexie arrive rapidement.

Dans cet empoisonnement, il faut, par un traitement fortement excitant, ranimer les appareils qui succombent.

Les douches froides, courtes et généralisées, remplissent cette indication lorsque leur application est possible. Dans certains cas, il est bon de faire précéder la douche froide d'une douche chaude d'assez longue durée, afin de préparer convenablement l'organisme à l'action salutaire du froid.

Iodisme

Dans la cachexie iodique, le marasme est profond et la susceptibilité nerveuse exagérée. L'atrophie des organes glandulaires s'accompagne presque toujours d'une dyspepsie intense. Quand la terminaison n'est pas fatale, la convalescence est longue et difficile. Il faut rétablir les fonctions altérées, et c'est à ce titre que nous conseillons les applications reconstituantes de l'hydrothérapie.

Empoisonnement par le sulfure de carbone

En général, vu l'extrême volatilité de la substance, l'ouvrier est bientôt intoxiqué. Des troubles nerveux variés, des altérations du système musculaire et l'anorexie, tout aussitôt suivie de l'état cachectique, tels sont les résultats de l'intoxication par le sulfure de carbone. Mais comme les premières perturbations sont facilement curables, on peut toujours enrayer l'établissement de la cachexie, et l'eau froide, sous forme de douches générales et locales, a une action incontestable qui peut être utilisée avec fruit.

Pellagre

La pellagre débute presque toujours par des spasmes, des douleurs spinales et de la dyspepsie.

A ces désordres viennent se joindre des étourdissements ou des vertiges, de la tristesse et quelquefois de la stupeur. Puis l'érythème pellagreux apparaît. Si la cause nocive continue d'agir, les phénomènes s'aggravent. Il survient de la paralysie, des attaques d'éclampsie, et le malade tombe dans la démence.

Il faut donc agir tout d'abord énergiquement contre les causes, soumettre le malade à une alimentation réparatrice, et, pour seconder les bons effets du régime, employer les applications toniques et reconstituantes de l'hydrothérapie.

Empoisonnement par le tabac

Chez le fumeur émérite, il n'est pas rare de voir se développer un état névropathique spécial se manifestant par de la tristesse, de la parésie cérébrale, des vertiges, des douleurs vagues sur le trajet du nerf pneumogastrique, des palpitations de cœur, de la dyspepsie, une céphalée persistante, ou par un état hypochondriaque poussé au plus haut degré. C'est dans cette situation morbide que l'hydrothérapie pourra rendre de très-réels services.

Les affections nerveuses dont nous venons de parler, et qui doivent être rattachées à l'hypochondrie et à la parésie cérébrale, peuvent quelquefois guérir par la suppression seule de l'usage du tabac. En tout cas, elles sont combattues avec succès par la douche froide générale en pluie et en jet. Ces applications ne comportent aucune contre-indication ; elles seront courtes au début et l'on augmentera graduellement leur durée à mesure que le malade s'acclimatera à ce mode de traitement.

Acrodynie

Caractérisée par une perversion du système nerveux et des troubles digestifs d'une certaine intensité, cette affection n'intéresse que rarement les fonctions cérébrales. Elle affecte principalement les muscles et le système sensitif. Ces troubles, qui tiennent en grande partie à une perturbation de l'action vaso-motrice, sont parfois extrêmement tenaces. Il faut donc se hâter de les combattre par tous les moyens que la thérapeutique met à notre disposition, et nous ne craignons pas de dire que, parmi les moyens de traitement, l'hydrothérapie doit occuper une place au premier rang.

Ergotisme

La marche de cette affection est rapide, et il faut, par conséquent, soutenir au plus vite la résistance organique. C'est pour répondre à cette indication qu'il est urgent d'utiliser les applications toniques de l'hydrothérapie. On trouvera dans l'emploi rationnel de cette méthode un secours puissant pour entraver la marche envahissante de ce terrible empoisonnement. L'ergotisme convulsif, rattaché par quelques auteurs à une altération des céréales, se manifeste par des désordres nerveux extrêmement

graves. Nous pensons que l'hydrothérapie peut
amener un résultat favorable dans ce cas. Cependant nous devons faire des réserves dans son emploi, en présence des contradictions qui existent
sur ce point.

Empoisonnement par l'opium

Il ne s'agit ici que de l'empoisonnement chronique par l'opium, qui anéantit peu à peu toutes les
fonctions et conduit à l'état cachectique, au délire
furieux ou à l'abrutissement le plus complet.

L'hydrothérapie peut intervenir contre cet état,
mais elle ne réussit pas toujours à sauver les malades. Nous avons échoué dans presque tous les cas
de cachexie avancée; aussi croyons-nous qu'il faut
se hâter de recourir à l'hydrothérapie si l'on veut
obtenir la guérison. Il est nécessaire d'insister sur
ce fait, surtout en ce moment où la morphine est
administrée si fréquemment et produit une déchéance si grande du système nerveux. A ce point
de vue, il serait utile d'analyser cette espèce de
morphinisme; mais nous ne pouvons ici entrer dans
tous les détails que réclame cette question importante.

Deux indications semblent dominer le traitement
hydrothérapique : rendre à la peau son fonctionnement à l'aide de la sudation ou de la douche chaude;
exciter par une douche froide courte le système
nerveux dont la dépression est considérable. Si ces
deux effets peuvent être produits, l'organisme se
ranimera et les fonctions se rétabliront.

De la syphilis

Bien que Schedel admette la possibilité de guérir les affections vénériennes primitives sans avoir recours aux médicaments spécifiques, nous ne le suivrons pas sur ce terrain délicat. Nous ne nous occuperons que du rôle que peut jouer l'hydrothérapie dans la diathèse syphilitique aux diverses périodes de son évolution, concurremment avec les remèdes spécifiques ou indépendamment de ces remèdes. Or cette médication peut jouer un grand rôle, ainsi que l'a observé déjà Fleury, et ainsi que notre observation personnelle nous l'a maintes fois démontré.

Comme on le verra, l'hydrothérapie peut rendre dans cette affection deux genres de services. Par ses effets dépuratifs, elle peut aider les médicaments spécifiques à débarrasser l'organisme du virus qui l'a envahi; par ses effets toniques et reconstituants, elle peut aider l'organisme à supporter l'action des spécifiques sans en être épuisé.

Voici, du reste, le résultat de nos observations et la ligne de conduite que notre expérience personnelle nous conseille.

Dans la première période de la maladie, la médication hydrothérapique sera employée seulement pour combattre l'anémie concomitante des accidents primitifs. Le virus vénérien produit, en effet, quelquefois dès le début, une altération du sang qui consiste en une diminution bien marquée des globules avec hydrémie. Dans ce cas, on n'a pas besoin

de recourir aux sudations, les applications froides
reconstituantes suffisent la plupart du temps. La
même indication se présente à une phase plus
avancée de la maladie, alors que l'anémie est tout
à la fois le résultat de l'état morbide et de l'action
prolongée des médicaments. Si les lésions de la
peau sont étendues, la fonction tégumentaire perd
son activité; si la salivation augmente, l'économie
s'épuise; si les douleurs sont violentes, l'insomnie
survient et l'anémie se manifeste avec tous ses
symptômes caractéristiques. C'est alors qu'il faut relever les forces de l'organisme par des douches froides
générales et rétablir les fonctions de la peau en provoquant d'abord un réchauffement artificiel que l'on
prolonge parfois jusqu'à la sudation. Si l'anémie
s'accompagne d'une grande excitation du système
nerveux, il ne faut employer les douches froides
qu'après avoir soumis les malades à des applications
tempérées qu'on refroidit à mesure que l'excitabilité
diminue.

Dans la période qui a trait à l'évolution des productions gommeuses ou des scléroses diffuses,
l'adjonction de l'hydrothérapie aux médicaments
spécifiques sera encore d'un grand secours. On
pourra recourir aux sudations et aux douches froides générales, en ayant soin, dans l'application de
ces procédés, de prendre pour base la force du malade et la nature des troubles fonctionnels. Souvent
l'évolution syphilitique a été suspendue par cette
sorte de dépuration hâtive et par la reconstitution
rapide des forces de l'organisme. Il est vrai qu'à
côté de résultats très-satisfaisants, on observe
souvent aussi des insuccès; la cachexie alors suit

une marche ascendante; et la sclérose survient, comme conséquence de tous les processus morbides de la troisième période du mal, envahissant de préférence les centres nerveux, le foie ou les reins. De là des céphalées persistantes, des vertiges, des étourdissements et des accès d'éclampsie, symptômes parfois compliqués d'une hémiplégie et que nous avons vu s'amender quelquefois sous l'influence d'un traitement hydrothérapique longtemps continué.

Quand l'état cachectique est très-caractérisé, la situation est grave : il est donc essentiel d'agir vigoureusement; et, bien que les chances de guérison soient très-restreintes, nous croyons que, si l'hydrothérapie est bien indiquée, elle pourra peut-être rendre quelques services. Nous formulons notre pensée avec de grandes réserves, parce que, dans les cas dont nous parlons, nous n'avons pas été encore assez heureux pour obtenir une véritable guérison. Toutefois, l'hydrothérapie peut être essayée sans danger, et, bien que ses effets soient lents à se produire, nous pensons qu'on peut en continuer l'usage, car elle s'associe fort bien avec les médicaments spécifiques dont elle favorise l'action.

Lorsque les altérations de la moelle épinière et de ses enveloppes se révèlent par une rachialgie pénible, par des douleurs fulgurantes dans le tronc ou les membres ou par une sensation de froid très-prononcée dans les reins et dans les extrémités inférieures, il faut agir énergiquement, sous peine de voir survenir la paralysie des membres abdominaux. Dans ces cas spéciaux, nous employons le mail-

lot sec de préférence aux autres procédés de calorification, parce qu'il est plus commode à appliquer;
nous ne prolongeons pas la durée de l'opération
pour ne pas fatiguer les malades, et nous terminons
l'application par une friction générale avec un drap
mouillé. Nous joignons à ce procédé l'emploi du col
de cygne dirigé sans trop de percussion sur la colonne vertébrale.

Une combinaison judicieuse du calorique et du
froid peut aussi rendre service aux malades quand
la partie périphérique du système nerveux devient
aussi le siége des processus morbides de la syphilis
tertiaire.

La syphilis n'affecte pas seulement le système
nerveux; tous les différents organes peuvent être
envahis. Nous ne pouvons entrer ici dans tous les
détails que comporterait l'étude de chacune des
lésions qui peuvent être produites. Nous dirons
seulement que, parmi ces lésions, il en est sur
lesquelles il faut veiller attentivement, parce que, si
on peut les soigner à leur début, il est plus facile
d'enrayer leur marche. Nous voulons parler des
lésions de l'appareil biliaire. Les douches hépatiques, employées dès le début de la maladie, peuvent parvenir à régulariser la circulation et à s'opposer, par conséquent, à tout acte de destruction. Il
est donc très-important de ne pas laisser l'envahissement faire des progrès que, plus tard, on serait
impuissant à combattre.

En résumé, la méthode hydrothérapique est
une ressource précieuse dans le traitement de la
syphilis, lorsque les médicaments ordinaires ne
sont pas supportés ou restent sans effet. Par ses

effets toniques, elle permet à l'activité organique de retrouver son énergie ; par son action sur la peau, elle provoque des transpirations salutaires et détermine une véritable dépuration, et par ses effets résolutifs, elle favorise la résorption des produits qui s'accumulent dans les tissus. Au surplus, l'hydrothérapie a l'avantage de favoriser la tolérance des médicaments spécifiques et même de faciliter leur action curative ; elle peut donc pour cette raison jouer un rôle important dans le traitement de la syphilis.

Empoisonnements telluriques

Avant d'entreprendre l'étude des affections paludéennes et avant d'examiner le rôle que peut jouer l'hydrothérapie dans ces maladies, nous dirons quelques mots de certaines autres affections d'origine analogue. Nous voulons parler des maladies comme le choléra, la fièvre jaune, la suette miliaire, certaines dysentéries, etc., qui sont endémiques dans certaines régions du globe, et qui sont dues à l'action des effluves miasmatiques qui se dégagent du sol.

Si, au milieu des phénomèmes morbides que fait naître une affection miasmatique, nous voulons trouver les éléments d'une indication thérapeutique à laquelle l'hydrothérapie puisse répondre, il faut tenir compte de la persistance de l'intoxication et de sa tendance à la chronicité, des lésions qui se développent dans certains organes et enfin de cette altération constitutionnelle qui conduit à la cachexie.

Avant de développer ce programme qui sera étudié à l'occasion de l'affection paludéenne, nous devons faire quelques remarques sur l'influence de l'hydrothérapie dans les épidémies.

Commençons par dire qu'elle a sa place toute trouvée dans la pratique de l'acclimatement des pays chauds et palustres sous la forme de bains froids.

Dans le cours d'une épidémie, l'hydrothérapie peut être employée, non pas à titre d'agent préventif spécial, mais comme un des moyens les plus sûrs de maintenir l'organisme dans un fonctionnement régulier. Toutefois, nous devons recommander de faire des applications légères et de ne pas surmener outre mesure les activités organiques, si on ne veut pas dépasser le but qu'il faut atteindre.

Enfin nous recommanderons l'emploi de l'hydrothérapie dans les longues convalescences qui succèdent aux empoisonnements telluriques. Nous avons eu l'occasion d'employer l'hydrothérapie dans ces circonstances, et, par son intervention, nous avons été assez heureux pour ramener assez facilement l'économie dans un état d'intégrité parfaite.

Maladies paludéennes

Nous croyons juste de comprendre, sous la dénomination d'*affection paludéenne*, toutes les manifestations morbides qui reconnaissent pour cause l'empoisonnement par le miasme des marais, l'expression de marais étant employée ici dans son acception la plus générale et comprenant ce qu'on a appelé les marais souterrains, permanents ou accidentels.

L'intoxication est parfois si rapide, qu'on a de la peine à saisir une période d'incubation. Mais la susceptibilité miasmatique n'est pas la même chez tous les individus et intervient dans le mode de début et dans la marche de la maladie. Il est bien établi que l'organisme, quand il est soutenu par un fonctionnement régulier, peut lutter avec succès même contre les influences les plus pernicieuses. C'est sur ce point que nous nous appuierons pour motiver l'intervention de l'hydrothérapie dans l'affection paludéenne, soit pour en prévenir l'explosion, soit pour la combattre quand elle est déclarée.

Sans entrer dans la description de l'affection paludéenne, sans tracer ici comment elle apparaît et comment elle conduit à la cachexie, étude qui nous entraînerait peut-être dans des détails trop longs pour cet ouvrage, nous nous bornerons à constater que ces maladies exercent sur l'organisme une influence extrêmement pernicieuse. Certains malades tombent dans un épuisement plus ou moins rapide et dans un marasme profond. Il faut venir au secours de l'économie, qui n'a plus de forces pour lutter.

L'hydrothérapie a prouvé son importance curative dans ces désordres morbides avancés, et, d'un commun accord, on commence à lui rendre cette justice. Elle est même, dans les cas désespérés, un des moyens les plus énergiques que nous ayons entre les mains. Il est vrai que la guérison est souvent difficile à obtenir, même à l'aide de cette puissante médication ; mais, s'il reste assez de force dans l'organisme, l'hydrothérapie pourra intervenir efficacement.

Du traitement hydrothérapique dans les empoisonnements telluriques en général et dans la maladie paludéenne en particulier. — Contre les maladies infectieuses et contagieuses qui naissent, comme l'affection paludéenne, dans un milieu spécial, on n'a employé l'hydrothérapie avec succès qu'à titre d'agent hygiénique destiné à prévenir le développement de l'affection et à favoriser l'acclimatation dans un pays infecté. Cependant, comme cette méthode thérapeutique peut être appliquée sans danger et s'associer avec les médications les plus actives, on peut en conseiller l'emploi, du moins dans quelques-unes de ses applications, contre ces empoisonnements, et notamment contre la fièvre jaune, le choléra, etc. Ainsi, dans la période algide du choléra, il nous semble rationnel de faire usage du maillot sec suivi d'une friction avec un drap mouillé fortement tordu. Il n'y a pas d'inconvénient à enfermer le malade dans des couvertures de laine convenablement arrangées et à le laisser dans cet état jusqu'à ce que le calorique ait produit son effet. Pendant ce temps, on peut sans crainte administrer des médicaments à l'intérieur. Si le malade sent la chaleur renaître en lui, on enlèvera le maillot et l'on exécutera des frictions énergiques avec un drap mouillé fortement tordu, jusqu'à ce que la réaction soit assez prononcée. On pourra répéter cette opération plusieurs fois en vingt-quatre heures, sans inconvénient pour le malade et sans

14

entraves pour l'intervention de toutes les médications qui peuvent être jugées nécessaires en pareil cas.

Nous n'avons pas la prétention, en donnant ces conseils, de formuler un traitement effectif de la fièvre jaune et du choléra. Nous n'avons le droit, en présence de ces fléaux redoutables, de parler de l'hydrothérapie que comme d'un agent hygiénique puissant, capable de mettre l'organisme en état de lutter contre l'influence malsaine des foyers pestilentiels. Seulement il ne faut pas, dans le but d'éviter les atteintes du mal, s'exposer à de grands refroidissements ou provoquer des réactions puissantes. En agissant ainsi, on obligerait l'organisme à des dépenses de forces inutiles. Dans ces limites, l'hydrothérapie pourra être considérée comme un agent préventif sérieux, soit pour éviter les influences épidémiques, soit pour faciliter l'acclimatement dans un pays infecté.

Occupons-nous maintenant du traitement spécial de la maladie paludéenne. Pour combattre cette affection, l'arsenic et le quinquina ont une efficacité incontestable; mais il peut arriver que l'intervention de ces deux agents médicamenteux ne produise pas toujours d'heureux résultats, et le médecin serait vraiment désarmé s'il n'avait, pour combattre cette maladie, les ressources que peut offrir l'hydrothérapie. Pour bien appliquer cette méthode de traitement, il faut tenir compte des formes variées de la maladie et se préoccuper avant tout de répondre aux deux indications suivantes :

1º Lutter contre la cachexie;

2º Combattre le symptôme, que ce symptôme soit un trouble fonctionnel ou un état organique.

La cachexie est, de toutes les manifestations de la maladie, la plus sérieuse et la plus complète; c'est aussi la plus difficile à guérir. Malgré cela, l'hydrothérapie peut suspendre la marche de cette dégradation organique qui frappe tous les cachectiques, favoriser les mouvements d'assimilation et de désassimilation, réparer les pertes de l'économie et ranimer la résistance organique. Tous les médecins savent que l'hydrothérapie peut guérir l'intoxication paludéenne, mais tous ne savent pas comment il faut s'y prendre pour la guérir. Il y a certainement, dans l'application de ce mode de traitement, des difficultés dont on ne triomphe qu'avec une certaine habitude; mais il en est d'autres qu'il suffit de signaler pour les éviter ou les trancher.

Contre la cachexie palustre, deux méthodes sont en présence. L'une d'elles consiste à faire suer les malades abondamment et à les soumettre à une dépuration quotidienne, pour laquelle on emploie les maillots ou les étuves, suivis d'une application froide. La seconde consiste dans l'emploi exclusif d'une application froide et reconstituante. Ces deux procédés nous ont paru répondre convenablement à certaines indications; mais nous donnons sans hésiter la préférence au second, c'est-à-dire à celui qui repose sur l'emploi exclusif de l'eau froide.

La première méthode a l'inconvénient d'affaiblir les malades qui n'ont pas une grande énergie vitale; néanmoins, elle compte des succès. Mais nous croyons que les résultats obtenus sont souvent éphémères, et nous avons eu l'occasion d'observer bien des rechutes. Souvent aussi les médecins qui y ont recours se font illusion et croient, de bonne foi, avoir obtenu une guérison radicale quand, en définitive, ils n'ont obtenu qu'une rémission. L'autre méthode, malgré ses éclatants succès, n'est pas exempte d'inconvénients. Il est incontestable qu'elle reconstitue l'organisme, mais elle détermine souvent dans le système nerveux une excitation qu'il n'est pas facile de maîtriser. Cette excitation factice est presque toujours remplacée par un épuisement de l'organisme qui fait perdre au malade le bénéfice du traitement antérieur. Nous croyons donc qu'il faut se garantir contre l'exclusivisme des deux méthodes opposées, et nous pensons que l'on combattra particulièrement la maladie en employant une méthode mixte dans laquelle on combinera, dans une juste mesure, l'action du calorique et du froid.

La douche froide et courte est le modificateur hydrothérapique le plus efficace pour relever les forces perdues; mais les réactions qu'elle provoque sont souvent accompagnées d'une fatigue extrême; et, si l'on persiste dans l'emploi de ce moyen, l'on peut épuiser le malade. La température de l'eau employée doit donc être proportionnée au degré de résistance de l'organisme, et il ne faut recourir à l'eau très-froide que lorsque le malade est suffisamment fort pour utiliser à son profit l'excitation qu'elle développe. Au surplus, la cachexie peut être accompagnée de désordres nerveux que la douche froide excitante exaspère, et qui se trouveraient bien mieux d'une application plus légère et moins froide.

Dans la cachexie paludéenne, souvent la peau sèche et rugueuse ne fonctionne qu'imparfaitement.

Il faut à tout prix chercher à lui rendre son activité ;
c'est alors le cas de recourir aux sudations à l'aide des
maillots et des étuves. L'étuve à la lampe est le
moyen le plus commode et le plus actif, on pourra
donc l'employer s'il n'existe pas de contre-indications ; mais nous recommandons de ne jamais élever
la température au-dessus de 40 ou 42 degrés centigrades, d'éviter que la transpiration soit abondante
et de terminer l'opération par une courte application froide. L'intervention du calorique, en effet,
doit avoir ici pour but, non pas seulement de provoquer la sueur, mais encore d'activer les fonctions
de calorification et de disposer l'organisme à utiliser
à son profit l'action excitante de l'eau froide.

On conseillera en même temps au malade de boire
de l'eau, surtout pendant la réaction, en lui recommandant de n'arriver à de hautes doses que progressivement. L'usage régulier de cette boisson a
une influence incontestable sur la circulation et les
sécrétions.

Tels sont les procédés qu'il faut employer pour
combattre la cachexie paludéenne dégagée de toute
complication sérieuse. Nous allons voir si l'hydrothérapie est en mesure de répondre à la seconde
indication, qui repose sur la prédominance des
symptômes qui escortent cette intoxication.

Il importe tout d'abord d'établir une distinction
entre les désordres morbides qui sont justiciables
de la médication hydrothérapique et ceux contre
lesquels elle reste inefficace ou même se montre
nuisible.

L'empoisonnement palustre peut produire des
états congestifs plus ou moins accentués; s'ils ont

pour siége les poumons, certaines parties du cerveau ou du cœur, il est prudent de s'abstenir.

Quand la fluxion se manifeste vers les reins, et surtout quand elle détermine de l'albuminurie, il faut joindre aux applications générales appropriées, des applications locales capables de diminuer la congestion rénale et de s'opposer à la dégénérescence de l'organe. Dans ce but, on aura recours à l'emploi du col de cygne dirigé sur la région dorsale de la colonne vertébrale, ou à une douche localisée sur la partie inférieure du sternum. Si la peau est sèche, on fera précéder la douche froide localisée d'une douche très-chaude et très-courte. C'est quand les congestions rénales compliquent l'état cachectique qu'on a parfois recours à la douche écossaise, à de légères sudations et à l'usage interne de l'eau à hautes doses.

A côté des voies digestives, dont les troubles seront étudiés dans le chapitre qui leur est consacré dans ce livre, les organes les plus fréquemment atteints dans la cachexie paludéenne sont le foie et la rate. Les altérations qui frappent ces organes peuvent être le plus souvent modifiées par l'hydrothérapie. Le procédé qui convient alors le mieux consiste en une douche froide dirigée sur l'organe malade ; il est bon, pour aider son action, de faire précéder cette application d'un bain de siége froid à eau courante d'une durée de quelques minutes, lorsque la circulation semble se ralentir dans les organes du bassin. Du reste, nous aurons l'occasion de revenir sur cette question lorsque nous nous occuperons spécialement des maladies de ces organes.

Quand nous étudierons les affections du système

nerveux, nous indiquerons comment il convient
d'appliquer l'hydrothérapie dans les cas où le cerveau, la moelle épinière ou les nerfs sont le siége
de troubles fonctionnels dus à l'intoxication paludéenne.

Après avoir exposé le traitement général de la
cachexie paludéenne, il nous reste à parler du traitement des accès de fièvre. Nous ne craignons
pas de dire que l'hydrothérapie constitue une des
meilleures ressources que possède la thérapeutique
contre cet état morbide.

Le procédé le plus employé est la douche
froide, administrée d'après la méthode du docteur
Fleury. Il faut qu'elle soit appliquée au début
du frisson; elle doit être générale, en pluie et
en jet, très-énergique et d'une durée de 15
à 20 secondes. On produit ainsi un accès artificiel, se substituant à l'accès véritable et capable
de le prévenir. Quelquefois, cette douche ne
parvient pas à détruire les phénomènes spasmodiques qui siégent dans les régions de la colonne
vertébrale atteintes par le frisson; on se trouvera
bien alors de projeter sur ces parties une grande
masse d'eau non divisée à l'aide du col de cygne.
Sous l'influence de ce procédé, il se produit un
grand refroidissement local, à la suite duquel les
vaisseaux semblent moins disposés au spasme qui
existe pendant le frisson.

Si le frisson est déclaré, on peut, sans danger,
appliquer une douche froide générale; mais les malades ne se soumettent pas facilement à cette application; au surplus, si courte que soit la douche, il
peut se faire que le refroidissement qu'elle amène

soit trop prononcé; on évitera cet effet inutile en la faisant précéder d'une douche chaude qui, en réchauffant l'organisme, le mettra en mesure de lutter heureusement contre l'influence du froid.

Si le malade, au lieu de présenter des phénomènes adynamiques très-prononcés, éprouve une agitation nerveuse considérable, et si cette agitation coïncide avec une élévation sensible de la température du corps, il faut recourir à la méthode de Currie. Elle consiste dans l'application d'une affusion froide générale, une heure avant l'apparition du frisson initial, alors que la chaleur du corps commence à s'élever; l'eau peut être encore employée sous forme de douche à percussion légère; sa température peut être variée de 20 à 25 degrés centigrades, et l'opération doit être suffisamment prolongée. Ce procédé a une action sédative très-efficace et nous l'avons utilisé souvent avec grand avantage. Quelquefois on fait précéder son application d'un bain de siége frais, et, pendant que le malade est dans ce bain, on fait pratiquer des frictions sur la région abdominale; on introduit cette modification dans le traitement général, quand on suppose que la circulation est très-ralentie dans les organes que renferme le bassin.

Si, malgré ces applications préventives, l'accès se déclare, il faut surveiller le malade afin d'intervenir de nouveau si les circonstances l'exigent. En tous cas, il ne faut agir que si la température du corps est très-élevée et les désordres nerveux sérieux. On aura alors recours aux immersions ou aux affusions froides prolongées; la soustraction du calorique étant le but qu'on se propose, il faudra éviter avec soin de provoquer des mouvements de réaction.

Quand les accès prennent le type rémittent, ces applications réfrigérantes peuvent rendre de grands services si elles sont employées pendant le stade de chaleur. Souvent elles ramènent l'accès à son type normal et facilitent de cette façon l'intervention de manœuvres plus actives.

Nous conseillons, dans la fièvre pernicieuse, l'usage des procédés dont nous venons de parler, à moins que des complications sérieuses ne les contre-indiquent. Ces procédés n'entravent aucunement l'action des médicaments, ils ne peuvent qu'en seconder l'action. On pourrait mettre le malade qui frissonne dans un maillot sec et pratiquer des frictions froides sur tout le corps à la première apparition de la chaleur. Si l'on doit agir pendant le stade de chaleur, et si la température du corps est très-élevée, on emploiera des affusions fraîches ou des immersions souvent répétées.

Tels sont les procédés mis en usage par l'hydrothérapie pour combattre les accès de fièvre dans tous les types qu'ils peuvent présenter ; nous n'avons pas la prétention de détrôner le sulfate de quinine et l'arsenic. Ces diverses médications ne s'excluent pas : elles se complètent.

Maladie d'Addison — Maladie bronzée

Il semblera peut-être étrange de venir parler d'un traitement hydrothérapique dans la maladie d'Addison, que Trousseau a considérée comme une maladie incurable. Cependant, quelques faits que nous avons pu observer, et dont l'un d'eux a été analysé avec beaucoup de détails dans une communication faite à la Société d'hydrologie, nous font penser que tous les cas de maladies d'Addison ne sont pas aussi graves que Trousseau le croyait. Que l'on prenne la peine de lire ce que nous avons écrit à ce sujet dans notre *Traité d'hydrothérapie,* et l'on acquerra la conviction qu'il est possible d'enrayer la marche du mal. Toutefois, nous nous empressons de dire que cette affection n'est justiciable de l'hydrothérapie qu'au début, alors qu'elle n'est encore qu'une névrose. Lors même qu'elle est dans la seconde période, pendant laquelle survient l'altération du sang, il est encore quelquefois possible de la combattre et de l'arrêter. La nature elle-même agit dans ce sens, car nous voyons quelquefois les phénomènes les plus graves éprouver une véritable rémission.

Nous avons eu recours, pour le traitement de cette maladie, aux douches froides, très-courtes au début, et dont la durée n'a jamais dépassé une minute.

Mais, quand la maladie d'Addison a atteint sa troisième période, c'est-à-dire celle qui est caractérisée par l'évolution des altérations organiques, elle est inexorable ; et, jusqu'ici, aucun traitement n'a jamais pu en arrêter les progrès.

CHAPITRE VIII

DE QUELQUES MALADIES CHRONIQUES DE L'APPAREIL LOCOMOTEUR

Les maladies de l'appareil locomoteur peuvent se diviser en trois groupes :

1º Celles qui se rattachent au tissu musculaire avec ses dépendances;

2º Celles qui envahissent les articulations;

3º Celles qui attaquent les os.

Dans ce chapitre, nous laisserons de côté toutes les affections qui tiennent à des maladies du système de l'innervation, dont elles ne sont que des symptômes et dont elles dépendent absolument. Ces affections seront étudiées lorsque nous nous occuperons des maladies du système nerveux. Nous en dirons autant des maladies qui tirent leur origine d'une altération du système circulatoire. Nous n'aurons donc à nous occuper que des maladies dépendant d'une altération des tissus constituant l'appareil locomoteur proprement dit, c'est-à-dire considéré comme instrument de locomotion.

De la faiblesse musculaire

Ce que nous voulons décrire ici sous la dénomination de faiblesse musculaire, c'est l'impuissance motrice relative, inhérente au tissu lui-même, sans altération morbide de la fibre musculaire.

Une surcharge graisseuse cache parfois à l'œil la faiblesse du système ; mais l'épuisement rapide, la fatigue qui suit immédiatement le travail, nous révèlent une situation anormale, alors surtout que l'innervation ne peut être rendue responsable des troubles de l'appareil locomoteur. C'est là ce qu'on pourrait appeler la faiblesse ou la parésie essentielle.

La faiblesse musculaire repose presque toujours sur un état organique héréditaire ou acquis ; elle se développe généralement sur un terrain dénué de résistances vitales et trop souvent favorable à l'explosion d'un grand nombre d'affections. Lutter contre la faiblesse musculaire, c'est placer l'individu dans des conditions meilleures de résistance, c'est combattre certains états organiques qui ne sont pas la maladie, mais qui, à un moment donné, peuvent en devenir le plus puissant facteur.

Elle est commune dans la première enfance, chez les scrofuleux et chez certaines femmes chlorotiques. L'entretien et le développement de la puissance musculaire remplissent dans l'organisme un rôle que nous croyons utile de rappeler en quelques mots. La contractilité n'est pas la seule propriété dévolue au muscle. Dans son intérieur il se produit des combustions très-actives qui donnent lieu à une production de chaleur. Si la chaleur se dégage, elle se transforme en mouvement; si elle reste dans l'organisme, elle sert à activer les fonctions organiques. La faiblesse musculaire est donc un obstacle sérieux à la nutrition et au jeu régulier des organes. Elle peut même être le point de départ d'accidents sérieux. On a cité de véritables déviations de la colonne vertébrale provoquées par la contraction de certains muscles, qui auraient pu être évitées si la masse musculaire antagoniste n'avait pas été frappée d'impuissance.

Il est donc nécessaire, pour combattre ces dispositions maladives, de réveiller toutes les fonctions de l'économie en sollicitant d'une manière spéciale la contractilité musculaire.

Or, l'hydrothérapie, par ses effets reconstituants et par ses effets excito-moteurs, peut rendre d'éminents services. On aura recours, dans ce but, aux applications générales froides et aux applications locales fortement excitantes.

Une hygiène appropriée, une bonne alimentation, un exercice convenable, le massage et la gymnastique sont d'utiles adjuvants et complètent les effets curatifs de l'hydrothérapie.

Pour que le traitement hydrothérapique soit efficace, il faut qu'il soit suffisamment prolongé. Dans quelques circonstances, et surtout dans la première période de la maladie, son action est rapide; mais lorsqu'il existe des accidents mécaniques, tels que des contractures musculaires, des déviations de la colonne vertébrale, etc., il faut quelquefois beaucoup de temps pour obtenir la guérison.

Le procédé que nous employons de préférence

pour le traitement de la faiblesse musculaire consiste dans l'application bi-quotidienne de douches
générales froides et courtes.

Paralysie musculaire

Les paralysies dites essentielles, succédant soit à
des fièvres graves, soit à des symptômes de rachitisme; les paralysies provoquées par un refroidissement, ou même débutant à l'improviste sans
aucune forme douloureuse; les paralysies produites
par une inactivité fonctionnelle de longue durée et
localisées dans un ou plusieurs groupes musculaires;
les paralysies pour lesquelles des troubles de nutrition ont été invoqués avec toute probabilité
comme cause efficiente, peuvent être traitées par
l'hydrothérapie. Il en est de même de ces paralysies
dans lesquelles les altérations du sang entravent la
nutrition de la substance musculaire, ainsi qu'on
le voit à la suite des fièvres graves, du scorbut,
du choléra, de la dysentérie, de diverses intoxications.

L'hydrothérapie intervient efficacement dans la
cure de ces états spéciaux en ranimant la circulation,
en réveillant la contractilité musculaire, en régularisant et en ravivant toutes les forces de l'organisme. Les procédés thérapeutiques dont nous
disposons répondent surabondamment à ces indications.

Il a été cité des paralysies de nature hystérique,
anémique ou réflexe qui se localisent sur certains
muscles ou même n'affectent que quelques faisceaux

fibrillaires et qui ont été guéries par l'hydrothérapie. Nous ne parlerons pas des paralysies anémiques ou hystériques qui sont si heureusement modifiées par cette méthode thérapeutique ; nous dirons seulement un mot des paralysies d'origine périphérique, pour bien préciser les indications curatives. Les phénomènes réflexes morbides ne se reproduisent, en général, que lorsque les centres nerveux sont facilement excitables. Il faut donc, pour obtenir la disparition du phénomène morbide, enlever, d'une part, la cause périphérique, et modifier, d'autre part, l'excitabilité des centres nerveux. C'est surtout pour répondre à cette dernière indication qu'il faudra recourir à l'hydrothérapie, et nous verrons quel est le procédé qu'il convient d'employer lorsque nous étudierons le traitement des névroses. Nous dirons seulement ici que les réactions violentes doivent être évitées avec soin, surtout au début du traitement, à moins que l'état anémique du malade ne réclame d'urgence l'application de la méthode excitante.

Quant aux lésions musculaires par embolie de vaisseau, il n'y a lieu à faire intervenir l'hydrothérapie que lorsqu'il s'agit de fournir à l'économie des moyens de résistance.

De l'inflammation des muscles

Contre une myosite aiguë à marche franche, l'hydrothérapie ne peut rien ; il n'en est pas de même pour l'inflammation des muscles affectant une marche chronique. Ce dernier cas, que l'on observe surtout chez les individus surmenés, se trouve presque toujours lié à un affaiblissement général de l'organisme, ainsi que cela se voit, par exemple, dans les convalescences de certaines maladies aiguës. Sans doute, les applications antiphlogistiques peuvent rendre des services dans la période aiguë de l'inflammation musculaire; mais leurs effets sont limités et ne donnent, la plupart du temps, que des résultats insignifiants. C'est surtout dans la forme chronique que la méthode hydrothérapique, par sa double action reconstituante et résolutive, obtient ses plus grands succès.

Quand l'inflammation chronique n'a déterminé qu'un simple trouble de nutrition, on peut, par de légères applications toniques générales et locales, donner des forces aux malades et activer l'échange de matières qui semble interrompu dans l'intérieur des masses musculaires intéressées. L'observation quotidienne révèle a constance de ces résultats. Mais, quand l'inflammation a donné naissance à des tissus de nouvelle formation, il est indispensable de joindre à l'action reconstituante de l'hydrothérapie son action résolutive. A cet effet, on combinera les applications froides avec le calorique, et on utilisera les douches froides localisées ainsi que les douches alternatives.

Dans les abcès musculaires qui s'observent chez les individus épuisés, chez les convalescents ou chez les scrofuleux, le rôle de l'hydrothérapie est plus important que certains médecins ne semblent le croire. Dans ces cas, l'état général du malade doit être surveillé avec soin, et, pour le maintenir à un certain degré de puissance, les applications froides, courtes et énergiques, seront d'une grande utilité. Au surplus, l'état local ne saurait être négligé, et nous avons souvent constaté son amélioration à la suite d'un traitement hydrothérapique approprié. Les abcès froids qu'on rencontre chez ces malades ont, en général, une marche très-lente; les bords de la plaie qui est produite sont toujours calleux; la suppuration se perpétue et devient une cause puissante d'affaiblissement pour un organisme déjà débilité. On peut, par l'hydrothérapie, modifier ces désordres locaux et mettre l'économie tout entière en état de lutter contre le mal.

Atrophie musculaire progressive

L'atrophie musculaire peut dépendre d'un trouble ou d'une lésion du système cérébro-spinal et du système ganglionnaire; mais elle peut dépendre aussi d'une altération de nutrition exclusivement localisée dans la fibre musculaire.

Dans cette affection, les lésions anatomiques se partagent naturellement en deux groupes : les unes appartiennent au système nerveux, les autres au système musculaire. Des altérations multiples et variées se manifestent du côté de la chaîne nerveuse du sympathique; les racines antérieures de la moelle sont aussi atteintes et peuvent ou s'atrophier simplement ou subir la dégénérescence fibro-graisseuse. Quant aux muscles, ils se décolorent, s'atrophient et subissent une dégénérescence granulo-graisseuse qui détruit tous les caractères de la fibre. Tant qu'il existe des fibres intactes, et tant que la contractilité n'est pas éteinte en elles, ce dont on peut s'assurer au moyen de l'électricité, il ne faut pas se décourager.

Quand l'atrophie est le résultat d'une lésion ou d'un trouble des centres nerveux ou des nerfs, on emploiera les procédés hydrothérapiques qui seront indiqués au chapitre des affections nerveuses. Nous dirons toutefois ici que, dans le cas où l'atrophie est le résultat d'une altération du tissu cérébral ou médullaire, le rôle de l'hydrothérapie doit se borner à exercer une action excito-motrice sur le tissu musculaire dégradé, et ne doit pas aller au delà. Cette méthode thérapeutique ne peut rien, bien entendu, contre des lésions consommées et contre un état organique placé dans des conditions spéciales. Si l'on veut obtenir quelques résultats, il faut l'employer à une période rapprochée du début.

Quand l'affection est le résultat d'une ischémie déterminée par une excitation des nerfs vaso-moteurs et que cette excitation est produite par un trouble curable, alors l'hydrothérapie peut intervenir favorablement ; des atrophies musculaires dues à des névralgies ont disparu complétement sous l'influence du traitement hydrothérapique. Nous employons, dans ces cas, la douche écossaise, et, lorsque les douleurs sont calmées, nous avons recours à des douches froides très-excitantes.

Lorsque l'atrophie résulte d'un processus irritatif localisé dans le muscle lui-même, l'hydrothérapie peut être encore mise à profit. Mais il est important, avant de choisir le procédé, de savoir exactement le but que l'on veut atteindre ; si la fibre musculaire est

simplement atrophiée, il faut ranimer la contractilité par des applications excitantes ; si elle a subi
une transformation, il faut recourir aux applications
résolutives.

Sclérose musculaire progressive

Nous n'entrerons pas dans les détails de cette affection qui a de nombreux traits de ressemblance
avec la précédente. Il se produit généralement, dans
cette maladie, une hyperplasie du tissu conjonctif
qui semble étouffer l'élément contractile ; dans certains points, la fibre disparaît au milieu du tissu
adipeux ; dans d'autres, elle devient le siége d'une
véritable hypertrophie. Il est, du reste, très-difficile
de saisir les causes pathogéniques de ces lésions.
Certains auteurs, ayant remarqué que cette affection
débutait presque toujours par un trouble de l'innervation vaso-motrice, ont été conduits, pour cette
raison, à la combattre par la médication hydrothérapique. Chez deux enfants qui ont été soumis à
notre observation, la maladie n'a pas été enrayée
dans sa marche ; les sujets, il est vrai, étaient scrofuleux au dernier point et n'ont suivi le traitement
que pendant six semaines environ, de sorte qu'il
est difficile d'affirmer que l'hydrothérapie est inutile
dans la sclérose musculaire progressive ; il faut donc
attendre de nouveaux faits pour bien apprécier le
rôle de cette médication dans les cas de ce genre.

Névro-myopathie péri-articulaire

Nous n'avons pas l'intention, sous ce titre, de décrire une maladie nouvelle. En l'adoptant, nous avons eu l'intention d'indiquer un ensemble de phénomènes déjà connus qui ont entre eux des relations particulières. Ces phénomènes se manifestent par des douleurs nerveuses et musculaires, par de la myosite, par de la contracture, de la paralysie et de l'atrophie; ils se localisent et se groupent autour d'une grande articulation, mais respectent presque toujours les tissus articulaires et affectent, dans leur évolution, une allure toute spéciale.

Les altérations qu'on observe ne dépendent jamais d'une lésion cérébrale ou médullaire, elles ont leur point de départ dans les muscles ou dans les nerfs périphériques. Presque toujours le début de ces phénomènes coïncide avec l'intervention de causes extérieures et plus particulièrement le traumatisme et le froid. Dans tous les cas que nous avons observés, il existait toujours, avant l'intervention des agents extérieurs, une altération du sang ou un état diathésique en puissance. C'est ainsi que nous avons pu apprécier l'influence du rhumatisme, de la scrofulose, de quelques cachexies et même de quelques névroses dans la manifestation et surtout dans la permanence relative de ces désordres.

C'est toujours au traitement hydrothérapique que nous avons eu recours pour combattre cette affection. Les résultats que nous avons obtenus sont assez satisfaisants pour qu'il nous soit permis d'en conseiller l'emploi dans des cas pareils; mais il importe de bien établir le diagnostic de cette affection, si l'on veut agir efficacement.

Par l'exécution passive des mouvements, on s'assurera que les articulations autour desquelles sont groupés tous ces phénomènes sont exemptes de toute altération.

On devra rechercher s'il existe une lésion nerveuse pouvant agir comme cause déterminante; il faudra en outre savoir si le point de départ est une altération de tissu ou un simple trouble de l'innervation et de la circulation.

Il restera enfin à examiner la part qui revient au traumatisme, à l'humidité, au froid, aux efforts, aux positions vicieuses, etc., et à rechercher si l'on est en présence d'une simple altération du sang ou d'un état diathésique.

Si la scène morbide est dominée par les phénomènes douloureux, ce qui a lieu presque toujours au début de la maladie, surtout quand il existe une influence rhumatismale, il faut recourir aux applications analgésiques, et, parmi elles, c'est à la douche écossaise que nous donnons la préférence.

Si les phénomènes convulsifs l'emportent sur tous les autres, les maillots humides, suivis de frictions froides très-énergiques, conviennent parfaitement.

Quand les fibres musculaires sont relâchées et les membres atteints d'impuissance motrice, il faut employer les douches froides fortement excitantes.

Si l'inflammation laisse après elle des exsudats dont le développement a pour effet de s'opposer à

15.

la fonction régulière des muscles, il faudra associer le calorique à l'eau froide et recourir quelquefois à de légères sudations, dans le but de favoriser la résorption des produits morbides.

Enfin, si l'affection est compliquée d'une altération du sang, d'une névrose ou d'un état diathésique, comme le rhumatisme ou la scrofule, il faudra recourir aux applications hydrothérapiques qui sont indiquées dans ces diverses maladies.

Sur sept malades observés par nous et traités d'après ces indications, quatre ont guéri complétement; l'un d'eux a été guéri deux fois et a été de nouveau atteint, et les deux autres, chez lesquels, il est bon de le dire, la dégénérescence graisseuse était très-avancée, n'ont éprouvé que des améliorations insignifiantes. Depuis la publication de notre mémoire sur la névro-myopathie péri-articulaire, nous avons eu un certain nombre de malades atteints de cette affection, et tous ont été très-heureusement traités par l'hydrothérapie.

Des maladies articulaires

Les maladies chroniques des articulations se développent, presque toujours, chez des sujets soumis à l'influence de certaines diathèses, parmi lesquelles la scrofule, la goutte et le rhumatisme jouent un rôle important. Dans ces derniers temps, on a parlé de la cachexie syphilitique comme cause possible de ces maladies; mais il nous semble que son intervention n'est pas suffisamment démontrée. Ces causes si variées ne frappent pas le tissu articulaire de la même façon et les processus morbides qu'elles engendrent ne se développent pas de la même manière. Il suffit d'avoir sous les yeux une tumeur blanche du genou de nature scrofuleuse et une de ces arthrites sèches comme en offrent les rhumatisants, pour comprendre que tout doit différer dans la marche de la maladie.

Dans ces affections si variées, le traitement hydrothérapique peut être employé avec profit, et, en les étudiant séparément, il nous sera plus facile d'indiquer le mode d'application le plus convenable. Nous pouvons, cependant, dire ici qu'il doit à la fois s'appliquer à l'état constitutionnel et à l'état local. Si les lésions ne sont pas trop avancées et que le tissu ait conservé un peu de vitalité, on pourra, par des applications excitantes locales, arrêter ou prévenir la désorganisation. Mais ce traitement limité ne saurait donner de bénéfice réel si l'on n'essayait pas, en même temps, de reconstituer l'organisme à l'aide d'applications toniques générales.

De l'entorse

Dans l'entorse, suivant le degré de violence de la cause productrice, les muscles, les gaînes tendineuses, les ligaments et les parties fibro-synoviales peuvent être déchirés. Quelle que soit l'étendue de la lésion, l'entorse se manifeste par de la douleur, un gonflement quelquefois compliqué d'ecchymose et une gêne plus ou moins prononcée des mouvements. Ces accidents peuvent donner naissance à de l'inflammation, laisser une roideur articulaire ou une faiblesse dans les ligaments, rendant les mouvements difficiles ; ils peuvent aussi servir de point de départ à une manifestation diathésique. L'hydrothérapie peut être utile dans ces trois circonstances, mais il importe de savoir choisir le procédé.

Dans toute entorse récente, l'indication capitale est de combattre la douleur et le gonflement et de prévenir l'inflammation consécutive. Pour atteindre ce double résultat, il n'est pas de meilleur agent que l'eau froide. On l'emploie sous forme de bain local, de compresses ou d'irrigation continue.

La température de l'eau, dans le bain local, doit être de 10° à 12° centigrades ; cependant, on pourra débuter avec de l'eau à 15° ou 17° chez les malades trop impressionnables. La durée de l'immersion variera nécessairement suivant l'intensité du mal. Généralement, on laisse le membre dans le bain tant que la chaleur morbide persiste et tant que le malade éprouve du soulagement. On doit cependant éviter de produire un grand refroidissement dans les parties malades ; et, bien que l'on se propose d'empêcher tout mouvement de réaction, il ne faut pas dépasser le but et détruire la vitalité des tissus.

Le bain froid n'est pas toujours commode à administrer ; il peut, dans certains cas, occasionner un refroidissement trop prononcé ; il importe donc de savoir qu'il peut être avantageusement remplacé par des compresses mouillées d'eau froide que l'on place sur l'articulation malade et que l'on renouvelle dès qu'elles s'échauffent. L'eau dont on se sert doit être très-froide, à moins que les phénomènes inflammatoires ne soient très-accentués, auquel cas il convient mieux de l'employer à une température un peu plus élevée.

Ces compresses froides ainsi renouvelées ont une action très-manifeste contre la douleur, le gonflement et l'inflammation qui accompagnent l'entorse. Seulement, comme il faut les renouveler tous les quarts d'heure environ, ce qui est difficile pendant la nuit, on les remplace quelquefois par des irrigations continues d'eau froide à l'aide des appareils spéciaux que nous avons décrits.

L'hydrothérapie est encore très-utile pour faire disparaître ces empâtements consécutifs à l'entorse qui séjournent longtemps autour des articulations blessées, et pour donner de la force aux ligaments et aux muscles affaiblis par un long repos. Si l'on veut atteindre ce double résultat, c'est aux applications excitantes, et surtout à la douche froide localisée, qu'il faut avoir recours. C'est encore dans ce cas que les frictions et le massage sont employés avec succès.

Sans parler des lésions articulaires graves que l'entorse peut occasionner chez les sujets scrofuleux, cet accident est souvent le point de départ d'une manifestation rhumatismale bien accusée, et c'est ainsi que s'explique la longue durée de certaines entorses.

Si l'on ne tient pas compte de ce fait et que l'on continue l'usage de douches froides locales, voire même du massage, les douleurs s'exaspèrent souvent, le gonflement augmente et les mouvements deviennent plus difficiles. Dans ces circonstances, il faut employer la douche écossaise ou les compresses excitantes, et soumettre le malade à un traitement hydrothérapique général, si l'on veut favoriser l'action des applications locales.

De l'hydarthrose chronique

Cette maladie est caractérisée anatomiquement par des lésions de la synoviale et par un épanchement séreux dans l'articulation. Cet état de choses peut durer longtemps sans que les lésions s'aggravent. Mais il faut savoir que cette maladie guérit très-rarement quand elle est abandonnée à elle-même; elle est, au contraire, plutôt susceptible de s'aggraver.

De toutes les médications mises en usage pour la combattre, il n'en est pas, croyons-nous, qui produise des résultats aussi remarquables que l'hydrothérapie, lorsque l'emploi des procédés est subordonné aux indications suivantes.

Quand l'hydarthrose se présente dans toute sa simplicité, et lorsque le malade est anémique, ce qui est très-fréquent, la douche froide générale, précédée d'une douche froide localisée sur l'articulation malade, est le procédé hydrothérapique qui convient le mieux. La douche générale devra être de courte durée et assez énergique. Quant à la douche locale, elle sera appliquée, surtout au début, avec une grande modération; la percussion sera légère dans les premières séances, elle ne devra augmenter que progressivement, et elle n'atteindra un certain degré de puissance que lorsque le malade sera bien habitué à son action. Quelquefois, sous son influence, l'hydarthrose chronique repasse à un état subaigu dont l'apparition est le point de départ de la résorption du liquide. Si l'effet de la douche locale est lent à se produire, ou si le malade ne peut supporter l'impression du froid, on pourra employer des douches écossaises ou alternatives localisées sur l'articulation malade.

Si le malade est rhumatisant ou scrofuleux, on donnera une certaine excitation à la peau à l'aide des maillots ou des étuves suivis d'une application froide excitante ; en même temps, on se trouvera bien de l'usage de l'eau en boisson, afin d'activer les sécrétions de l'organisme.

Nous avons employé également avec succès les compresses froides excitantes appliquées à plusieurs reprises sur les articulations malades ; mais, si bienfaisants que soient les procédés locaux, il est indispensable, dans les maladies de ce genre, de recourir en même temps à des applications générales.

De l'arthrite

L'arthrite est une maladie des plus variables dans ses symptômes. Qu'elle se rattache ou non à un état diathésique, elle peut frapper plusieurs articulations à la fois. Nous ne parlerons pas des arthrites nombreuses qui tiennent à la scrofule ou au rhumatisme, et dont il a été question à propos des diathèses. Nous ne parlerons pas également des arthrites qui se rattachent à des états généraux graves, comme la morve, le farcin, etc., pas plus que de celles qui se relient à la blennorrhagie ; nous ne parlerons que de celles qui peuvent nous fournir quelques indications de traitement.

Considérée au point de vue où nous nous sommes placé, l'arthrite ne suit pas l'évolution d'une inflammation régulière. Alors même qu'elle apparaît avec des symptômes très-aigus, il n'est pas rare de la voir s'arrêter et rétrocéder. Quelquefois l'inflammation prend un caractère subaigu; parfois même, si l'on emploie un traitement trop débilitant, elle devient chronique et se termine par une hydarthrose ou bien se transforme en tumeur blanche.

C'est au médecin, appelé à intervenir dans une cure aussi délicate, à saisir les indications du traitement local et à mettre ensuite en usage les moyens les plus capables de soutenir convenablement l'état général.

L'hydrothérapie est un procédé de traitement très-efficace pour juguler l'inflammation. Sans produire de déperditions organiques, comme les sangsues et les saignées, elle peut arriver, avec ses procédés antiphlogistiques ou sédatifs, à apaiser l'état inflammatoire. L'hydrothérapie est plus efficace encore, peut-être, lorsque l'arthrite tend à devenir chronique. En excitant la vitalité des tissus, et en entretenant la nutrition générale dans de justes limites, elle peut faciliter la résolution de l'altération locale.

Contre l'état aigu, on emploiera les compresses fraîches souvent renouvelées, les manchons d'eau ou l'irrigation continue. On renouvellera l'eau le plus souvent possible pour prévenir la réaction, tout en laissant un certain intervalle entre les applications pour ne pas éteindre la vitalité des tissus.

Contre l'état chronique, la médication hydrothérapique doit être à la fois générale et locale. Le calorique et le froid combinés ensemble pourront rendre de grands services pour reconstituer l'organisme. Quant aux applications locales, elles peuvent se faire à l'aide de compresses excitantes, de douches de vapeur, de douches froides et de douches alternatives.

Une remarque qu'il est nécessaire de faire, c'est que ce traitement est souvent fort long. Il peut être aussi utilisé avec avantage contre ces affections articulaires spéciales qui ont été décrites par le docteur Duplay sous le nom de *péri-arthrites*.

De la tumeur blanche

Cette forme de l'arthrite chronique, qui est presque toujours sous la dépendance de la diathèse scrofuleuse, est toujours grave, car il se produit rapidement, dans les tissus articulaires, un travail de désorganisation qu'il est difficile d'arrêter. Lorsque ce travail est avancé, le seul espoir que l'on puisse avoir, c'est qu'il se produise un processus régressif qui permette aux tissus nouvellement formés de s'organiser. La tumeur blanche aboutit alors à l'ankylose, et par suite à la guérison. Il est donc nécessaire d'intervenir promptement et énergiquement pour se rendre maître de l'inflammation, pour éviter, s'il est possible, la désorganisation des tissus, ou, en tous cas, pour provoquer la production d'une ankylose.

Pour atteindre ce but, l'immobilisation de l'articulation malade est, sans doute, un moyen efficace, mais il occasionne toujours un affaiblissement général qu'il faut éviter, si l'on veut que l'organisme puisse réagir contre le mal et favoriser la guérison. C'est dans ce but que l'on conseille aux malades une bonne alimentation, les toniques de toute sorte, l'exposition au grand air, l'insolation et enfin l'hydrothérapie.

Pour entretenir l'activité des organes et en faciliter les fonctions, c'est aux applications reconstituantes générales de l'hydrothérapie, et surtout à la douche froide en pluie et en jet, que l'on a recours avec le plus de succès. Il sera bon de faire de temps en temps usage du calorique. Les motifs qui nous déterminent à faire ce choix sont les mêmes que ceux qui nous ont engagé à les conseiller contre la scrofulose et le rhumatisme.

L'hydrothérapie peut être encore utilisée contre les manifestations locales qui constituent la tumeur blanche. Quand il existe des phénomènes inflammatoires, on a recours, sans inconvénient, aux compresses froides ou fraîches souvent renouvelées. Quand le processus chronique est commencé, on peut essayer de l'arrêter en se servant de compresses excitantes appliquées deux ou trois fois par jour, ou bien de la douche écossaise dont nous avons eu beaucoup à nous louer dans ces circonstances; si la désorganisation est assez avancée et la vitalité des tissus amoindrie, on peut, par une douche froide localisée, ramener, pour ainsi dire, la vie dans les régions malades, faciliter une nouvelle organisation et produire la guérison de la maladie en provoquant la formation d'une ankylose.

De l'arthrite sèche — De l'ankylose

L'arthrite sèche constitue le plus ordinairement une des manifestations de la diathèse rhumatismale. Les lésions qui la caractérisent débutent, en général, par les cartilages et finissent par atteindre lentement et progressivement tous les tissus de l'articulation. Ces altérations peuvent être considérées comme le produit d'une régression et d'une transformation des différents tissus.

Parmi les troubles que détermine cette maladie, l'ankylose complète ou incomplète est celui qui apparaît avec le plus de constance ; on constate en même temps une certaine atrophie des muscles qui entourent la jointure.

Bien des traitements ont été essayés contre cette affection rebelle, et celui qui semble, jusqu'ici, avoir produit les meilleurs résultats est assurément le traitement hydrothérapique.

Si l'on est assez heureux pour intervenir au début de la maladie, on peut, à l'aide de la douche écossaise ou des sudations suivies d'une douche ou d'une friction froide, calmer les premiers accidents et entraver l'évolution histologique des tissus. Mais si le processus morbide a déjà produit la déformation articulaire, il faut, par un traitement général composé de sudations et d'applications froides, favoriser les échanges organiques, activer les fonctions de la peau et relever les forces générales. En même temps, on fera des applications excitantes sur les articulations malades, afin d'augmenter la nutrition dans les parties environnantes et pour prévenir l'atrophie. La douche froide locale, les frictions mouillées et les compresses excitantes répondent parfaitement à cette indication, et le manuel opératoire est le même que dans les affections précédentes. Si, par cette médication, on parvient à restaurer les parties atrophiées, on pourra essayer de combattre l'ankylose.

Nous ne parlons ici que de l'ankylose incomplète, la seule contre laquelle l'hydrothérapie puisse être utile. Par ses effets résolutifs, elle peut faire disparaître les exsudats et tous les produits morbides qui, accumulés autour de l'articulation malade, en gênent considérablement le jeu. Par ses effets sédatifs ou analgésiques, elle permettra l'exécution de certains mouvements sans éveiller de trop grandes douleurs.

Pour faciliter la résorption des produits morbides, il faudra employer les douches froides générales, précédées de douches, froides ou alternatives, localisées. Le malade boira de l'eau fréquemment et on le soumettra de temps en temps à l'usage des maillots ou des étuves afin d'activer les fonctions cutanées.

L'hydrothérapie peut rendre également de grands services en apaisant les douleurs que fait naître l'exécution des mouvements forcés, dans le *redressement* et la *mobilisation* que l'on pratique sur le membre malade pour lui rendre ses fonctions et sa position normale. Par son action antiphlogistique, elle permet de combattre les phénomènes inflammatoires qui se développent souvent à la suite de ces manœuvres.

Avant le redressement ou la mobilisation, on appliquera sur l'articulation malade une douche écossaise très-prolongée ; ce moyen analgésique empêchera les grandes douleurs. Après l'opération, on appliquera sur la région intéressée des compresses froides souvent renouvelées pour prévenir les accidents inflammatoires.

A l'aide de ces précautions, on peut renouveler les manipulations deux fois par jour, et, si ce traitement peut être longtemps et régulièrement continué, on pourra parvenir à faire disparaître ou tout au moins à modifier sensiblement cette triste infirmité.

Des maladies du tissu osseux et du périoste

Sans parler de la syphilis, nous pouvons dire que la scrofule et la tuberculose sont les états constitutionnels les plus propres à développer les affections chroniques du tissu osseux ou de son enveloppe.

Dans l'ostéite, comme dans la périostéite, l'hydrothérapie ne peut intervenir qu'à titre d'adjuvant des méthodes chirurgicales et comme agent anti-diathésique et reconstituant.

Ce que nous avons dit à propos du rachitisme ou de l'ostéo-malacie peut servir à bien préciser les indications pour l'application de ce traitement.

CHAPITRE IX

MALADIES DU SYSTÈME NERVEUX — NÉVROSES

État nerveux

Bien des noms ont été donnés à cet état morbide du système de l'innervation. *Nervosisme, névropathie, diathèse nerveuse, fièvre nerveuse, cachexie nerveuse, névrospasmie, névropathie protéiforme, névropathie cérébro-cardiaque,* etc.; tels sont les termes qui ont servi ou servent encore à désigner cette maladie nerveuse.

Si à toutes ces appellations nous préférons le nom d'état nerveux, c'est qu'il ne préjuge rien, qu'il est connu et compris de tout le monde, et que, en somme, il signifie bien que c'est le système nerveux qui est le siége de l'affection. En effet, sous ce titre, on comprend un ensemble de phénomènes morbides caractérisés par un trouble fonctionnel du cerveau, de la moelle épinière et des nerfs, en un mot, de toutes les parties du système nerveux. Quant à admettre que l'état nerveux soit une névrose spéciale, cela n'est pas possible, car on n'y rencontre pas de ces traits spéciaux qui font reconnaître, par exemple, l'épilepsie, la chorée, etc. On observe des désordres dans toutes les fonctions dévolues au système nerveux, mais rien de spécial à aucune d'elles.

L'état nerveux ne saurait être défini autrement que : Une maladie fonctionnelle de l'organisme, produite par une modification de nutrition des centres nerveux, modification dont la cause peut varier et être multiple, mais dont l'effet primitif est toujours rattaché à une irritation des centres.

Les causes de cette affection peuvent se réduire à deux : l'excitation nerveuse et l'altération du sang. Toutes les causes reconnues comme pouvant donner lieu à cette affection prendront facilement place dans l'une de ces deux classes.

L'excitation nerveuse ou l'altération du sang ont pour effet de modifier la nutrition des centres nerveux. La cause pathogénique de l'affection n'est donc autre chose qu'un vice de nutrition de l'élément nerveux ; dès lors l'étiologie de la maladie qui nous occupe doit se résumer en cette donnée que tout état de l'organisme pouvant jeter une perturbation quelconque dans la nutrition du système de l'innervation peut engendrer l'état nerveux.

Naturellement, en déduction de ce que nous venons de dire, on peut diviser les causes en deux classes :

1º Celles qui agissent par excitation trop vive ou

répétée du système nerveux, que cette excitation soit psychique ou matérielle;

2° Celles qui agissent par altération du sang.

Dans la première classe rentrent les impressions morales, les passions, les excès de travail, la menstruation, la grossesse, les vers intestinaux, les cicatrices douloureuses, etc.; dans la seconde se trouvent : l'anémie, la chlorose, les intoxications, la convalescence des maladies aiguës, etc.

Nous dirons enfin que certaines affections nerveuses organiques se manifestent au début, c'est-à-dire lorsqu'il n'y a encore dans les organes que le processus qui doit mener fatalement à une dégénérescence histologique des tissus, par des phénomènes de même nature que ceux de l'état nerveux, sauf cependant la persistance de certains symptômes propres au travail de dégénérescence et qui mettent facilement sur la voie de la maladie véritable.

Nous ne nous étendrons pas davantage sur ce sujet, et nous allons tâcher d'esquisser à grands traits la symptomatologie intéressante de l'affection qui nous occupe.

Le caractère dominant de l'état nerveux est une grande instabilité, une grande inconstance de tous les phénomènes qui surgissent à l'improviste, souvent sans aucune cohésion et sans cause bien saisissable.

Les névropathes sont d'une extrême susceptibilité morale qui se manifeste à la moindre occasion, sous le plus petit prétexte, par la colère, les pleurs, le rire, des bizarreries d'humeur, et quelquefois par de la tristesse poussée jusqu'au plus profond découragement. Ils recherchent avec une obstination inquiète les conseils des médecins et entretiennent aussi tous ceux qui veulent les entendre du récit de leurs maux. Leurs facultés intellectuelles n'ont d'ailleurs reçu aucune atteinte; ils restent lucides et on les voit souvent se juger eux-mêmes et déplorer leurs divagations et leurs emportements dont ils se rendent compte après coup.

A cette irritabilité morale se joint de la faiblesse musculaire, de la nonchalance; ces malades, rebelles à tout exercice, resteraient volontiers couchés ou assis continuellement. Cependant, lorsqu'ils sont poussés par une cause qui les stimule vivement, ils sont capables de développer une force et une énergie qu'on n'aurait pu soupçonner chez eux.

Des rêves et des cauchemars viennent souvent interrompre leur sommeil; si la maladie se prolonge, l'insomnie survient et est souvent très-tenace et très-pénible par la disposition d'esprit dans laquelle elle laisse les malades.

La tête est lourde, embarrassée; quelques-uns se plaignent de migraines, de névralgies, de douleurs vagues, d'étourdissements, de vertiges, de dyspepsie ou de gastralgie.

La sensibilité générale étant troublée, il en résulte des névralgies passagères de la face, des fourmillements dans les membres, des douleurs dans les lombes, etc., etc. Une perversion dans l'excitabilité réflexe des vaso-moteurs donne lieu à une inégalité de calorification qui se manifeste assez fréquemment dans diverses parties du corps. C'est pour cette raison que les névropathes sont tantôt frissonnants et se plaignent du froid, tantôt en sueur et accusent une sensation de chaleur excessive, soit dans tout le corps, soit dans certaines parties bien limitées, la nuque, le pavillon de l'oreille, par exemple.

Ces phénomènes vaso-moteurs se manifestent aussi du côté des organes des sens. C'est ainsi que la vue est tantôt troublée et affaiblie, tantôt, au contraire, d'une excessive acuité. L'amaurose même peut être aussi une conséquence de l'état nerveux; enfin, les illusions visuelles et les hallucinations ne sont pas très-rares chez les individus en proie à l'état nerveux.

Du côté de l'ouïe, des phénomènes analogues peuvent se présenter. Celle-ci peut devenir d'une finesse surprenante; quelquefois, au contraire, c'est la surdité qui apparaît.

L'hyperesthésie des nerfs qui président à l'odorat est parfois tellement exagérée, que l'odeur la plus insignifiante peut provoquer des défaillances, des convulsions et même la syncope. Il n'est pas rare que la perversion olfactive produise des illusions de l'odorat et donne lieu à des perceptions subjectives d'odeurs imaginaires.

Dans certains cas, le sens du goût peut être également perverti; quelques malades recherchent les choses acides et les crudités, d'autres des substances non alimentaires; d'autres encore sont dans l'impossibilité de distinguer le sel du sucre. Quelques-uns, enfin, trouvent toujours que leurs aliments ont le goût du plâtre ou ne sentent absolument rien.

Le sens du toucher ne s'exerce parfois que d'une façon incomplète; dans d'autres circonstances; il semble complétement perdu. Quelques malades, au contraire, présentent des symptômes d'hyperes thésie de ce sens et sont impressionnés très-vivement par le contact de certains corps, tels que le velours et la soie, par exemple. L'anesthésie peut se rencontrer aussi à tous ses degrés.

Du côté des muscles, l'état nerveux se manifeste par différents symptômes ; c'est ainsi que quelques malades présentent par leurs tics, leurs grimaces, leurs allures, de grands points de ressemblance avec les choréiques. On observe encore une diminution de la force musculaire qui peut aller jusqu'à la paralysie.

Fréquemment l'état nerveux est accompagné de troubles passagers dans la locomotion ; la démarche est incertaine et chancelante, elle ressemble à celle des ataxiques. Quelquefois aussi, des douleurs articulaires troublent la précision des mouvements.

Des spasmes, des crampes, des convulsions peuvent se produire du côté des muscles et même dans certains viscères.

Des manifestations fonctionnelles anormales se montrent aussi du côté des organes du tube digestif ; de là, des troubles dans la sécrétion des liquides de la digestion, la sécheresse de la bouche ou une abondance exagérée de la salive, qui peut être modifiée dans sa composition chimique et devenir acide. Quelquefois la sécrétion stomacale manque d'acidité, d'autres fois elle est d'une acidité extrême ; il en résulte des indigestions dans le premier cas et des dyspepsies acides dans le second. Enfin ces difficultés dans la digestion provoquent souvent le vertige stomacal.

Du côté du ventre, on observe souvent des coliques, des borborygmes, un sentiment de plénitude pénible, du ballonnement et une constipation opiniâtre. Tous les symptômes que l'on observe dans l'appareil digestif tiennent à la perversion nerveuse occasionnée dans cet appareil par l'état morbide du système nerveux. La digestion, en effet, n'est qu'une succession de phénomènes réflexes sur lesquels la volonté n'a aucune action, et comme, dans l'état nerveux, les actions réflexes sont modifiées et irrégulières, il s'ensuit, dans l'acte de la digestion, une perversion qui se manifeste par des symptômes divers en rapport avec les fonctions des organes influencés.

La moindre émotion, la cause la plus insignifiante provoquent des actions réflexes du côté des voies respiratoires et troublent leur fonctionnement; on voit apparaître des crises d'étouffements, des sanglots, de l'oppression, de la toux et même parfois de véritables accès d'asthme. Sous l'influence d'un état congestif de la base de l'encéphale, produit par la paralysie des vaso-moteurs, les malades éprouvent un serrement de la gorge qui les étrangle et les empêche de respirer, du spasme laryngé, des douleurs fugitives et de l'aphonie à tous les degrés. Tels sont les différents troubles qu'on peut observer du côté des voies respiratoires.

Le nervosisme exerce aussi son action sur le système circulatoire, et provoque, dans le grand sympathique, les nerfs vaso-moteurs et le cœur, des désordres nombreux qui paraissent dépendre d'un trouble de nutrition des centres nerveux intéressés. On observe de l'accélération du pouls, des sensations passagères de chaleur et de froid, du frisson, des évanouissements, des syncopes, des simulacres d'arrêt de cœur, des palpitations, des angoisses, des douleurs constrictives et même parfois des crachements de sang. Quelques malades éprouvent des symptômes analogues à ceux de l'angine de poitrine. Toutefois, les manifestations morbides sont, dans ce cas, fort peu accusées ; elles se bornent, généralement, à une légère douleur au niveau de la région cardiaque avec engourdissement du bras et gêne sensible de la respiration.

La sécrétion de la sueur est très-abondante chez les névropathes ; il en est de même de la sécrétion urinaire. La moindre émotion produit chez les malades une surexcitabilité nerveuse excessive et le besoin d'uriner se fait sentir d'une manière impérieuse.

Parmi les conséquences de l'état nerveux, il faut encore compter la spermatorrhée ; elle peut être attribuée, soit à une excitation des filets cérébro-spinaux qui se rendent à la glande séminale, soit à une parésie des nerfs vaso-moteurs, qui viennent du sympathique.

On rencontre fréquemment des sécrétions anormales du côté des voies génito-urinaires : chez l'homme, ce sont des catarrhes de la vessie et de l'urèthre ; chez la femme, de la leucorrhée.

Tous les désordres nerveux dont nous venons de parler n'apparaissent pas, en général, d'une manière simultanée chez la même personne ; le plus souvent, ils se succèdent les uns aux autres, en suivant une évolution assez régulière, s'apaisent parfois spontanément ou se localisent dans les divers appareils organiques. Des crises plus ou moins fortes, intéressant tour à tour les nerfs cérébro-spinaux et les nerfs ganglionnaires, traversent cet état morbide et produisent parfois une détente salutaire. La maladie subit alors un temps d'arrêt qu'il faut utiliser pour donner une bonne direction au traitement.

L'état nerveux peut être, sinon le résultat, du moins le complément d'une lésion organique; il peut reconnaître pour cause une altération dans la quantité et la qualité du sang; il peut dépendre enfin d'un défaut d'équilibre entre l'irritation fonctionnelle et l'irritation nutritive du tissu nerveux.

Avant de formuler le traitement hydrothérapique, le praticien devra, pour chaque cas particulier, résoudre cette question de pathogénie; car, dans le premier et dans le second cas, la thérapeutique de l'état nerveux doit être subordonnée à la nature de la lésion ou à celle de l'altération du sang, tandis que, dans le troisième, elle doit être basée sur la prédominance des phénomènes morbides que l'on observe.

Traitement hydrothérapique de l'état nerveux. — On peut diviser, au point de vue thérapeutique, l'évolution de l'état nerveux en trois périodes : la première est caractérisée par l'excitation de la force nerveuse, la seconde par sa perversion et la troisième par son épuisement. On comprend facilement que le traitement hydrothérapique ne peut pas être le même dans tous les cas. Contre l'excitation de la force nerveuse, il faut employer les applications sédatives; contre son épuisement, les applications excitantes, et contre sa perversion, qui n'est autre chose qu'un état intermédiaire entre l'excitation et l'épuisement, il est nécessaire de combiner, dans une juste mesure, les modificateurs sédatifs et les modificateurs excitants.

C'est ainsi que, dans le premier cas, on peut employer les piscines tempérées, les affusions souvent renouvelées, le maillot humide, les douches à percussion légère modérément froides et d'une certaine durée, les frictions générales avec un drap très-mouillé et non tordu, les lotions, etc. En appliquant ces divers procédés, on se propose d'empêcher toute réaction violente de l'organisme et d'apaiser l'excitabilité morbide qui siége dans les fonctions de l'innervation. Dans les cas où l'emploi de l'eau froide serait jugé nécessaire, comme cela arrive, par exemple, quand un traitement tonique est indiqué, il faut, pour en atténuer l'effet trop excitant, faire préalablement une application prolongée d'eau chaude. A l'aide de ce procédé, l'eau froide produit une salutaire influence sans provoquer dans le système nerveux une excitation qui pourrait être nuisible. Cette combinaison est fort utile dans les névroses chloro-anémiques qui réclament à la fois un traitement tonique et un traitement sédatif.

Lorsque l'état nerveux affecte la forme déprimante et que la force nerveuse est dans une sorte d'épuisement, il faut recourir aux applications excitantes, telles que les douches en pluie et en jet, courtes, froides et vivement appliquées, les immersions courtes et à basse température, les frictions avec un drap mouillé fortement tordu, etc. Il faut, en un mot, réveiller les forces de l'organisme et provoquer dans toute son étendue des réactions très-accentuées.

Quand la maladie est à la seconde période, alors que la force nerveuse est déjà pervertie sans être pourtant frappée d'épuisement, il est bon d'instituer un traitement mixte. Dans ce but, nous employons de préférence un système de douche avec lequel on peut combiner rapidement et très-exactement l'eau chaude et l'eau froide et dans lequel la force de projection peut être réglée avec une grande précision.

Il ne faut pas croire qu'il soit toujours facile de suivre avec exactitude ces indications générales. Des difficultés considérables empêchent souvent de commencer le traitement par les procédés que semblent réclamer les manifestations de la maladie. Ainsi, par exemple, chez les malades dont l'épuisement nerveux est très-prononcé, on est tout disposé à recourir d'emblée aux applications excitantes ; mais la susceptibilité du malade est quelquefois telle, que la seule impression du froid jette un grand trouble dans toutes les fonctions de l'innervation et force le médecin à renoncer à l'application hydrothérapique. Il faut donc débuter avec une grande prudence, ne provoquer tout d'abord que des réactions insensibles et n'arriver aux applications froides qu'après avoir acclimaté le malade et modifié son irritabilité nerveuse.

Il existe une autre difficulté inhérente à l'évolution de la maladie. Il se peut qu'au lieu de se manifester comme phénomène ultime, l'épuisement de la force nerveuse soit un des phénomènes de la première heure ; il ne faut pas que cette interversion des symptômes engage le médecin à recourir à un traitement franchement excitant. Le plus souvent, l'épuisement succède à l'excitation physiologique des fonctions nerveuses, et, si l'application hydrothérapique est trop excitante, la période d'agitation nerveuse reparaît bientôt pour être remplacée par un affaissement plus considérable encore. On procédera donc toujours avec prudence pour éviter l'apparition de ces désordres nerveux si difficiles à calmer. On trouvera, pour répondre à ces dernières indications, toutes les ressources nécessaires dans la douche mixte que nous avons décrite.

L'eau froide est le plus puissant des agents thérapeutiques employés contre ces maladies, et personne ne songe aujourd'hui à soulever sur ce point la moindre contestation; mais il faut savoir qu'elle peut être nuisible si elle est appliquée sans discernement. Dans un certain nombre de cas, il n'est pas possible de l'employer au début du traitement sans compromettre la guérison, et son intervention n'est vraiment efficace que lorsque le malade est convenablement préparé. Nous avons vu beaucoup de malades dont l'affection n'a. pu être guérie par l'eau froide et qui ont dû la disparition de leurs souffrances à l'emploi régulier de douches, d'immersions ou d'affusions à températures graduées. Il ne faut donc pas être exclusif; et l'on doit bien se persuader que ce n'est pas seulement l'eau froide qui convient aux affections du système nerveux, mais bien l'eau à toutes les températures. Quant à son mode d'emploi, il découle nécessairement de la réceptivité du malade et de l'évolution de l'affection.

Il faut suivre encore certaines indications spéciales qui dérivent de la nature et du siége des phénomènes morbides dominants. Ainsi, dans l'état nerveux, il arrive souvent que le malade présente des signes d'excitation ou de parésie cérébrale, médullaire ou organique. Si les désordres cérébraux l'emportent sur ceux qui frappent la moelle épinière ou le système ganglionnaire, il faut nécessairement joindre au traitement général anti-nerveux des applications qui puissent apaiser ou exciter l'appareil affecté. Si le cerveau est surexcité, on emploiera les lotions froides avec des éponges ou des compresses appliquées sur la tête et souvent renouvelées, des pluies tempérées à percussion légère et des affusions tièdes dans le cas où l'impression du froid fait naître des douleurs.

Quand il existe de la parésie cérébrale, il faut la combattre par un traitement local excitant. Ici, le tact médical est plus que jamais nécessaire, car des applications froides localisées, inopportunes et prématurées, peuvent compromettre la guérison de cette névrose. Au début, ces applications seront légères, courtes et tempérées; à mesure que le malade reprendra des forces, on le soumettra à des réactions plus énergiques, en abaissant graduellement la température de l'eau, et l'on n'aura recours aux applications froides excitantes que lorsque les fonctions cérébrales seront à peu près rétablies. En agissant avec cette précaution, la guérison ne se fera pas attendre longtemps. Le meilleur procédé hydrothérapique à mettre en usage, dans ce cas, consiste, comme nous l'avons déjà dit, en un appareil de douches qui permette d'élever ou d'abaisser à volonté la température de l'eau et d'en régler la projection avec précision et rapidité. Les lotions et les affusions conviennent particulièrement dans la parésie cérébrale quand il existe des crises nerveuses.

Lorsqu'une perturbation dans les fonctions de la moelle domine la scène morbide, il se peut que la puissance médullaire soit excitée ; dans ce cas, il faut recourir aux compresses froides ou aux sacs à glace appliqués sur la colonne vertébrale. Si la puissance spinale est, au contraire, épuisée ou abolie, il faut alors faire usage d'applications froides excitantes, dirigées sur les côtés de l'épine dorsale ou sur les parties inférieures du corps.

Quand l'état nerveux est caractérisé par des désordres du système ganglionnaire, le traitement hydrothérapique doit être approprié aux manifestations locales les plus importantes. A propos des névroses cardiaques et pulmonaires, des névroses de l'appareil digestif et de l'appareil génito-urinaire, nous verrons comment il faudra procéder dans l'application de l'hydrothérapie.

Pour le moment, nous allons rechercher si les phénomènes morbides que l'état nerveux produit le plus généralement dans le système cérébro-spinal peuvent servir d'indication à un traitement hydrothérapique rationnel.

Chez les névropathes, il existe toujours des symptômes prédominants auxquels ils attachent une grande importance et qu'ils considèrent comme la maladie elle-même. Il faut étudier leur évolution avec soin, apprécier leurs causes et rechercher s'ils ne peuvent pas être une source d'indication curative. Telle est la marche générale à suivre quand on est contraint de baser le traitement hydrothérapique sur la prédominance de quelques-uns des phénomènes morbides qui caractérisent l'état nerveux. Quelques malades accusent des phénomènes douloureux, d'autres des phénomènes convulsifs, d'autres enfin des phénomènes de paralysie, de l'insomnie, du vertige, etc.

Excitation nerveuse. — Quand un malade présente du côté du cerveau, de la moelle et des nerfs une excitation très-caractérisée, il faut, avant tout, calmer cette excitation. Une douche tempérée, légère et suffisamment prolongée, appliquée le matin et le soir, une affusion tempérée, dirigée à la fois sur la tête et sur tout le corps, nous ont donné d'excellents résultats. Quand l'irritabilité nerveuse aura diminué, il faudra remplacer la douche tempérée par une douche plus froide et substituer à l'affusion l'usage de piscines à la température de 15° à 18° centigrades.

Parésie cérébrale.— Cette maladie, qui complique souvent les affections du système nerveux, débute par un affaiblissement lent et progressif des diverses fonctions de l'encéphale et aboutit à une sorte d'anéantissement de ces mêmes fonctions. Les causes de cet état morbide sont nombreuses. En dehors des influences nocives que nous avons attribuées aux altérations des solides et des liquides de l'organisme, il faut reconnaître que la parésie cérébrale trouve son origine dans une perturbation spéciale du système nerveux, soit que cette perturbation provienne d'une action nerveuse s'exerçant directement sur le cerveau, soit qu'elle dépende d'une action réflexe venue de la périphérie nerveuse.

Si l'on exige d'un cerveau mal équilibré un effort disproportionné à sa capacité, on provoquera une dépense fonctionnelle considérable, et les centres nerveux directement sollicités finiront par être atteints d'épuisement. On sera alors en présence de ce qu'on appelle la *parésie cérébrale directe*.

Si l'équilibre des fonctions de l'encéphale est troublé par des modifications sensitives produites dans le réseau périphérique des nerfs, et notamment dans l'estomac, dans les organes génito-urinaires ou autres, on sera en présence d'une *parésie cérébrale par action réflexe*.

Vertige. — Le vertige est dû, tout à la fois, à l'irritation des nerfs sensitifs de la périphérie et à la susceptibilité exagérée des centres nerveux correspondants. Sous l'influence de ces deux conditions organiques, lorsqu'une irritation de la périphérie nerveuse vient impressionner les centres nerveux, il se dégage de ces centres une série d'actions réflexes qui se traduisent par des contractions, des spasmes et des mouvements dans les organes qui ont avec ceux d'où part l'irritation périphérique de grandes sympathies. Lorsque les spasmes intéressent les vaisseaux crâniens, il se produit de l'ischémie qui, selon son siége ou son étendue, peut produire des étourdissements, des vertiges et même de la perte de connaissance. C'est ainsi que l'irritation du nerf acoustique ou d'autres nerfs des sens, que certaines gastralgies ou dyspepsies produisent, par action réflexe, la contraction de quelques vaisseaux sanguins du cerveau et, par suite, le vertige. Mais il faut, pour cela, qu'à cette irritation vienne se joindre une prédisposition maladive du cerveau, comme celle qui existe dans l'état nerveux. Il est important de connaître ce mode de production du vertige, que l'on considère fort souvent à tort comme un signe de congestion cérébrale.

Traitement hydrothérapique de la parésie cérébrale et du vertige. — Les applications excitantes de l'hydrothérapie sont celles qui conviennent le mieux contre la parésie cérébrale et le vertige; malheureusement les malades ne les supportent pas toujours facilement. Si l'on craint de faire naître ou de réveiller de l'excitation, il faut agir avec prudence, ne provoquer que de légères réactions et n'arriver à la douche froide en pluie et en jet que lorsque le malade est suffisamment aguerri ou moins excitable. Si, malgré les précautions prises, la surexcitation du système nerveux remplace son épuisement, il faudra recourir aux applications sédatives et adapter le traitement à la forme dominante de la maladie. Ces modifications subites dans le traitement des maladies nerveuses sont très-fréquentes; elles sont même nécessaires dans la plupart des cas.

Insomnie. — Il est d'observation quotidienne que l'insomnie qui, dans l'état nerveux, est souvent le principal phénomène de la maladie, disparaît avec la perturbation nerveuse qui l'a produite. Par conséquent, les procédés hydrothérapiques capables de ramener l'innervation à son état normal peuvent amener le sommeil. Cependant, quand l'insomnie résiste à ces moyens généraux, il faut recourir à certains procédés spéciaux qui ont sur elle une influence incontestable. De ce nombre sont : les affusions souvent renouvelées, les piscines alimentées par de l'eau à toutes les températures, les maillots humides, les demi-maillots et même les ceintures mouillées. Ces dernières applications doivent avoir lieu de préférence le soir; elles sont très-efficaces et ne sont réellement contre-indiquées que dans les cas d'hyperhémie cérébrale permanente ou menaçante.

Désordres des mouvements. — Crises de nerfs. — Les névropathes ont quelquefois, dans le cours de leur maladie, des crises de nerfs caractérisées spécialement par des spasmes intermittents pouvant siéger dans toutes les régions de l'organisme. Ces crises disparaissent le plus souvent spontanément; quelquefois cependant, il est nécessaire de les combattre et, dans ce cas, les applications froides, surtout celles qui ont une action sédative, rendent de grands services. Nous donnons la préférence aux affusions, tempérées ou froides suivant la susceptibilité du malade, aux emmaillottements partiels s'ils peuvent être appliqués, et surtout aux frictions sur toutes les parties du corps, pratiquées avec des compresses trempées fréquemment dans de l'eau très-froide.

Ataxie locomotrice fonctionnelle. — Ce phénomène, un des plus tenaces et des plus rares de l'état nerveux, consiste en un défaut d'équilibre et de coordination dans les mouvements qui dépendent de l'impulsion volontaire. L'ataxie locomotrice fonctionnelle a pour cause un trouble de nutrition moléculaire inappréciable. Elle existe sans qu'il y ait de modifications histologiques dans les éléments constitutifs des centres nerveux, ce qui la différencie, au point de vue du pronostic, de l'ataxie résultant de la sclérose cérébro-spinale.

En dehors des symptômes communs à tous les ataxiques, tels que : défaut d'équilibre, désordre et incoordination des mouvements, douleurs fulgurantes, anesthésie cutanée et musculaire, etc., il existe encore, comme symptôme spécial, une excitabilité réflexe qui peut se manifester par des troubles cérébraux, médullaires ou ganglionnaires.

Certains malades présentent toute la série morbide ; d'autres n'ont que des troubles isolés. Le traitement hydrothérapique variera dans ses applications, et dépendra du mode de localisation des accidents. Il est à peu près le même que celui qui est employé dans l'ataxie locomotrice de nature organique. Nous verrons plus loin en quoi il consiste. (Voy. *Ataxie locomotrice progressive*.)

Pour le moment essayons de mettre en relief les indications générales qu'on doit suivre en hydrothérapie pour rétablir l'harmonie dans les mouvements volontaires.

Dans toutes les ataxies fonctionnelles, il est nécessaire de régulariser l'innervation pour que la nutrition devienne normale ; il faut apaiser la trop grande excitabilité du cerveau et de la moelle épinière, et modérer ou faire disparaître l'hyperhémie qui accompagne toujours ces désordres fonctionnels. Mais avant d'appliquer le traitement hydrothérapique, il importe de bien reconnaître si le malade présente une activité organique exagérée ou si les fonctions de l'économie sont languissantes. Dans ce dernier cas, on peut, sans hésiter, employer l'eau froide au début, à condition pourtant de ne pas employer la pluie ; mais dans le premier cas, et c'est le plus commun, il faut agir avec la plus grande circonspection et ne recourir à l'eau froide que lorsque l'excitabilité nerveuse a été apaisée. Si l'on n'agit pas avec cette prudence, l'impression du froid devient souvent très-pénible par l'ébranlement qu'elle produit et peut être très-nuisible.

D'un grand nombre de faits que nous avons observés, il résulte que, dans l'ataxie fonctionnelle, alors même qu'il existe de la faiblesse organique ou de l'anémie, il faut toujours débuter par des applications sédatives et ne recourir aux applications excitantes qu'à la fin du traitement. Sans doute on peut citer des cas dans lesquels l'eau exclusivement et constamment froide a produit des guérisons; mais nous pouvons affirmer que les insuccès de cette pratique sont plus nombreux que les succès, et que la méthode à laquelle nous nous sommes rallié, est capable de produire des résultats plus certains et surtout plus durables.

Quelquefois l'ataxie fonctionnelle du mouvement se trouve liée à une altération du sang; il faut, dans ce cas, employer les procédés hydrothérapiques qui répondent le mieux aux indications curatives. Si l'on veut, par exemple, combattre avec efficacité l'ataxie chez des rhumatisants, on se trouvera bien de joindre aux divers procédés hydrothérapiques usités, l'emploi du calorique appliqué à l'aide des bains, des étuves ou des douches.

Parésie médullaire. — Douleurs. — Spasmes. — Paralysies. — Troubles du sympathique. — Ces phénomènes, que l'état nerveux peut compter au nombre de ses symptômes dominants, trahissent une altération des fonctions de la moelle épinière ou du nerf grand sympathique et indiquent en même temps le traitement qui leur convient. Le lecteur en trouvera une description particulière dans les chapitres consacrés aux affections douloureuses, convulsives et paralytiques du système nerveux cérébro-spinal et du système ganglionnaire.

Considérations générales sur le traitement de l'état nerveux par l'hydrothérapie. — Toutes les indications thérapeutiques ne sont pas fournies par les formes variées que revêt cette névrose; il faut aussi tenir compte de ses diverses causes et surtout des conditions de l'organisme qui peuvent en favoriser le développement. Ainsi l'anémie, par exemple, les dyscrasies, les diathèses et, en un mot, toutes les affections qui peuvent entraver la nutrition, ont une influence marquée sur la production et l'évolution des désordres nerveux. Il faut donc, pour instituer une thérapeutique rationnelle, que le traitement hydrothérapique soit dirigé tout à la fois contre l'expression morbide et contre la condition organique qui l'a fait naître. Ce qui a été dit sur le rôle de l'hydrothérapie dans la goutte, dans le rhumatisme, etc., etc., pourra servir de guide dans le choix des moyens à mettre en usage contre l'état nerveux, quand cette névrose est sous la dépendance de ces affections générales. Toutefois, dans la combinaison des procédés hydrothérapiques employés, il faudra tenir compte de la nature des phénomènes dominants, et ne pas faire des applications excitantes, quand il est absolument nécessaire de produire une sédation, ou s'éterniser dans la méthode sédative quand il faut relever les forces de l'organisme. Nous croyons, d'autre part, qu'il est préférable de faire des traitements entrecoupés ou scindés, et nous avons l'habitude d'interrompre pendant quelque temps la cure hydrothérapique quand une amélioration satisfaisante s'est produite.

Le malade cesse d'être surmené et l'amélioration s'accentue davantage pendant la période de suspension. C'est ainsi que l'hydrothérapie, pratiquée dans un milieu convenable et dans des conditions hygiéniques bien choisies, peut guérir cet état nerveux que l'on considère à tort comme incurable.

Névropathie cérébro-cardiaque. — C'est une névrose spéciale, détachée de l'état nerveux et fort bien décrite par Krishaber. Elle a les mêmes causes que le nervosisme, présente les mêmes symptômes, avec cette différence pourtant qu'ils sont particulièrement localisés dans le cœur et dans le cerveau. Cette névrose spéciale est une variété de l'état nerveux et réclame le même traitement que la névrose principale. Les préceptes que nous avons formulés en étudiant le rôle de l'hydrothérapie dans l'état nerveux doivent présider au traitement de la névropathie cérébro-cardiaque.

Hystérie

L'hystérie, que l'on confond trop souvent avec l'état nerveux, à cause de l'analogie qui existe entre quelques-uns de leurs symptômes, dépend le plus souvent d'une altération de nutrition. Seulement, dans l'hystérie, les actions réflexes morbides ont leur origine dans l'appareil génital et se présentent sous une forme qui leur donne d'emblée un cachet spécial. L'hystérie est une sorte d'état nerveux dont le foyer principal semble être dans l'utérus. Cependant elle peut se développer en dehors de toute influence utérine, et quelques auteurs admettent l'existence de l'hystérie chez l'homme.

Il y a deux sortes d'hystérie : l'une avec convulsions, l'autre sans convulsions. Lorsque cette maladie affecte la forme convulsive, il nous paraît probable que son siége est dans la moelle allongée et dans cette portion de l'axe cérébro-spinal d'où le nerf grand sympathique tire sa principale origine.

Dans cette forme, on observe, comme caractère saillant, des attaques revenant périodiquement à la suite de causes diverses, attaques qui s'accompagnent de convulsions spéciales précédées d'une *aura* sentie, effet réflexe de l'*aura* véritable qui n'est presque jamais sentie.

Les convulsions de l'hystérie sont de nature réflexe et, pour cette raison, nous croyons que le siége de la maladie doit être dans la moelle épinière et dans la moelle allongée. Toutefois le cerveau n'est pas à l'abri de la maladie et de nombreux troubles psychiques révèlent une certaine perturbation dans les fonctions cérébrales.

La forme non convulsive est celle qui se rapproche le plus de l'état nerveux; elle présente les mêmes phénomènes que cette névrose et peut être, à cause de la généralisation de ses symptômes, désignée sous le nom d'*état hystérique*. Comme la plupart des névropathes, l'hystérique est irrésolue, malicieuse, fantasque et romanesque; aussi impressionnable qu'irritable, elle passe avec une facilité surprenante de la joie à la tristesse. Au milieu de nombreux phénomènes accusant une excitabilité de la moelle et du nerf grand sympathique, on remarque toujours une sorte de perversion ou de déchéance des facultés cérébrales, due à l'influence que les désordres organiques exercent sur les fonctions intellectuelles.

Dans la forme convulsive, le caractère principal est l'*attaque d'hystérie*. Elle se manifeste, le plus souvent, sous la forme de convulsions dans lesquelles les mouvements d'extension, de flexion, de rotation, d'adduction et d'abduction se succèdent rapidement et d'une façon incoordonnée. Ces convulsions affectent aussi les muscles de la vie organique, et produisent de la suffocation, des palpitations, ainsi que des contractions dans le tube digestif et dans les voies génito-urinaires. L'accès se termine le plus souvent par des bâillements, des sanglots, des pleurs ou des éclats de rire et par une émission abondante de gaz ou d'urine.

L'attaque peut quelquefois n'être exclusivement caractérisée que par des spasmes légers qui donnent lieu à un ensemble de phénomènes que l'on peut considérer comme une attaque avortée; d'autres fois, mais plus rarement, l'attaque revêt la forme de syncope et de coma; enfin l'*état cataleptique*, l'*extase*, accompagnés ou non de perte de connaissance, et la *folie hystérique* peuvent compliquer la crise et même la dominer complétement.

En dehors des attaques, l'hystérie présente d'autres troubles qui atteignent la sensibilité générale et les organes des sens. C'est dans ces cas qu'on observe ces anesthésies complètes ou incomplètes et ces hyperesthésies qui sont quelquefois le point de départ ou la cause d'une excitation générale excessive.

Dans l'hystérie, des douleurs névralgiques, bien caractéristiques de l'affection, se manifestent sur divers points du corps et peuvent se localiser dans une étendue très-restreinte pour constituer ce qu'on appelle le *clou hystérique*.

On constate aussi, du côté du système excito-moteur, des perturbations très-variées : le strabisme, le torticolis, le trismus, le hoquet, le tremblement, les mouvements désordonnés (*chorée hystérique*), les paralysies, les contractures sont les phénomènes morbides les plus fréquents ; ils résultent d'une série d'actions réflexes dont il importe de bien connaître l'étendue.

Les mouvements convulsifs réflexes ont tantôt pour siége les muscles de la vie animale, tantôt ceux de la vie organique ; leur point de départ peut être indifféremment soit dans les nerfs sensitifs de la vie animale, soit dans ceux de la vie organique. Dans l'hystérie convulsive, il est possible quelquefois, en examinant attentivement les organes, de découvrir une excitation locale, c'est-à-dire une *aura*, perçue ou non perçue qui peut fournir des indications thérapeutiques précieuses. Cette modification sensitive périphérique favorise sans doute l'explosion de la maladie, mais il ne faut pas oublier qu'il existe en même temps un accroissement de l'excitabilité réflexe des centres nerveux de la moelle, qui constitue la condition permanente de la maladie, condition sans laquelle cette névrose ne pourrait se développer.

Prenons comme exemple, à l'appui de notre opinion, la sensibilité ovarienne qui est un des symptômes les plus fréquents de l'hystérie. Si, par la pression, on exagère cette sensibilité, le malade éprouve à l'instant même une douleur pouvant donner lieu aux troubles nerveux qui constituent la véritable attaque d'hystérie ; mais, pour qu'il en soit ainsi, il faut qu'en dehors de la névralgie de l'ovaire il existe une irritation spéciale des centres nerveux capable de favoriser la série des actions réflexes dont nous avons parlé. Par contre, une pression méthodique de l'ovaire, et surtout de l'ovaire gauche, peut arrêter instantanément la crise hystériforme. Cette distinction est d'une importance capitale et il faut en tenir compte quand on veut instituer le traitement. En nous plaçant encore à ce point de vue, il est nécessaire de savoir que certains appareils de l'organisme deviennent des foyers morbides qu'il faut éteindre à tout prix. Ainsi les organes génito-urinaires sont souvent le siége de phénomènes dont il est urgent d'étudier la cause et le mode d'évolution. De ce nombre sont : l'ischurie, l'anurie, le spasme vésical, le vaginisme, l'anesthésie ou l'hypéresthésie utéro-vaginale et d'autres encore que nous aurons à examiner plus tard. Le tube digestif est aussi très-éprouvé chez les hystériques ; la sensation de boule, de corps étranger allant de l'estomac à la gorge, le spasme de l'œsophage, les renvois, les vomissements, les crampes gastriques, le gonflement, la pesanteur et la névralgie de l'estomac, le dégoût pour les aliments, le tympanisme, les borborygmes sont les symptômes les plus saillants. En décrivant les maladies des divers appareils organiques, nous analyserons chacun de ces symptômes, en nous plaçant surtout au point de vue du traitement hydrothérapique.

Du traitement hydrothérapique dans l'hystérie. — L'hystérie est, de toutes les affections nerveuses, la plus difficile à combattre et la plus longue à guérir. Avant d'instituer le traitement, il est indispensable de soustraire la malade aux influences qui ont engendré ou favorisé les perturbations du système nerveux ; et le médecin devra, pour réussir, la placer dans des conditions morales favorables à l'action de la médication employée. De toutes les méthodes thérapeutiques mises en usage contre l'hystérie, l'hydrothérapie est celle qui offre le plus de ressources aux praticiens; mais à la condition toutefois d'employer, selon les circonstances, l'eau à toutes les températures.

L'hystérie, nous l'avons dit, se présente sous la forme convulsive ou sans convulsions ; le traitement ne peut pas être identique dans les deux cas; aussi est-il nécessaire de distinguer d'abord le traitement de l'attaque d'hystérie et celui de l'état hystérique.

Si l'attaque d'hystérie est simple, caractérisée par des spasmes insignifiants, il vaut mieux ne pas intervenir; la crise suit son cours, et tout rentre peu à peu dans l'état normal. Mais quand l'attaque se présente avec des caractères insolites et menace de s'éterniser, il est nécessaire d'agir. Dans ce cas, on emploiera des lotions froides sur la tête et sur les parties du corps que l'on peut atteindre. Contre la forme syncopale ou comateuse, on pratiquera des fustigations à l'aide de linges mouillés, jusqu'à ce que la malade soit revenue à elle. Contre la forme délirante, les compresses froides appliquées sur la tête et souvent renouvelées seront fort utiles. Si les affusions froides ou tièdes échouent, on pourra recourir au maillot humide en recherchant des effets sédatifs. Si les

spasmes gagnent l'appareil respiratoire, nous conseillons de pratiquer sur les membres, et notamment sur les cuisses, des frictions méthodiques et
prolongées, à l'aide de compresses trempées dans
l'eau froide ; dans les mêmes circonstances, les sacs
à glace de Chapmau, appliqués à la région dorsale
de la colonne vertébrale, peuvent rendre de grands
services. Contre les attaques compliquées d'anesthésie, les applications alternatives d'eau chaude
et d'eau froide et même les fomentations chaudes
produisent quelquefois de très-heureux effets.

Si l'attaque est le résultat d'une excitation périphérique accompagnée d'aura sentie ou non sentie, il faudra modifier, par des moyens appropriés,
la perturbation nerveuse qui a été le point de
départ de l'attaque.

Le traitement de l'état hystérique est plus difficile
à diriger que le précédent ; il doit être long, varié,
et interrompu par des intervalles de repos qui permettent aux malades de reprendre haleine.

L'étude pathogénique que nous avons faite nous
a permis de mettre en lumière ces deux principales
indications que l'hydrothérapie doit suivre pour
être efficace. Il faut, en effet, combattre, d'une part,
les causes de la névrose et modifier, d'autre part, les
conditions organiques qui favorisent son explosion.
c'est-à-dire les troubles nutritifs des centres nerveux.

Parmi les causes de l'affection qui nous occupe,
il faut compter l'anémie, la chlorose, certaines
maladies diathésiques, comme la goutte et le rhumatisme, et, en général, la plupart des affections qui
produisent une altération du liquide sanguin.

Elles seront combattues par des applications hydrothérapiques appropriées.

Pour modifier les conditions organiques des centres nerveux, il faut agir avec de grands ménagements, et l'on ne doit jamais choisir le procédé que l'on emploiera avant d'être bien édifié sur la susceptibilité nerveuse des malades et sur les caractères de la névrose. Les applications froides très-énergiques, employées dès le début, ne conviennent pas à toutes les hystériques et peuvent occasionner des accidents ; il faudra donc, dans certains cas, les faire précéder d'une douche chaude prolongée qui aura pour effet d'atténuer l'action excitante de l'eau froide.

Le premier résultat qu'il faut viser dans le traitement hydrothérapique de l'hystérie, c'est l'apaisement de l'excitabilité réflexe médullaire ou ganglionnaire. Pour y parvenir, on soumet la malade á des applications générales modérément froides au début, telles que : les immersions tempérées ou les maillots humides, les lotions ou les affusions générales, les frictions dans un drap mouillé non tordu, etc., en un mot, tous les modificateurs de la méthode sédative. Si ces divers procédés sont bien supportés, on pourra abaisser progressivement la température de l'eau, en ayant soin de faire des applications plus courtes et plus énergiques. Dans la plupart des cas il faut, surtout au début du traitement, ménager la tête et diriger l'action de l'hydrothérapie dans la région inférieure du corps. A cet effet, on emploie les demi-bains avec frictions, les bains de siége, les bains de pieds, accompagnés d'une douche générale. Lorsque l'excitabilité anormale de la moelle épinière et du grand sympathique sera calmée et que la malade aura acquis plus de force de résistance, on pourra, sans inconvénient, faire des applications froides quotidiennes ; elles rendront alors d'immenses services. Sous l'influence de ce traitement hydrothérapique gradué, l'innervation ne tarde pas à être heureusement influencée et bientôt l'équilibre se rétablit dans toutes les fonctions du système nerveux.

Quelquefois la guérison ne se produit qu'après de longs intervalles d'excitation ou d'épuisement ; la malade se décourage et son système nerveux se trouve surmené. Il faut alors suspendre momentanément la cure hydrothérapique et attendre, pour recommencer, que les malades aient repris de nouvelles forces. Il n'est pas rare de voir une grande amélioration se produire pendant cette période de suspension. Mais, avant que les accidents ne reparaissent, il est nécessaire que les malades se soumettent de nouveau au traitement hydrothérapique pour obtenir une guérison complète à l'abri de toute rechute.

Catalepsie

La catalepsie est une névrose dont le caractère essentiel consiste dans l'impossibilité où se trouve le malade, au moment de l'accès, de changer volontairement d'attitude. Une personne étrangère peut, à son gré, modifier les attitudes du malade, mais celle-ci est dans l'impossibilité de le faire.

Cette maladie guérit parfois spontanément ; néanmoins, comme sa durée peut être fort longue si on ne la combat énergiquement, il est nécessaire de dire ce que peut contre elle le traitement hydro-thérapique.

Comme dans l'hystérie, il faut, au point de vue thérapeutique, distinguer l'état cataleptique et l'at-taque de catalepsie. Contre cette dernière, on peut employer les lotions, les frictions ou les affusions froides; et, s'il est facile de transporter les malades dans une salle d'hydrothérapie, on peut, sans in-convénient, administrer une douche froide, courte et énergique. La douche en arrosoir promenée sur toutes les parties du corps est préférable à la douche en pluie. Lorsque l'attaque se produit sous la dou-che, ce qui n'est pas très-rare, on peut dissiper rapidement la crise à l'aide d'une douche écossaise dirigée sur les parties inférieures du corps.

Quant à l'état cataleptique, le traitement hydro-thérapique qui convient à l'état nerveux peut lui être appliqué; seulement il est plus facile, dans ce cas, d'arriver vite aux applications froides.

Extase

L'extase est un état particulier caractérisé par l'abolition presque complète des sens et du mou-vement, et par la concentration de toutes les facul-tés sur un seul objet; cet état ne se rencontre que chez les gens extrêmement nerveux, et prin-cipalement chez les hystériques.

Nous pensons que l'hydrothérapie peut rendre quelques services pour remonter ces constitutions maladives, les seules chez lesquelles l'extase puisse se présenter. Il faudra l'employer avec précaution et, quand on se servira d'eau froide, insister sur les parties inférieures du corps.

Éclampsie

L'éclampsie est une névrose qui se manifeste par des crises analogues à celles de l'épilepsie, et contre laquelle l'hydrothérapie peut et doit être employée ; elle est causée par un trouble de nutrition localisé le plus souvent dans le bulbe et dans la partie supérieure de la moelle épinière. Elle coïncide avec une altération du sang ou une irritation d'une partie périphérique du système nerveux.

Pour combattre l'éclampsie, on emploie tous les moyens que nous avons conseillés contre la crise de nerfs et contre l'attaque d'hystérie. Toutefois, contre la crise elle-même, l'hydrothérapie est à peu près impuissante. C'est surtout dans l'intervalle des crises qu'il faut agir et soumettre les malades à un traitement capable d'apaiser l'excitabilité des centres nerveux intéressés. La grossesse n'est pas une contre-indication à l'hydrothérapie ; seulement, elle exige que les applications ne soient pas trop énergiques, et que le traitement soit conduit avec précaution et sans secousses.

Les moyens qu'il faut utiliser dans cette maladie sont ceux qui conviennent dans l'état nerveux et dans l'hystérie.

Épilepsie — Hystéro-épilepsie

L'épilepsie est une névrose qui semble consister dans un accroissement d'excitabilité réflexe de certaines parties de l'axe cérébro-spinal et dans la perte du contrôle que, dans les conditions normales, la volonté possède sur la faculté réflexe.

Les altérations du sang exercent une certaine influence sur la production de cette névrose ; mais pour qu'elle se manifeste il faut qu'il existe, soit dans les centres nerveux de la base du crâne, soit dans le système périphérique, une altération spéciale qui permet de placer dans la partie supérieure de l'axe cérébro-spinal le siége de l'épilepsie. Il se produit alors une excitabilité exagérée se traduisant par des troubles circulatoires et par d'autres phénomènes sur lesquels la volonté ne possède aucune influence.

L'application de l'hydrothérapie au traitement de cette affection est entourée de difficultés qu'il importe de bien connaître. Lorsque l'épilepsie est caractérisée par de grandes attaques ou lorsqu'elle est compliquée d'aliénation mentale, l'hydrothérapie est, dans la plupart des cas, inefficace et peut être même très-nuisible si elle est employée sans méthode ; il est donc préférable de s'abstenir.

L'hydrothérapie peut, au contraire, être utilement employée quand l'épilepsie est caractérisée par ces accidents que l'on désigne sous le nom d'*absence*, d'*éclair* ou de *vertige*. Dans ces cas, comme dans ceux qui portent le nom d'épilepsie larvée, il faut, pour procéder avec méthode, chercher à modifier l'excitabilité des centres nerveux. Dans ce but, nous conseillons de commencer le traitement en employant des douches mobiles, courtes, légères et très-peu froides; on n'arrivera à l'eau froide que par gradation et qu'après avoir cherché à atténuer l'excitabilité provoquée par le froid, à l'aide d'une application préalable de calorique. La douche mobile, facile à régler et alimentée à la fois par de l'eau chaude et de l'eau froide, est le meilleur de tous les procédés hydrothérapiques. Pendant l'application, il faut allonger le malade sur un lit spécial pour éviter tout accident.

On pourra employer aussi avec avantage l'hydrothérapie contre l'hystéro-épilepsie, cet état complexe et mal défini où l'on observe un mélange de symptômes qui tiennent à la fois de l'hystérie et de l'épilepsie. Nous avons eu à nous louer de son intervention dans plusieurs cas, et, nous n'hésitons pas à en conseiller l'emploi en recommandant toutefois de procéder avec une grande prudence.

Hypochondrie

Nous n'avons à nous occuper ici, bien entendu, que de l'hypochondrie sans délire, c'est-à-dire de cette forme de l'hypochondrie dans laquelle l'intelligence est conservée, et que l'on peut appeler *état hypochondriaque.* Pour nous, cet état maladif est une névrose cérébrale constituée par une altération de nutrition du cerveau amenant une surexcitabilité excessive de certains éléments nerveux.

Les troubles intellectuels qui la caractérisent ne sont que le produit réflexe de phénomènes qui se passent dans d'autres parties de l'organisme, phénomènes de nature objective le plus souvent, mais qui peuvent paraître quelquefois purement subjectifs et devenir, par suite, insaisissables. Seul le malade, en raison de sa disposition cérébrale, peut en être impressionné; et c'est cette impressionnabilité morbide qui constitue précisément la maladie.

Chez l'hypochondriaque, la moindre sensation détermine sur certains points du cerveau une impression bien marquée; et comme, dans quelques circonstances, cette sensation est insaisissable, même par le médecin le plus sagace, le malade est à tort accusé d'être atteint de cette maladie que Molière a si bien personnifiée dans le rôle d'Argan.

La maladie imaginaire, telle que la comprennent les gens du monde, n'existe pas. Il peut arriver que le médecin ne saisisse pas le point de départ des souffrances qu'accuse le malade, et que, par suite, il soit disposé à nier l'existence de la maladie. Agir ainsi, c'est commettre une erreur et une faute. L'hypochondriaque est un malade dont il faut écouter le récit, si l'on veut bien se rendre compte de son état. Les idées qu'il exprime et surtout les souffrances qu'il éprouve sont vraies; seulement l'interprétation qu'il donne est le plus souvent erronée, de sorte que les phénomènes morbides les plus simples prennent dans son esprit des proportions exagérées. Ce trouble des facultés d'observation est sous la dépendance d'une irritation spéciale des centres nerveux de l'encéphale, qui constitue l'hypochondrie.

D'un tempérament essentiellement nerveux, les hypochondriaques présentent tous les signes d'un caractère impressionnable et irrésolu. Toujours anxieux, tourmentés à l'excès, ils n'ont d'autre occupation que de penser à eux et à leur maladie; ils décrivent avec la plus grande minutie les affections dont ils se croient atteints et parlent à qui veut les entendre des détails les plus intimes de leur existence. Il faut que le médecin soit patient, persévérant et dévoué, s'il veut lutter avec succès contre cette perversion de l'état intellectuel qui fausse le jugement du malade sur la nature et la gravité de ses souffrances.

Les sensations éprouvées par les hypochondriaques tiennent à des troubles du système nerveux périphérique ou viscéral. Ces troubles peuvent être liés à des désordres fonctionnels ou organiques; mais, ainsi que nous l'avons établi tout à l'heure, il faut, pour que l'hypochondrie soit caractérisée, qu'il y ait altération de nutrition de l'organe nerveux central et, par voie de suite, prédisposition intellectuelle bien accentuée.

Les troubles nerveux fonctionnels, surtout ceux qui sont du ressort du grand sympathique, et qui, par conséquent, se rencontrent dans les appareils de la digestion, de la circulation, de la génération, etc., constituent les principales sensations qui engendrent les idées hypochondriaques. Quant aux causes qui peuvent produire l'état cérébral capable de les développer, elles sont les mêmes que celles qui produisent l'état nerveux.

On rencontre dans l'hypochondrie des symptômes communs à toutes les maladies du système nerveux ; toutefois il en est quelques-uns qui n'existent que dans cette névrose ; telles sont les craintes perpétuelles qu'éprouvent les malades au sujet de leur santé. Certains malades croient que leur cerveau se dilate ou se vide ; quelques-uns sentent que leurs idées leur échappent, qu'ils n'ont plus leur tête à eux et qu'ils vont devenir fous. D'autres se plaignent de troubles de l'estomac, des intestins et croient ne rien digérer ; chez ces derniers, la constipation est souvent un phénomène habituel. On a remarqué que la syphilis, ainsi que son traitement par le mercure, jouait un grand rôle chez les hypochondriaques. Bien des syphilitiques, en effet, se croient plus volontiers victimes du remède que du mal lui-même. Quelquefois, à ces divers symptômes viennent s'ajouter de l'analgésie, de l'anesthésie, de la dysphagie, des douleurs intercostales s'étendant au dos et aux hypochondres et tous les phénomènes qu'engendre l'état nerveux. Ajoutons que l'hypochondriaque donne à tous les symptômes une interprétation erronée qui révèle un esprit frappé et une raison affaiblie.

Quelle que soit l'idée fixe que nourrissent les hypochondriaques, ils sont en proie à une continuelle agitation, gémissent perpétuellement et se croient à chaque instant sur le point d'étouffer ; quelques-uns, torturés par d'atroces douleurs, appellent la mort à grands cris, mais, dans la plupart des cas, les malades reculent devant la résolution d'attenter à leurs jours. Ils n'osent prendre aucune détermination, deviennent très-exigeants pour leur entourage et se complaisent dans un égoïsme des plus accusés. Nous ne nous arrêterons pas davantage sur les symptômes de l'hypochondrie. Nous ajouterons simplement que les personnes atteintes de cette maladie peuvent être le jouet d'hallucinations ou d'illusions sensorielles de toutes sortes.

Le plus souvent, l'état hypochondriaque revêt la forme chronique. Cependant, certains sujets très-nerveux et très-impressionnables peuvent présenter des périodes d'exacerbations dont il faut tenir compte. Dans tous les cas, c'est une des maladies que l'hydrothérapie modifie avec le plus d'efficacité.

Du traitement hydrothérapique dans l'hypochondrie. — Avant de commencer l'hydrothérapie, il est nécessaire de placer le malade dans un milieu différent de celui dans lequel l'affection s'est développée. Après avoir analysé avec soin tous les désordres dont il est tourmenté, il faut chercher à lui en expliquer l'évolution et les causes, l'engager à suivre scrupuleusement les conseils qu'on lui donnera et lui démontrer que, dans le traitement qui va commencer, la responsabilité du médecin doit être couverte par sa confiance et sa soumission. Telles sont les conditions morales dans lesquelles le malade doit être placé pour favoriser l'action du traitement.

L'application de l'hydrothérapie au traitement de l'hypochondrie est réglée tout à la fois par la forme de la névrose, par les causes qui la produisent et par les conditions générales de l'organisme qui en favorisent le développement. Parmi ces dernières, celles qu'on rencontre le plus souvent sont: l'anémie, la chlorose, les maladies diathésiques, les intoxications et les empoisonnements. Nous avons déjà indiqué le traitement qui convient dans chacune de ces maladies.

Contre les modifications fonctionnelles ou organiques qui sont le point de départ de la maladie, le traitement variera selon les indications que nous allons donner.

Si l'état hypochondriaque est dû à une névralgie, à une affection de l'estomac, du foie, de la vessie, de la matrice, etc., il faudra combattre ces troubles par les modificateurs hydrothérapiques qui conviennent à ces maladies et que nous décrirons en étudiant les affections de chacun de ces organes. Mais si l'hypochondrie a son origine dans l'existence d'une lésion organique, l'influence du traitement hydrothérapique sera nécessairement réduite, et nous pouvons affirmer, d'ores et déjà, que, dans quelques-uns de ces cas, il sera impuissant.

Quant au traitement qui doit être dirigé contre l'état hypochondriaque, c'est-à-dire contre le trouble de nutrition du cerveau, il varie suivant la forme de la névrose.

On aura recours aux effets sédatifs, si l'excitabilité cérébrale est très-développée et s'il existe des exacerbations vives et fréquentes. Au début, il est utile d'employer des applications générales tempérées, auxquelles on ajoutera de temps à autre des applications froides, en ayant soin de localiser spécialement ces dernières à la partie inférieure du corps, dans le but d'exercer une action dérivative. On emploiera à cet effet des demi-bains froids, pendant lesquels des frictions énergiques seront exercées sur les membres; en même temps, un aide administrera des affusions tempérées sur la tête; on utilisera aussi, dans le même but, les bains de siége froids ou les bains de pieds froids à eau courante.

Si les symptômes de perversion ou d'épuisement dominent la scène morbide, on emploiera l'eau froide et on aura recours de préférence à la piscine, à la douche froide à percussion légère et au bain de cercles. Si l'estomac est en bon état, on ordonnera en même temps au malade de boire de l'eau froide dans la journée. Il devra en outre, pour favoriser la cure, se livrer aux exercices corporels.

Quelques indications modifient cependant ces prescriptions générales. Ainsi, par exemple, si l'hypochondrie coïncide avec une affection des voies génito-urinaires, et notamment avec la spermatorrhée, et que ce trouble de sécrétion soit dû à une excitation du système nerveux, il faudra se garder de faire des applications froides excitantes du côté du siége, de peur d'augmenter la spermatorrhée qui frappe vivement l'imagination du malade et devient, par suite, une cause puissante d'hypochondrie. Dans ce cas spécial, tout en faisant des applications générales froides, on aura soin de ne provoquer, du côté des organes atteints, que des effets sédatifs ou très-légèrement excitants.

L'hydrothérapie donne des résultats plus rapides dans le traitement de l'hypochondrie, lorsque la température extérieure est froide. Cependant l'été convient mieux si les malades ont une constitution délicate.

Comme le traitement de l'hypochondrie doit être longtemps suivi, il faut, pour éviter de surmener les malades, les engager à se reposer de temps en temps, et il n'est pas rare de voir les accidents nerveux s'améliorer et même la guérison survenir pendant ces périodes d'interruption.

Mélancolie — Nostalgie

Il ne peut être question ici que de la *mélancolie simple*, c'est-à-dire celle dans laquelle les symptômes ne s'accompagnent pas de délire. L'autre forme, appelée aussi *lypémanie*, rentre dans le cadre de l'aliénation mentale.

La mélancolie est caractérisée par une susceptibilité maladive que des impressions internes ou externes exagèrent sensiblement et qui, en donnant au malade une confiance très-grande en ses lumières, le rend mécontent de lui et méfiant pour les autres.

Presque toutes les passions, et notamment l'amour, l'orgueil et la jalousie, peuvent conduire à la mélancolie. Parmi les autres causes, il faut encore signaler les chagrins, la perte d'une personne chère, les désillusions, la solitude, la misère, l'abus des jouissances de la vie, les changements de position sociale, l'influence du milieu dans lequel on vit, etc.

Visant cette dernière influence, M. Colin appelle l'attention des médecins sur la fréquence de la mélancolie chez le jeune soldat arraché à ses foyers et chez le lycéen interné dans un collége. C'est à cette forme de mélancolie qu'on a donné le nom de *nostalgie*.

Pour savoir quel effet produisent sur l'organe de l'intelligence ces différentes causes, il faudrait dépasser le cadre que nous nous sommes tracé. Obligé de nous restreindre, contentons-nous de constater que les mélancoliques sont presque tous anémiques. En raison de cette particularité, nous sommes tout disposé à attribuer la maladie qui nous occupe, d'une part, à une anémie de l'encéphale, et, d'autre part, à une parésie cérébrale, conséquence d'une excitation plus ou moins prolongée se révélant par une perversion ou par un épuisement de la puissance nerveuse.

La mélancolie simple occasionne une profonde tristesse, frappe les facultés affectives de notre être sans troubler l'intelligence. Impressionnable à l'excès et d'une extrême versatilité de caractère, le mélancolique se laisse facilement dominer par les sensations les plus diverses, passe de la gaieté la plus vive à la douleur la plus poignante. Par une étrange bizarrerie, les hommes de génie présentent une aptitude toute spéciale à cette affection, et ce qu'il y a de remarquable chez ces natures d'élite, c'est que leur caractère irritable s'adoucit, s'apaise et s'égaye souvent sous l'influence d'un simple éloge ou d'un témoignage d'admiration. Cette disposition de l'esprit que l'on rencontre chez les mélancoliques peut être considérée comme une mine féconde où le médecin attentif trouvera de grandes ressources thérapeutiques. C'est, en effet, souvent par l'emploi de ces moyens qu'il pourra réveiller l'espoir chez les mélancoliques, les faire persévérer dans leur traitement et finalement les conduire jusqu'à la guérison.

Cette guérison est plus facile à obtenir lorsque la maladie se rattache à des causes occasionnelles que lorsqu'elle a pour origine unique l'irritabilité du caractère. Dans ce dernier cas, c'est plutôt un état mental spécial qu'une maladie proprement dite qu'il faut soigner; et, dans l'espèce, pour atteindre le but proposé, le praticien doit accepter et se déterminer à jouer le rôle de médecin moraliste. Quoi qu'il en soit, quand un malade présente une profonde tristesse provenant d'un motif nettement déterminé, se rattachant à une idée dominante, mais sans aucune altération des facultés intellectuelles, le médecin doit intervenir; car, dans ce cas, la guérison est possible et même certaine.

La mélancolie excerce une certaine influence sur le développement d'un certain nombre de maladies aiguës et chroniques; elle prédispose l'organisme affaibli à contracter les maladies épidémiques, et, de plus, il est incontestable qu'elle pousse au suicide.

Il ne faut pas confondre l'hypochondriaque avec le mélancolique. Le mélancolique est triste, mais il ne craint pas la mort et parfois même il la désire; l'hypochondriaque est triste également, mais sa pusillanimité est extrême et la peur de mourir vient sans cesse troubler son esprit.

Du traitement hydrothérapique dans la mélancolie. — Un traitement hydrothérapique à domicile est absolument insuffisant. Il faut, avant tout, que le malade change de milieu, s'installe dans un établissement spécial et vive dans des conditions sociales qui ne puissent lui rappeler celles où il s'est trouvé jusqu'alors. Quand le malade est débarrassé de ses idées tristes, il éprouve une certaine répugnance à rester là où l'amélioration s'est produite; il faut alors l'engager à voyager, ou à changer de résidence.

Nous avons souvent réussi en procédant ainsi, et nous pensons qu'il est nécessaire, surtout quand la maladie conserve ses caractères les plus alarmants, de varier les milieux dans lesquels le traitement hydrothérapique peut être suivi.

Pour bien apprécier la susceptibilité du malade, on peut commencer la cure en employant de l'eau tempérée, mais on devra arriver promptement à l'eau froide. La douche en pluie ordinaire, la douche à colonne, la douche à lames concentriques, la douche générale en jet, le col de cygne, le bain de cercles, la piscine à eau dormante ou avec flot, peuvent être tour à tour employés. Il faut varier l'intervention de ces procédés, dont le but est de combattre l'asthénie générale et la parésie du cerveau, et avoir soin de leur adjoindre, suivant les circonstances, les applications locales qui peuvent agir directement sur les troubles spéciaux que présente parfois cette maladie.

Il faut que le malade sache bien que c'est de sa constance et de sa régularité dans le traitement que dépend en partie la guérison ; de son côté, le médecin ne doit pas se laisser dominer par les désespoirs d'un patient dont le système nerveux est perverti. S'il parvient à le soutenir dans la lutte qu'il a entreprise, il verra le plus souvent ses efforts couronnés de succès.

Chorée

La *chorée* ou *danse de Saint-Guy* est une névrose caractérisée par des mouvements vicieux, brusques,

18.

spontanés ou réflexes, altérant le mouvement volontaire, et pouvant persister pendant le repos.

Cherchant l'origine de ces mouvements irréguliers, il nous faut d'abord, avec M. Leven, distinguer deux espèces de mouvements chez le choréique : les mouvements anormaux, continus, agitant sans cesse les membres et ne s'arrêtant que pendant le sommeil, et les mouvements normaux qui continuent à exécuter les ordres de la volonté. Les premiers, soudains, instantanés, ne sont produits que par des groupes isolés de muscles; ces mouvements rapides, irréguliers, incoordonnés, passent subitement de la face au tronc, d'un membre à un autre; ils peuvent prédominer d'un côté, mais occupent, en général, les deux moitiés du corps, et, chose digne de remarque, ne s'accompagnent jamais de paralysie. Ce que plusieurs auteurs ont pris dans ce cas pour de la paralysie n'est autre chose qu'une faiblesse extrême du muscle, conséquence d'une trop grande dépense, et à laquelle on a donné le nom très-heureux de *parésie*. Il y a donc, dans la chorée, parésie et non paralysie; jamais, en effet, dans tout le cours de la maladie, le muscle ne cesse d'être en rapport avec le cerveau.

La chorée est une névrose convulsive qui semble être produite par un état congestif de la base de l'encéphale; cet état est souvent dû à une paralysie des vaso-moteurs; il peut être le résultat d'une action réflexe venant des centres nerveux ou de la périphérie, comme dans les cas bien connus de chorée traumatique.

Si les fibres motrices ne sont pas excitables à l'état normal, dans leur passage à travers la base de l'encéphale, il n'en est pas moins vrai que l'inflammation ou toute autre cause d'irritation les rend excitables et peut produire des contractions musculaires. C'est un fait qui a été parfaitement mis en lumière par le docteur Brown-Sequard. Aussi sommes-nous conduit à penser que l'un des éléments essentiels de la chorée consiste dans un trouble de circulation à la base du cerveau.

Si maintenant nous analysons les mouvements volontaires du choréique, nous trouvons qu'ils s'effectuent chez lui, comme à l'état physiologique, par le travail synergique des muscles antagonistes. Mais ces muscles, mis en action par la volonté, sont contrariés, dérangés, pour ainsi dire, dans leur action par la contraction involontaire et inattendue de muscles agissant indépendamment de la volonté.

Pour amener sa main dans une direction déterminée, dit Trousseau, le choréique n'y parvient qu'après beaucoup d'efforts ; s'il veut, par exemple, la mettre sur sa tête, il porte, après bien des détours, son bras en haut, se frappant le visage, le front, et, une fois là, il ne peut garder longtemps la position qu'il a prise. S'il cherche à saisir un objet qu'on lui présente, il lance sa main comme si son bras obéissait à l'action d'un ressort, puis il la retire en arrière avec la même brusquerie, n'arrivant pas jusqu'au but qu'il se propose d'atteindre, ou le dépassant, et ne l'atteignant, en définitive, qu'après de nombreuses tentatives ; et encore, s'il finit par toucher l'objet qu'il désire, c'est souvent en le renversant et en le lançant loin de lui. S'il l'a saisi, il va le lâcher tout à coup ; s'il le tient enfin, et si c'est, par exemple, son verre et qu'il veuille boire, il n'y parviendra qu'à grand'peine ; ainsi que le dit Sydenham, avant d'y parvenir il fera mille contorsions, allant de droite et de gauche, jusqu'à ce que, le hasard lui faisant rencontrer ses lèvres, il avale la boisson d'un seul trait ; ou bien encore, il prend le verre entre ses dents et ne le lâche qu'une fois qu'il l'a vidé.

Les différentes espèces de chorées décrites par les auteurs peuvent se rattacher à deux types principaux : la chorée symptomatique d'une lésion des centres nerveux, que nous n'étudierons pas ici, et la chorée essentielle, qui est sous la dépendance d'une affection fonctionnelle du système nerveux ou d'une altération du sang. Dans ce dernier type se rangent la chorée rhumatismale, qui est de beaucoup la plus importante, la chorée puerpérale, et, pour quelques auteurs, la chorée vermineuse.

Les causes de la chorée sont : l'impressionnabilité innée ou acquise du système nerveux, la peur, la colère, l'imitation et l'onanisme. Elle peut être héréditaire et survenir chez la femme par le fait de la grossesse. Il est possible que certaines maladies, l'endo-péricardite et l'anémie notamment, puissent l'engendrer, ainsi que les vers intestinaux ; mais sa cause la plus fréquente est le rhumatisme articulaire. On ne saurait, depuis les remarquables travaux de MM. Sée et Roger, nier l'influence du rhumatisme sur cette névrose.

Les symptômes de la chorée sont d'abord peu marqués, les troubles de la motilité ont un développement graduel, progressif, et ne se traduisent, au début, que par une simple altération des mouvements volontaires. C'est ainsi que les enfants se montrent de plus en plus maladroits, s'animent en parlant, marchent d'une façon bizarre et désordonnée ; leurs traits se contractent convulsivement en produisant une grimace passagère. Puis, les symptômes s'aggravent avec le temps et la maladie se généralise ; il existe alors, selon l'heureuse expression de M. Bouillaud, une véritable *folie musculaire* ; les muscles de la face, agités en tous sens par des mouvements opposés et rapides, donnent au visage les expressions les plus grotesques. Les sourcils, les paupières, les lèvres, les yeux même, sont tour à tour le siége de contractions involontaires, de telle sorte que la physionomie ne garde pas un seul instant la même expression.

La tête est elle-même agitée en tous sens ; les membres supérieurs et inférieurs sont le siége de contractions irrégulières. La combinaison de ces mouvements incoordonnés engendre une démarche toute spéciale, des sauts, et provoque des enjambées, des écarts, des glissades, des projections du corps dans tous les sens, qui exposent les malades à des chocs dangereux ou à des chutes fréquentes.

Les troubles de la motilité se trouvent subitement exagérés, pour peu que le malade se sente observé ou s'observe lui-même. Le sommeil est profondément troublé, et les malades tombent peu à peu dans une prostration excessive.

Les facultés morales sont également atteintes ; le choréique devient tantôt irritable et capricieux, tantôt fantasque et taciturne. Parmi les troubles intellectuels qui peuvent aussi se manifester, il faut noter la diminution de la mémoire, une grande mobilité dans les idées, l'impossibilité de fixer l'atten-

tion et enfin des hallucinations quelquefois compliquées de délire maniaque.

On a signalé encore, du côté des fonctions digestives, des nausées, de la dyspepsie, de la constipation ;
dans les voies respiratoires, de la dyspnée et des
suffocations ; et, du côté du cœur, des palpitations
répétées pouvant amener l'hypertrophie.

Ces troubles, de nature si diverse, durent généralement pendant un temps assez long et amènent chez
les malades, surtout chez les enfants, un affaiblissement constitutionnel contre lequel l'hydrothérapie
rend de grands services.

Du traitement hydrothérapique dans la chorée. —
Les meilleures indications thérapeutiques sont fournies par l'étude des causes qui ont produit la chorée,
par l'expression symptomatique, par les conditions
générales dans lesquelles se trouve le malade et enfin
par la durée de la névrose.

Il ne faut pas croire que les douches froides conviennent dans tous les cas. Tout en reconnaissant
leur efficacité, nous devons dire que, dans certaines
formes de la chorée, au début surtout, elles occa-
sionnent une excitabilité nuisible que ne produisent
pas des douches plus légères et moins froides.

De ce que la chorée résulte d'un trouble circulatoire localisé à la base du crâne, il est évident qu'il
se produit là un état paralytique des nerfs vasculaires qui demande à être traité avec douceur. Si
l'action excito-motrice provoquée par la douche est
trop violente, les vaisseaux, après s'être resserrés,
tombent rapidement dans un relâchement plus
considérable ; la congestion devient dès lors plus forte
et l'excitabilité plus grande. Il faut donc commencer

le traitement hydrothérapique avec précaution, employer des applications légèrement froides, surtout au début, et ne recourir aux agents excitants que lorsque l'organisme est bien capable de subir l'impression du froid.

L'emploi du *bain de surprise* est un procédé détestable qui doit être rejeté, malgré les guérisons qui ont été obtenues par ce moyen, parce qu'il peut être la cause d'accidents sérieux. Il est bien préférable d'agir avec mesure et avec lenteur et de se rappeler qu'il convient de tonifier et non d'exciter. En procédant ainsi, on pourra employer sans inconvénient les affusions, les piscines et les douches froides, qui rendront alors tous les services qu'on est en droit d'attendre.

A ces moyens généraux qui commencent par une douche légère et même tempérée pour finir par une douche tonique, froide et énergique, il faut joindre l'usage de l'eau à l'intérieur, les bains de pieds chauds à eau courante avant la douche, et surtout les exercices de gymnastique raisonnée.

Les causes de la maladie, les conditions organiques qui l'entretiennent peuvent donner lieu à certaines modifications dans le traitement général. Ainsi, s'il existe une anémie ou une cachexie très-prononcées avec affaiblissement du système musculaire, il faut relever l'organisme et, par conséquent, recourir aux applications excitantes qui donneront à l'économie plus de résistance et plus d'énergie. Cette méthode sera rejetée si la chorée tient à une impressionnabilité excessive du système nerveux; dans ce cas, on emploiera avec succès les douches à percussion légère et progressivement froides, les lotions, les affusions, les piscines, etc. Ces moyens conviennent parfaitement chez les enfants, pour combattre les mouvements involontaires et irréguliers qu'on observe au début de la maladie. L'usage des bains de mer et des applications franchement excitantes a souvent pour effet d'augmenter la maladie chez les jeunes choréiques; il est nécessaire de signaler ce fait pour éviter toute méprise.

Les femmes enceintes supportent bien, en général, les applications froides; néanmoins, il faut agir avec précaution lorsque la chorée est sous la dépendance de la grossesse.

Lorsque la chorée est liée à la diathèse rhumatismale, le traitement hydrothérapique est plus compliqué. Il faut combiner le calorique et le froid, pour agir sur toutes les fonctions de l'organisme et sur celles de la peau notamment. On n'attaquera les désordres de la motilité qu'après avoir modifié l'état général du malade. Dans ce but, on aura recours à la douche chaude générale, à l'étuve à la lampe et à tous les moyens qui permettent d'élever la chaleur animale, en évitant, autant que possible, les sudations. On se trouvera bien aussi du maillot sec et surtout du maillot humide non prolongé. L'usage de ces divers procédés prépare merveilleusement à l'action de l'eau froide dont les effets curatifs sont incontestables, si l'application en est faite avec mesure et discernement. On étudiera le degré de résistance que le malade peut opposer à l'action du froid; on surveillera les réactions et on pourra se dispenser de recourir au calorique, si les applications froides ne provoquent pas un surcroît d'excitabilité du système nerveux.

Nous ferons remarquer, en terminant, qu'il ne convient pas de recourir au traitement hydrothérapique lorsque là chorée est compliquée de lésions cardiaques sérieuses.

En résumé, la chorée est une névrose qui est heureusement modifiée par l'hydrothérapie. Si elle résiste à ce traitement, il faut en conclure qu'elle est sous la dépendance d'une lésion organique des centres nerveux qui sont à la base du crâne.

CHAPITRE X

DE QUELQUES AFFECTIONS DOULOUREUSES DU SYSTÈME NERVEUX

Névralgies

La névralgie est une affection du sytème nerveux caractérisée par de la douleur survenant avec des paroxysmes plus ou moins violents sur le trajet de troncs ou rameaux nerveux sensitifs, et non accompagnée de fièvre, du moins au moment de son apparition.

Nous ne pouvons rapporter ici les diverses opinions émises sur la nature de cette affection ; cependant il faut que nous entrions dans quelques détails importants. Pour qu'un nerf fonctionne bien, il faut que sa nutrition soit normale et régulière. Si celle-ci est modifiée, le nerf le sera également dans son mode de fonctionnement, et les phénomènes morbides qui en résulteront dépendront de la nature du nerf. Dans un nerf sensitif, un excès de nutrition entraîne un accroissement de sensibilité qui, à son tour, donne naissance à la douleur. Cette succession de phénomènes peut être produite, et c'est là ce qu'il nous faut retenir, au point de vue du traitement, par une paralysie des vaso-moteurs, ou par une altération dans la qualité du sang.

Étant donné ce mode de pathogénie de la névralgie, nous devons retrouver, dans l'étiologie de cette affection, toutes les causes qui peuvent agir de la façon que nous venons d'indiquer sur la nutrition des nerfs. Les causes des névralgies peuvent donc être divisées en deux classes : celles qui agissent sur la nutrition des nerfs en modifiant la quantité du sang, et celles qui agissent sur sa qualité. Il est aussi important de signaler les causes occasionnelles, telles que l'âge, le sexe, la profession, les saisons, les variations atmosphériques, les tumeurs, le traumatisme, la compression des nerfs, etc...

Les causes qui amènent une modification dans l'apport de la quantité du sang sont généralement d'origine réflexe ; elles agissent le plus souvent en paralysant les nerfs vaso-moteurs. C'est ainsi que le froid produit des névralgies. C'est de la même façon que se développent les névralgies qui résultent d'abus fonctionnels et celles qui sont déterminées par des lésions organiques plus ou moins éloignées du foyer douloureux, par les vers intestinaux ou par des causes morales. Quant aux névralgies qui sont produites par la suppression des règles ou par la disparition d'exutoires entretenus depuis longtemps, elles peuvent être attribuées à la répartition plus grande de la quantité de sang dans l'économie, par suite de la non utilisation de celui qui était dépensé par les règles ou les exutoires.

Parmi les causes qui agissent en modifiant la qualité du sang, se trouvent les maladies diathésiques ou infectieuses, les intoxications, l'anémie, la chlorose, les cachexies, etc.

Traitement hydrothérapique des névralgies. — Toutes les névralgies, d'où qu'elles proviennent, ont des ressemblances si grandes, qu'il est très-difficile de découvrir leur nature par l'aspect seul de leurs manifestations. On ne peut réellement être édifié sur la nature de la maladie qu'en recherchant avec soin les causes qui la produisent. Ce n'est donc qu'après avoir reconnu la véritable cause du mal que l'on pourra instituer un traitement rationnel et efficace. Les faits observés par nos confrères et par nous sont si nombreux et si concluants, que l'on peut affirmer que le traitement hydrothérapique est le plus efficace de tous contre les névralgies curables.

Lorsqu'on est en présence d'un malade atteint de névralgie, il faut chercher tout d'abord à faire disparaître ou à diminuer la douleur. Les moyens hydrothérapiques qu'on peut employer dans ce but sont : l'étuve sèche, la douche écossaise, le maillot, les bains et douches de vapeur, les bains russes, les bains maures, les douches filiformes et certaines applications froides. Nous faisons, on le voit, une grande part aux agents qui servent à l'application du calorique, mais nous nous hâtons d'ajouter que le véritable traitement analgésique repose sur l'association du calorique et du froid. Sans doute, l'emploi isolé du froid et du chaud peut rendre de grands services contre les névralgies, mais les résultats qu'on obtient en agissant ainsi sont très-incomplets.

Parmi les moyens analgésiques, nous préférons sans hésitation la douche écossaise; c'est, de tous les procédés, celui dont l'application peut se régler avec le plus de facilité; il est très-efficace et ne provoque jamais les accidents qui résultent quelquefois de l'application des autres moyens.

Dans la névralgie cervico-brachiale, dans la névralgie coxo-fémorale, dans la sciatique surtout, nous n'avons jamais eu qu'à nous louer des résultats que l'on obtient avec la douche écossaise, et nous n'hésitons pas à la recommander. Il nous semble inutile de décrire ici chacune de ces névralgies, puisque le manuel opératoire que nous allons exposer convient également à chacune d'elles. Au surplus, tous les renseignements que comporte cette question sont très-développés dans le chapitre de notre *Traité d'hydrothérapie* consacré à l'étude des névralgies.

L'appareil dont nous nous servons consiste en une douche mobile en arrosoir alimentée par deux conduits, l'un amenant l'eau chaude, l'autre l'eau froide, munis à leur intersection d'un système de robinets qui permet d'avoir immédiatement de l'eau à toutes les températures. Quand il s'agit de combattre une névralgie, on projette sur la partie douloureuse de l'eau chaude et on règle tout de suite la température sur la tolérance du malade. Quand le patient est acclimaté à cette sensation de chaleur, on élève lentement et graduellement la température, en ayant soin de conserver le même degré pendant quelques secondes, jusqu'à ce que la région douloureuse soit suffisamment échauffée. On projette alors rapidement, légèrement et brièvement, sur la même partie, de l'eau froide, et l'on termine l'opération par une douche froide générale.

Dans les cas rares où une douche écossaise n'aurait pas suffi pour calmer la douleur, on pourrait en administrer une seconde dans la journée. Seulement, il importe, pour ne pas fatiguer les malades, que la durée de la douche chaude ne dépasse pas six, huit ou dix minutes.

L'étuve sèche, suivie d'une application froide, est un agent extrêmement utile, mais il faut se tenir en garde contre certains accidents, parmi lesquels il faut signaler une fatigue excessive, des syncopes et quelquefois une congestion bien caractérisée des divers organes contenus dans le bassin. Il n'est pas rare que ce procédé produise aussi une exaspération du système nerveux. C'est pour ces raisons que nous avons dû renoncer, dans certains cas, à l'étuve sèche et donner la préférence à d'autres procédés de calorification, notamment à la douche écossaise. Néanmoins, malgré les inconvénients que nous venons de signaler, l'étuve sèche est un moyen utile contre certaines névralgies ; il importe seulement, quand on l'emploie, de bien régler l'intensité de la chaleur provoquée. Ainsi, les douleurs suraiguës sont très-soulagées quand l'étuve ne dépasse pas 45° centigrades et que l'application est longuement supportée, tandis que les douleurs subaiguës réclament une température bien plus élevée et des précautions telles, que le médecin seul peut être à même de surveiller les effets de l'application.

Les bains de vapeur, les fumigations, les bains russes, les bains maures sont d'un effet incertain ; il en est de même des douches filiformes dont nous n'avons pas, jusqu'ici du moins, obtenu des effets analgésiques bien constants.

Quant au maillot, malgré les accidents auxquels il a donné lieu lorsqu'on en a fait un usage immodéré, il est d'une efficacité incontestable chez les malades qui ne présentent pas de prédisposition aux congestions internes.

Dans certaines névralgies, les applications froides, les douches froides notamment, suffisent pour amener la guérison ; ajoutons qu'elles ont un effet d'autant plus accentué que le malade est plus affaibli. Employées vers la fin d'un traitement, elles servent à consolider la guérison et à prévenir les rechutes.

Il nous reste maintenant à examiner les conditions dans lesquelles on doit choisir de préférence l'un ou l'autre des modificateurs hydrothérapiques dont nous venons de parler.

La douche froide pure et simple est parfaitement indiquée dans les cas de névralgie greffée sur un état anémique ou nerveux; en cas d'insuccès, on aura recours à la douche écossaise, à la douche de vapeur et à l'étuve sèche, dont il faudra surveiller l'application.

Lorsque la névralgie s'accompagne d'excitation nerveuse, on la combat par le maillot, les bains de vapeur humide, les bains russes, les bains maures, suivis d'une application froide peu excitante, telle qu'une immersion, une affusion ou une douche en nappe.

Contre la névralgie entretenue par un état diathésique, comme le rhumatisme, la goutte, etc., on pourra employer les divers analgésiques dont nous venons de parler ; mais, si l'on veut obtenir une modification sérieuse, c'est à l'eau froide *intus* et *extra* qu'il faut recourir (voy. *Maladies diathésiques*).

Dans les cas enfin où la névralgie est compliquée de phénomènes convulsifs, anesthésiques, paralytiques ou atrophiques, le modificateur analgésique est le plus souvent insuffisant ; il faut absolument recourir en outre aux applications froides qui produisent une action excitante et résolutive, et à la douche alternative dont l'effet est très-salutaire quand il existe de semblables complications.

Nous devons ajouter ici que nous considérons la douche chaude, le maillot et l'étuve sèche comme des procédés préparatoires destinés à faciliter l'action de l'application froide qui les suit, et que l'action analgésique est le résultat de la combinaison du chaud et du froid. On peut, il est vrai, calmer ou faire disparaître certaines douleurs à l'aide du calorique ou de l'eau froide employés séparément, mais l'association de ces deux agents produit des résultats plus efficaces et surtout plus durables que l'emploi de chacun d'eux appliqué isolément. L'eau froide peut suffire dans quelques circonstances ; quant à l'emploi exclusif du calorique, il ne peut être longtemps continué, et l'économie en ressentirait à la longue une funeste influence si l'on n'avait recours à l'intervention de l'eau froide. Il n'est pas possible, en effet, de soumettre le corps humain à l'action prolongée du calorique, sans provoquer un certain relâchement des tissus et une déperdition notable des forces de l'organisme. Quel affaiblissement ne provoquerait-on pas, par exemple, chez une personne chloro-anémique atteinte de névral-

gie, si on voulait combattre l'élément douleur par
l'emploi continu de sudations non suivies d'applications froides? Mieux vaudrait, dans ce cas, recourir exclusivement à l'eau froide employée isolément. En agissant ainsi, on a beaucoup de chances
pour calmer, et l'on est sûr, en tous cas, de rendre
à l'économie les forces qu'elle a perdues.

De la migraine

La migraine est une névrose douloureuse du cerveau se manifestant par des accès, dont le caractère
prédominant consiste en une douleur plus ou moins
vive, à forme unilatérale, siégeant le plus souvent
sur l'orbite, le front, les tempes ou l'occiput. Nous
n'exposerons pas ici la physionomie générale d'un
accès de migraine, dont tous les phénomènes sont
parfaitement connus. Nous dirons seulement que la
détermination de la nature et du siége de la maladie
est entourée de grandes difficultés.

Dans un mémoire que l'Académie de médecine a
couronné, nous avons cherché à prouver que presque
tous les auteurs sont d'accord pour considérer
la migraine comme une névralgie. Il n'y a entre
eux de dissidence que lorsqu'il s'agit de préciser
le siége de cette névralgie. Nous nous rallions sans
hésitation à l'opinion de Romberg et du professeur
Axenfeld, qui considèrent dans leurs écrits la migraine comme une névralgie cérébrale, parce que
cette manière de voir est seule capable d'expliquer
l'évolution de tous les phénomènes qui peuvent
se développer dans un accès d'hémicrânie.

19.

Quelle que soit du reste l'opinion que l'on adopte sur la nature et le siége de la migraine, il faut, lorsqu'on est consulté par un malade qui veut guérir de cette affection, rechercher avec soin les causes générales qui la déterminent. On trouvera que les altérations du sang dues à la chloro-anémie ou à certaines maladies diathésiques, que les troubles fonctionnels de l'estomac ou de la matrice et que l'épuisement nerveux exercent sur le développement de cette névrose une influence incontestable.

Les malades que nous avons eus à traiter par l'hydrothérapie se trouvaient dans ces conditions; et, dans les cas où il nous a été possible de combattre l'influence des causes, nous avons obtenu de véritables succès.

Il existe entre la migraine et la goutte des affinités qui sont reconnues à peu près par tous les auteurs. Les uns considèrent la migraine comme une goutte larvée; les autres la désignent simplement sous le nom de névrose goutteuse. Nous nous sommes occupé de cette question pathologique quand nous avons étudié l'arthritisme; nous n'y reviendrons pas. Ce que nous tenons à dire ici, c'est que, chez les malades migraineux, issus de parents goutteux, et par conséquent disposés à le devenir, les douches froides longtemps continuées, aidées par un régime approprié, ont rendu de véritables services. Nous devons ajouter que le traitement hydrothérapique doit être considéré comme une règle hygiénique qu'il faut suivre très-longtemps. Nous conseillons le même moyen aux personnes qui ont des migraines entretenues par la diathèse rhumatismale. L'hydrothérapie est aussi un moyen précieux pour régulariser les fonctions digestives chez les malades migraineux, lorsque leur névrose est liée à un trouble fonctionnel de l'estomac, à une dyspepsie, par exemple.

Nous pourrions citer un grand nombre d'observations démontrant les heureux résultats de l'hydrothérapie dans la migraine, notamment lorsque cette affection douloureuse est le résultat d'un affaiblissement général de l'organisme, produit par les veilles, le travail ou le plaisir, ou bien quand elle est un symptôme d'épuisement nerveux ou de chloro-anémie, ou bien encore quand elle est amenée par un état congestif ou par un désordre fonctionnel quelconque. Mais cette énumération, trop longue pour le cadre qui nous est imposé, serait sans profit pour le lecteur, auquel il suffira de savoir que, dans un grand nombre de cas de migraine, l'hydrothérapie peut rendre d'immenses services.

Irritation spinale

L'irritation spinale est une affection nerveuse caractérisée symptomatiquement par une douleur perçue le long de la colonne vertébrale, pouvant apparaître spontanément, mais étant toujours exaltée par la pression exercée sur les apophyses épineuses. Elle s'irradie souvent sur le trajet des nerfs qui communiquent avec le cordon spinal, et donne lieu à des troubles fonctionnels multiples et plus ou moins intenses.

Cette affection, qui doit être considérée comme

une maladie de la moelle, se présente fréquemment dans le cours de certaines névroses, dans le rhumatisme, la goutte et dans quelques maladies constitutionnelles.

Bien des opinions ont été émises sur la nature de la douleur qui est le symptôme dominant de l'irritation spinale; nous croyons qu'elle est due à un trouble de nutrition de la moelle, analogue à celui qui donne naissance aux névralgies. Pour cette raison nous considérons la maladie dont il s'agit comme une névralgie de la moelle, une migraine spinale.

La douleur rachidienne siége de préférence dans la région dorsale, mais on l'observe aussi dans les régions cervicale et lombaire. En général, elle se fait sentir au niveau de plusieurs vertèbres à la fois; quelquefois, entre les vertèbres douloureuses, il s'en trouve d'absolument indolentes. La douleur change de place d'un jour à l'autre, disparaît d'un point pendant quelque temps pour reparaître en ce même point avec la même intensité. Elle a des caractères très-variables; elle donne lieu tantôt à une sensation de contusion, de brûlure, de froid, tantôt à une sensation semblable à celle que provoque une secousse électrique.

Lorsque la maladie est ancienne, et que, par conséquent, il existe des désordres plus accentués dans la moelle, elle prend un caractère de gravité qu'il est utile de signaler. Elle se complique d'accidents nerveux et de troubles fonctionnels de diverses natures, tels que : névralgies des membres, du tronc, de la face, douleurs dans les doigts et les orteils, engourdissement des extrémités, épigastralgie, gastralgie, etc. A ce cortége de phénomènes nerveux viennent s'ajouter des palpitations, de la dyspnée, de la dyspepsie, des vomissements, de la diarrhée, des troubles de la menstruation, des accès de fièvre intermittente, des congestions de l'utérus ou des vaisseaux hémorrhoïdaux, des épistaxis, de l'œdème des extrémités, et enfin un amaigrissement notable compliqué d'un affaiblissement général de l'organisme.

Les causes sont les mêmes que celles qu'on attribue aux autres névroses ; il faut annihiler leur influence avant de combattre l'irritation spinale proprement dite.

Du traitement hydrothérapique dans l'irritation spinale. — Quand la maladie est sous la dépendance d'une altération de la quantité ou de la qualité du sang, la règle du traitement est toute tracée : il faut modifier la composition du liquide sanguin par les procédés hydrothérapiques utilisés dans les divers états morbides qui amènent la modification du sang. Ainsi, lorsque ce désordre nerveux est lié à la chlorose ou au rhumatisme, comme cela se voit souvent, il faut, avant de le combattre, modifier l'état chlorotique ou rhumatismal.

Il est des cas dans lesquels les malades n'éprouvent d'autres phénomènes que ceux qui caractérisent essentiellement l'irritation spinale, qu'on peut considérer alors comme idiopathique. Voici les moyens que, dans ce cas, nous conseillons d'employer.

Si le malade peut supporter le choc de la douche mobile il faut l'administrer froide, de courte durée, et localisée sur la partie postérieure du corps. Par ce procédé, la douleur est parfois apaisée rapidement ; mais, le plus souvent, on n'obtient de résultats rapides ou durables qu'au moyen de la douche écossaise dirigée sur la colonne vertébrale. Seulement, pour que le traitement soit complet, nous pensons qu'il faut terminer le traitement hydrothérapique par une série d'applications froides, telles que l'affusion ou le col de cygne dirigé sur l'épine dorsale tout entière.

Si le malade ne peut supporter le choc de la douche, on emploiera, dès le début, l'affusion ou le col de cygne, les frictions avec le drap mouillé ou les lotions avec une éponge, ou bien encore le sac à glace ou le sac à eau chaude appliqués selon la méthode Chapman. Dans les cas où le moindre attouchement de la partie postérieure du corps cause des douleurs insupportables, il faut se contenter de faire des applications froides à la partie antérieure du corps. Ce procédé suffit souvent pour produire une amélioration notable ; cependant, comme chez les femmes très-excitables il exagère les symptômes de l'irritation spinale, il importe, surtout au début du traitement, que l'eau employée soit à une température à peu près indifférente. Dans ces cas, il n'est possible de faire intervenir les modificateurs curatifs qu'après avoir soumis pendant longtemps les malades à des moyens préparatoires.

En raison des récidives fréquentes que l'on observe dans cette maladie, il faut que le traitement soit suivi pendant longtemps, en ayant soin toutefois de l'entrecouper par des intervalles de repos si le malade est très-nerveux.

Quand l'irritation spinale s'accompagne des troubles fonctionnels que nous avons décrits, on doit combiner les procédés qui conviennent à cette maladie nerveuse avec ceux qui peuvent apaiser les phénomènes morbides concomitants.

Névro-myalgie — Myalgie — Dermalgie
Rhumatisme musculaire

La névralgie, nous l'avons vu, est essentiellement caractérisée par l'existence de points douloureux perçus sur le trajet des cordons nerveux. Lorsque la douleur atteint les filaments des rameaux nerveux qui s'épanouissent dans les muscles et que ceux-ci même deviennent douloureux, on se trouve en présence de ce que l'on appelle la *névro-myalgie*. Dans ce cas, la douleur n'est point localisée à des points fixes, elle est beaucoup plus étendue et peut se manifester dans un ou plusieurs muscles.

Quand la douleur atteint les ramuscules nerveux du derme et de la peau dans une partie plus ou moins grande de son étendue, cette douleur constitue ce que l'on appelle la *dermalgie*.

Le nom de *myalgie* désigne l'affection douloureuse des muscles que l'on observe, par exemple, chez ceux qui, pour la première fois, se livrent à la gymnastique, à l'escrime et à l'équitation; elle est due à un effort excessif des fibres musculaires. Cette douleur disparaît du reste assez rapidement, et n'exige l'intervention du médecin que chez les gens faibles ou maladifs.

Dans certaines circonstances, la névro-myalgie et la dermalgie peuvent se compliquer de crampes, de contractures, de déchirures, d'atrophie ou de dégénérescence musculaire, paralyser le jeu des articulations et provoquer même l'impuissance motrice.

Ces divers phénomènes, qu'ils apparaissent isolément ou qu'ils soient groupés ensemble, peuvent n'être que des symptômes de l'affection comprise sous le nom de rhumatisme musculaire; mais ils peuvent aussi se développer en dehors de toute influence rhumatismale; et, quoique les manifestations présentent une grande analogie dans les deux cas, nous ne pensons pas que la nature du mal soit la même et que, par conséquent, le traitement doive être identique.

Ces affections douloureuses peuvent se présenter dans toute leur simplicité; dans ce cas, elles disparaissent assez rapidement sous l'influence des douches froides. Si elles sont liées à un affaiblissement de l'organisme, sans complication contre-indiquant le traitement hydrothérapique, ou bien si elles sont accompagnées de spasmes, de contractures ou d'atrophie musculaire, c'est encore à la douche froide qu'il faut recourir. Seulement, l'application doit être énergique et suffisamment prolongée.

Lorsque la diathèse rhumatismale existe et entretient la névro-myalgie, la douche froide appliquée seule peut échouer; il faut, pour réussir, la faire précéder de la douche chaude, de l'étuve sèche ou du maillot.

Il est donc important, avant d'instituer le traitement hydrothérapique, de bien étudier la nature des affections douloureuses de cette espèce; c'est dans l'évolution des phénomènes morbides, le genre des causes productrices, les antécédents et la constitution du sujet, que l'on pourra puiser les éléments d'une bonne thérapeutique.

Nous pourrions citer un grand nombre de faits pour démontrer l'utile intervention du calorique associé à l'eau froide dans ces phénomènes morbides que l'on désigne sous la rubrique de rhumatisme musculaire, mais l'espace nous manque pour faire cette énumération qui serait peut-être trop fastidieuse pour le lecteur. Il nous suffira d'ajouter que si les diverses applications du calorique, telles que les étuves ou les maillots, peuvent rendre de réels services, la douche écossaise, administrée suivant les règles que nous avons formulées, est certainement le modificateur hydrothérapique qui a le moins d'inconvénients et qui offre le plus de ressources.

CHAPITRE XI

DE QUELQUES AFFECTIONS CONVULSIVES DU SYSTÈME NERVEUX

Nous n'avons pas l'intention de revenir dans ce chapitre sur les névroses générales convulsives que nous avons étudiées plus haut. Nous dirons seulement quelques mots de certaines convulsions isolées auxquelles on a donné le nom de *tics*, de ces névroses particulières que l'on appelle *crampes professionnelles*, des *contractures* et des *tremblements*.

Tics convulsifs

Dans la description de cette névrose généralement connue sous le nom de *tic*, nous établirons, tout d'abord, avec Trousseau, une distinction entre le *tic douloureux*, véritable névralgie accompagnée de mouvements convulsifs épileptiformes, et le *tic non douloureux*, ou espèce de chorée partielle, qui se rencontre fréquemment et qui est caractérisé par

des mouvements convulsifs, involontaires, incon-
scients et non douloureux.

Tics douloureux. — Cette affection est, comme on
le sait, caractérisée par des convulsions extrêmement douloureuses des muscles de la face ; les
branches terminales de la septième paire sont
presque toujours le siége de points douloureux qui
envahissent subitement le visage, sans être précédés d'aucun signe qui puisse en faire prévoir l'apparition.

Dans le tic douloureux, la douleur est toujours
accompagnée de convulsions, ce qui lui a fait
donner par Trousseau le nom de névralgie épilepti-
forme *convulsive*.

Ces convulsions peuvent être cloniques ou toniques. Les premières consistent en secousses instantanées qui impriment à la face les contorsions les
plus bizarres ; elles sont toujours remplacées par
des intervalles de repos. Les secondes sont caractérisées par un spasme persistant qui frappe certains
muscles, et qui produit, lorsqu'il siège dans un des
côtés de la face, une déviation permanente de ce
côté. Ce spasme peut être confondu avec une paralysie de la face localisée dans le côté opposé. Mais
il est facile de distinguer ces deux affections à l'aide
de l'exploration électrique. Au surplus, il suffit de
se rappeler que, dans la paralysie, les muscles paralysés sont mous et souples, tandis qu'ils sont rigides
et saillants dans la convulsion tonique.

Cette forme, très-rare, sans gravité au point de
vue du pronostic, est cependant inquiétante au
point de vue des difficultés que l'on éprouve pour
obtenir la guérison. Toutefois, même dans cette

forme, c'est l'hydrothérapie qui, nous le croyons, a donné jusqu'à présent les meilleurs résultats.

Quant à la forme classique, c'est-à-dire au véritable tic douloureux, caractérisé par des secousses apparaissant brusquement sous forme de paroxysmes, pouvant ne durer qu'une seconde ou se prolonger jusqu'à deux minutes, il ne faut pas, à son égard, partager l'opinion désespérante de Trousseau, et dire avec lui qu'il ne guérit jamais sans retour ; nous pourrions citer des faits rassurants à cet égard.

Le traitement auquel nous avons recours en général, parce que c'est celui qui nous a toujours semblé le plus efficace, consiste en une sudation avec l'étuve à la lampe, immédiatement suivie d'une douche froide et courte, en jet ou en pluie; les douches de vapeur, les fumigations et la douche écossaise nous ont également rendu de grands services, mais, nous le répétons, dans l'espèce, c'est le traitement que nous venons d'indiquer qui a toujours été le plus efficace. Il est bon d'ajouter que, dans quelques cas, les douches froides nous ont suffi pour combattre cette affection.

Tics non douloureux. — Ces troubles convulsifs, qui ne sont autre chose que des chorées partielles, consistent en des contractions rapides, instantanées, involontaires et presque toujours limitées à un petit nombre de muscles, particulièrement à ceux de la face. Ces sortes de convulsions peuvent affecter aussi les muscles du cou, du tronc et même des membres. Quelques individus atteints de cette affection ont un clignotement dè la paupière qui revient à chaque instant ; ils éprouvent aussi un tiraillement convulsif de la joue, de l'aile du nez ou de la commissure des lèvres, qui produit une grimace toute particulière. D'autres n'éprouvent rien du côté des muscles de la face, seuls les muscles de la tête et du cou sont atteints. Ce sont alors des contorsions brusques et passagères du cou, des hochements de tête, des soulèvements d'épaules, en un mot, toutes sortes de mouvements impossibles à décrire et plus bizarres les uns que les autres.

Ce tic indolore est une affection essentiellement chronique, souvent inconsciente, contre laquelle l'hydrothérapie elle-même échoue souvent.

Ajoutons enfin que, parfois, le tic s'accompagne d'une véritable chorée laryngée, et que les malades, en même temps qu'ils présentent un contraction involontaire d'une partie de la face, se mettent à pousser un cri aussi involontaire que la contraction faciale elle-même.

Ces tics sont souvent héréditaires. Dans tous les cas, en remontant à la source, on finit toujours par découvrir, soit chez l'individu lui-même, soit parmi ses ascendants ou ses collatéraux, l'existence de quelques névroses.

Quoique ne s'accompagnant pas de douleurs, on comprend combien cette affection doit être pénible. Aussi, quelque faibles que nous paraissent les chances de guérison, nous devons faire tous nos efforts pour que la thérapeutique ne soit pas absolument impuissante contre cette affection.

Après avoir essayé contre cette névrose opiniâtre les divers modificateurs hydrothérapiques, nous sommes arrivé à reconnaître que le meilleur procédé est la douche en pluie et en jet. Nous avons toujours été obligé de recourir à son emploi, et de reconnaître sa supériorité sur les autres agents de l'hydrothérapie. Seulement, comme quelquefois le malade ne peut pas supporter sur la tête une eau aussi froide que sur le reste du corps, on s'arrange alors pour se servir, pour la tête, d'une pluie avec de l'eau à 18° ou 20°. Quant à la piscine, elle est ici bien moins efficace que dans la chorée complète.

Nous devons dire que le nombre des succès est inférieur à celui des échecs, mais nous croyons que les insuccès tiennent surtout au défaut de persistance des malades dans la durée du traitement.

Crampes professionnelles. — Crampes des écrivains, des pianistes, etc. — La dénomination de *crampes* ou *chorée des écrivains*, que l'on a donnée à cette affection, nous semble tout à fait insuffisante. Il est vrai qu'on la rencontre fréquemment chez les écrivains, mais on la trouve aussi chez des personnes exerçant d'autres professions, comme les pianistes, les flûtistes, etc. En outre, comme l'a fait remarquer avec raison Duchenne (de Boulogne), ces crampes n'ont pas toujours leur siége dans les muscles de la main ; elles peuvent se produire dans toutes les régions ; c'est pourquoi nous préférons de beaucoup, avec cet auteur, donner à cette affection la dénomination plus générale de *spasmes fonctionnels* ou *crampes professionnelles*.

La cause la plus fréquente de cette névrose est l'abus de certains mouvements musculaires ; mais cette cause, purement mécanique, n'est pas la seule ; il faut remonter à une cause plus générale et la rechercher dans l'état nerveux du malade. La véritable crampe des écrivains est caractérisée par un spasme, une contraction involontaire plus ou moins douloureuse des muscles fléchisseurs et extenseurs des doigts. Il est rare, dans ces cas, qu'il n'y ait pas eu, avant l'apparition de cette crampe, une période prodromique caractérisée par une sensation de fatigue dans les muscles de la main, sensation s'étendant jusque dans les muscles de l'avant-bras ; l'individu peut encore écrire, mais il est obligé, au bout d'un certain temps, de déposer la plume, et il finit par lui être absolument impossible de la tenir. C'est là une forme paralytique de cette affection, ayant pour cause déterminante la pratique exagérée de l'écriture, et constituée principalement par une parésie des muscles fléchisseurs et extenseurs des doigts, et plus particulièrement des trois premiers doigts.

A côté de cette forme, il en existe une autre à laquelle M. Jaccoud donne le nom de forme trem= blante et qui est une véritable chorée. Au moment où l'individu veut écrire, ses doigts sont subitement agités de mouvements convulsifs, de tremblements plus ou moins intenses qui le mettent dans l'impos- sibilité d'accomplir l'acte commencé. C'est un tremblement qui croît en intensité et en étendue, et qui peut gagner les muscles de l'avant-bras, du bras et même de l'épaule.

Enfin, il est encore deux autres formes que peuvent revêtir ces phénomènes morbides : la forme ataxique et la forme spasmodique. La première est caractérisée par des contractions involontaires des muscles fléchisseurs et extenseurs des doigts, sans tremblement ni parésie ; la seconde est constituée par des crampes réflexes inégalement réparties dans les mêmes muscles.

Quelle que soit la nature de ces contractions, le désordre est toujours limité aux muscles de la main et de l'avant-bras, et ne se manifeste que pendant l'accomplissement de l'acte professionnel. Cette affection est grave, en ce sens qu'elle oblige les personnes qui en sont atteintes à renoncer à la profession qu'elles exercent : il ne faut donc négliger, pour la combattre, aucun des moyens que la thérapeutique met à notre disposition.

La guérison de ces troubles nerveux est rare ; cependant des faits observés par nous démontrent qu'elle est possible. Dans ces cas heureux nous avons eu recours aux douches froides en pluie et en jet et aux douches écossaises prolongées.

Des contractures

La contracture musculaire est une contraction involontaire, plus ou moins persistante, quelquefois même permanente, caractérisée par l'endurcissement et le raccourcissement du muscle qui tend ainsi incessamment à rapprocher ses points d'insertion. C'est un état spasmodique, le plus souvent dû à une affection du système nerveux et particulièrement de la partie de ce système qui forme l'armature du muscle contracturé.

Lorsque la contracture est permanente, elle finit tôt ou tard par entraîner une atrophie graduelle des fibres musculaires, qui ne laisse à la longue subsister que la trame cellulo-fibreuse du muscle.

Quand l'altération histologique est arrivée à ce point, elle produit cet état spécial qu'on désigne sous le nom de rétraction.

Il y a, entre la contracture et la rétraction, une distinction très-nette à établir et qu'il importe de connaître pour bien préciser le traitement à employer. La rétraction, en effet, telle que nous l'entendons ici, échappe à tous les agents médicamenteux et à tous les modificateurs hygiéniques ; elle n'est accessible qu'aux moyens chirurgicaux, et ne doit pas être traitée par l'eau froide.

La contracture spasmodique, avec intégrité du tissu musculaire, est, au contraire, accessible à l'action des moyens médicamenteux, et en particulier à celle de l'hydrothérapie.

On peut diviser, moins par leurs caractères physiologiques que par leur étiologie, les contractures en cinq espèces principales : 1° La contracture rhumatismale, ou *a frigore*; 2° la contracture spasmodique proprement dite ; 3° les contractures que l'on pourrait appeler par action réflexe ; 4° certaines contractures spéciales dues à des lésions musculaires ; 5° enfin, les contractures de certains muscles qui sont dues à une paralysie des antagonistes.

1° Les contractures rhumatismales sont les plus douloureuses ; on les rencontre fréquemment dans la forme chronique du rhumatisme ; elles suivent toutes les phases que traverse la diathèse elle-même. En pareil cas, il faut traiter d'abord l'affection primitive et combattre la douleur qui accompagne toujours la contracture rhumatismale, par les moyens analgésiques que nous avons déjà indiqués. Les exemples les plus connus de ces sortes de contractures sont le lumbago et le torticolis, dont nous avons parlé dans le chapitre consacré spécialement au rhumatisme.

2º La contracture spasmodique proprement dite résulte d'une affection irritative ou inflammatoire des centres nerveux et des troncs nerveux qui en émergent.

Elle est presque toujours un effet de la plupart des affections du système nerveux central ou périphérique et des maladies que déterminent les altérations du liquide sanguin. En étudiant les névroses, nous avons indiqué comment il convient d'employer l'hydrothérapie dans ces cas ; nous n'y reviendrons pas. Quant à la contracture qui dépend d'une lésion des nerfs ou du cerveau, elle peut être traitée de la même manière ; mais, dans ces cas spéciaux, il faut bien dire que les échecs sont plus nombreux que les succès. En revanche, les contractures produites ou entretenues par les altérations du sang cèdent à un traitement hydrothérapique bien dirigé et régulièrement suivi.

3º Sous le nom de contractures par action réflexe, on peut grouper toutes celles qui surviennent à la suite d'une irritation périphérique, comme on en observe, par exemple, chez les personnes qui ont des vers intestinaux ou une inflammation chronique des viscères, la tétanie des nourrices ou des nouvelles accouchées, et la nouvelle espèce de contracture décrite en 1870, dans la *Gazette des hôpitaux*, par Duchenne (de Boulogne). Cette dernière survient à la suite de violences exercées sur certaines articulations, succède presque toujours à une arthrite légère ou à une simple douleur articulaire, et peut siéger indifféremment dans tous les muscles qui entourent l'articulation intéressée. Nous avons déjà parlé de ce fait en étudiant la névro-myopathie péri-articulaire.

Dans ces sortes de contractures, il importe, avant tout, de calmer l'irritation, qui peut être considérée comme le point de départ de l'action réflexe morbide. Mais si l'on veut obtenir une guérison durable, il est nécessaire de modifier la susceptibilité maladive des centres nerveux. Pour atteindre ce but et combattre, par suite, la maladie dont il s'agit, l'hydrothérapie peut être appliquée en toute confiance.

4° Les diverses lésions musculaires, et notamment celles que provoque la syphilis, peuvent devenir aussi une cause de contractures. Celles-ci s'accompagnent quelquefois de rétraction, phéno-mène que l'on peut combattre efficacement par l'hydrothérapie et le massage.

5° Dans la classe où se trouvent les contractures dues à la paralysie des muscles antagonistes, on peut placer celles qui se développent à la suite d'une compression du tissu musculaire, et celles qui sont dues à des attitudes forcées ayant amené un raccourcissement permanent des fibres musculaires. Contre ce dernier groupe de contractures, l'hydrothérapie est fort utile ; et, sauf les contre-indications qui peuvent dépendre de l'état général du malade, la plupart des applications de cette méthode, et notamment les frictions avec le drap mouillé, produisent de très-heureux résultats.

Contracture des extrémités. — Tétanie. — Cette affection est une contracture intermittente, douloureuse, qui tourmente beaucoup les malades, bien qu'elle n'ait rien de grave en elle-même. Elle occupe presque toujours les muscles des membres, se rattache parfois à une maladie générale et ne dépend presque jamais d'une lésion des centres nerveux. Elle est partielle ou générale, selon qu'elle occupe un seul faisceau musculaire ou qu'elle est généralisée dans tous les muscles. Le plus souvent précédée de douleurs vagues, d'engourdissements ou de fourmillements ; elle apparaît rarement d'emblée ; chez l'enfant particulièrement, elle est presque toujours secondaire d'une autre affection et parfois épidémique. Elle atteint d'abord les extrémités, et principalement celles des membres supérieurs, faisant fléchir les doigts sur la main. Des doigts, elle passe au poignet, puis à l'avant-bras et au bras, quelquefois même elle envahit l'épaule. Dans les membres inférieurs, il est rare qu'elle s'étende jusqu'aux cuisses. On a cependant vu des cas où il y avait, sinon contracture, du moins raideur d'un grand nombre de muscles. Ajoutons qu'il y a des exemples de contractures des muscles de l'abdomen qui, par la position vicieuse qu'elles impriment au bassin, peuvent faire croire à une affection coxo-fémorale. On a vu aussi quelques cas de contracture de muscles isolés, atteignant généralement de préférence le biceps, le long supinateur et le coraco-brachial. On constate quelquefois, au niveau des parties contracturées, un gonflement œdémateux, de la rougeur et de la chaleur. Tous ces symptômes s'exagèrent par moments, car la maladie procède par accès qui se reproduisent à des intervalles assez inégaux.

On ne confondra pas la tétanie avec le tétanos, car, dans ces deux affections, la marche de la contracture suit un sens inverse. Dans la première, elle commence par les extrémités; dans la seconde, elle ne les atteint qu'en dernier lieu.

La tétanie se montre généralement entre quinze et vingt ans. On la rencontre aussi chez les jeunes enfants ; mais la puerpéralité a sur son développement une influence incontestable. Elle s'observe indifféremment dans les deux sexes, chez les sujets forts aussi bien que chez les sujets faibles, et c'est au froid et à l'humidité qu'il faut surtout l'attribuer.

L'hydrothérapie se montre très-efficace contre cette affection ; mais, pour qu'il en soit ainsi, il est important de savoir choisir les procédés qu'il convient d'employer.

Toutes les fois que la contracture est dominée par une excitation nerveuse très-grande, on pourra employer une douche froide générale le matin, en ayant soin de ne pas percuter fortement, et le soir on aura recours à la piscine modérément froide.

Quand la peau sera sèche et que le malade aura besoin d'être réchauffé, on pourra employer l'étuve à la lampe, la douche de vapeur, la douche chaude, le bain de vapeur ou le maillot, en ayant soin de faire suivre chacune de ces applications d'une friction froide et en donnant, dans la journée, une douche générale froide, à légère percussion.

Parmi les applications préalables de calorique destinées à favoriser l'effet de l'eau froide, le maillot, appliqué le matin, nous a réussi mieux que les autres procédés ; le fait est assez important pour que nous n'hésitions pas à le signaler.

Du tremblement nerveux

Le tremblement nerveux, qui ressemble beaucoup à celui des vieillards, en diffère cependant essentiellement par ses causes et par les conditions dans lesquelles il se manifeste. Il affecte particulièrement la tête et les membres, surtout les mains, beaucoup plus rarement le tronc tout entier, et se développe sous l'influence des émotions morales vives, de l'onanisme, des excès vénériens, des chagrins, etc. Nous pensons qu'il résulte, comme la plupart des névroses, d'un trouble de nutrition qui peut dégénérer souvent en une altération histologique grave.

L'hydrothérapie, administrée avec précaution, peut donner au système nerveux la force qui lui manque, et aguerrit l'organisme contre les nombreuses impressions qui ont le triste privilége d'exagérer les tremblements.

A côté de ces tremblements, nous devons citer celui qui survient quelquefois chez des malades atteints de parésie cérébrale ; il est localisé dans les extrémités, ressemble à celui qu'ont les vieillards, et dépend presque toujours d'un trouble de nutrition dans les centres nerveux de l'encéphale. Le tremblement est curable quand il est à son début ; plus tard, la guérison devient difficile, et parfois impossible. Il faut donc se hâter d'employer l'hydrothérapie si on veut produire des effets curatifs. C'est avec les douches en jet, froides et courtes, répétées le matin et le soir, que nous avons obtenu les meilleurs résultats.

Paralysis agitans

Cette affection débute par un sentiment de faiblesse générale et par une tendance à trembler de la tête et surtout des membres. Ce dernier symptôme augmente peu à peu et le malade perd graduellement la faculté de garder l'équilibre en marchant; son corps tout entier est agité et secoué continuellement; il ne peut exécuter aucun mouvement avec précision. Par un effort de sa volonté, le patient réussit quelquefois à suspendre momentanément les oscillations morbides, mais, après un apaisement de courte durée, l'agitation recommence et devient parfois si accentuée, qu'on ne peut l'arrêter, même en retenant les membres très-solidement. Ce phénomène prédomine souvent dans une moitié latérale du corps et quelquefois s'y fixe exclusivement, surtout au début. Quand le malade marche, il ne peut s'arrêter soudainement ou se retourner avec rapidité; son corps est soumis à une sorte de propulsion involontaire, avec flexion du tronc en avant. Le sommeil ne calme pas toujours cette agitation, qui trouble la nutrition des centres nerveux et finit par épuiser toutes les fonctions de l'organisme.

Les causes de cette affection sont encore à peu

près inconnues ; ce qui est certain, c'est que la paralysis agitans fait souvent explosion sous l'influence d'une forte émotion.

Quelques médecins admettent une paralysis agitans curable, qu'ils ont appelée fonctionnelle, et une paralysis agitans incurable, qu'ils ont placée sous la dépendance d'une lésion organique. Cette distinction est admissible. Il est possible, en effet, que la maladie soit d'abord caractérisée par une excitabilité considérable des parties qui sont à la base du crâne. Si le trouble de nutrition que provoque l'excitabilité morbide ne détermine aucune altération histologique, les désordres moteurs restent purement fonctionnels et peuvent être arrêtés. Mais s'il existe une désorganisation matérielle des tissus, les phénomènes deviennent permanents et ne disparaissent qu'incomplétement.

L'hydrothérapie peut être employée contre cette pénible maladie, à la condition de ne recourir que très-rarement aux procédés excitants ; par conséquent, l'eau employée ne devra pas être très-froide, ou bien son application devra être précédée de l'emploi du calorique.

Les applications froides ne donneront d'heureux résultats que lorsque le système nerveux sera devenu moins impressionnable et le système musculaire plus résistant.

Dans le traitement hydrothérapique de la paralysis agitans, nous commençons toujours par une douche légère et modérément froide, pour tâter la résistance du malade sans le fatiguer. Au fur et à mesure que l'impressionnabilité diminue, nous abaissons la température de l'eau et nous remplaçons, selon les circonstances, la douche par des frictions avec le drap mouillé ou par des affusions. Lorsqu'il est nécessaire d'avoir recours au calorique pour apaiser les douleurs ou diminuer l'excitabilité du système nerveux, nous nous servons, dans le premier cas, de la douche écossaise, et, dans le second cas, des maillots ou des demi-maillots. Lorsque les fonctions névro-motrices sont plus régulières, et surtout moins troublées, nous employons simplement la douche froide. C'est en procédant ainsi que nous avons pu modifier d'une façon avantageuse les phénomènes morbides d'une maladie qui est un véritable supplice pour les malades qui en sont atteints.

CHAPITRE XII

DE QUELQUES AFFECTIONS PARALYTIQUES DU SYSTÈME NERVEUX ET DE CERTAINES NÉVROSES CUTANÉES

L'hydrothérapie a été indistinctement essayée dans toutes les paralysies. Son intervention a été souvent suivie de succès; parfois, au contraire, elle a été inutile, et même dans quelques cas spéciaux elle a été nuisible.

Avant donc de conseiller l'hydrothérapie contre les paralysies, il est essentiel de connaître quelles sont celles de ces affections qui sont justiciables de cette médication, et celles dans lesquelles elle ne doit pas être employée.

Lorsque la paralysie dépend d'une lésion organique des centres nerveux ou d'une altération indélébile des nerfs et des muscles, elle est incurable; dès lors, l'hydrothérapie est impuissante. Cependant, même dans les cas les plus rebelles à la thérapeutique, elle a pu arrêter, au moins d'une façon provisoire, les progrès de la lésion; mais on est forcé de reconnaître que ses applications, tout en modifiant quelques phénomènes morbides présentés par les malades, n'ont exercé aucun effet thérapeutique sur l'affection elle-même.

Nous laisserons de côté pour le moment les paralysies d'origine organique ; nous ne parlerons ici que de celles qui peuvent être améliorées ou guéries par l'hydrothérapie, et qui ne dépendent, par conséquent, d'aucune lésion matérielle appréciable. Grâce aux progrès de la physiologie et de la pathologie nerveuse, nous sommes aujourd'hui en mesure d'expliquer scientifiquement la pathogénie de ces affections paralytiques et d'en tirer les données nécessaires à toute bonne thérapeutique.

Le premier caractère général qui nous frappe, dans tous ces états morbides, c'est qu'ils ont tous comme base l'asthénie, c'est-à-dire l'affaiblissement de toutes les actions organiques et de toutes les résistances vitales. Aussi concevons-nous facilement déjà qu'il y aura là un immense champ d'action pour les effets toniques et reconstituants de la méthode hydrothérapique. Mais, remarquons-le, cette asthénie que nous invoquons n'est point toujours le produit d'un état général. Elle peut n'appartenir qu'à un système, à un organe ou même à un tissu. Elle peut être, en un mot, localisée.

Prenons, par exemple, une cachexie toxique avancée. Elle favorise, dans presque tous les organes, le développement des congestions passives qui entravent les échanges organiques. Cette cause générale, qui puise son existence dans une altération qualitative du liquide sanguin, amène toujours l'asthénie de l'élément vivant.

Prenons, au contraire, une malade atteinte de

chlorose. Elle a, comme toutes les chlorotiques, le sang pauvre en globules, en albumine, et riche en eau. Les diverses fonctions ne sont, chez elle, ni plus ni moins altérées que chez les autres. Seulement le système nerveux peut être frappé d'une façon spéciale et traduire son altération par le développement de phénomènes paralytiques plus ou moins localisés, résultant, selon nous, d'une asthénie locale. Cette asthénie limitée est favorisée, il est vrai, par la maladie générale ; mais, dans la plupart des cas, cette dernière est insuffisante par elle-même pour produire la paralysie.

Prenons maintenant un homme bien portant, chez lequel les fonctions s'accomplissent avec une grande régularité et qui, par conséquent, jouit d'une santé parfaite. Supposons que, s'étant exposé au froid avec d'autres personnes, il soit, le seul du groupe, atteint de paralysie. Dans ce cas, la paralysie ne peut être expliquée que par une cessation de fonction du nerf moteur frappé, ou bien du centre d'où vient ce nerf, ou bien encore du muscle où il va aboutir. En d'autres termes, on doit l'attribuer à une asthénie locale, indépendante d'une affection générale et préparée par une de ces idiosyncrasies que l'on rencontre souvent, même chez les personnes qui se portent bien.

Peut-être est-il bon, avant d'aller plus loin, de faire nos réserves sur ce mot asthénie, que nous sommes loin de comprendre à la façon des vitalistes. Les forces vitales, pour nous, sont intimement liées aux tissus qui fonctionnent. Or, la fonction dévolue à tout tissu ne peut exister qu'à la condition essentielle que les échanges organiques soient normalement effectués. Pour que l'intégrité des lois de la nutrition soit absolue, il faut que la circulation soit intacte dans tous ses modes. Le vaisseau doit jouir de toutes ses propriétés et le liquide de toutes ses qualités. Que l'une de ces conditions soit troublée, que le liquide soit altéré dans ses qualités ou dans sa quantité, que le vaisseau ait perdu l'une de ses propriétés physiologiques, la contractilité, par exemple, et nous dirons qu'il y a asthénie dans ce cas; car, avec la lésion de nutrition, les forces vitales ont diminué.

Les degrés de l'asthénie sont infiniment variés. Les trois types que nous venons de choisir seront pour nous les points culminants d'une même chaîne, autour desquels nous pourrons grouper pathogéniquement tous les états voisins. Nous trouverons, en première ligne, les cachexies avancées, qu'elles tiennent à un état organique ou à un empoisonnement chronique ; les altérations dans la qualité du sang, parfois la présence même du poison dans le liquide nourricier, les lésions mécaniques de la circulation, l'abolition de la contractilité vasculaire : autant de causes pouvant produire la paralysie, à des degrés différents il est vrai, frappant sans distinction la sensibilité comme la motilité.

Au second groupe se rattacheront les paralysies dues à l'hydrémie, à la chlorose, à l'anémie, à l'hystérie, à la grossesse et aux maladies chroniques et aiguës. Nous rangeons aussi dans cette catégorie des états morbides dont le classement peut sembler bizarre, la paralysie hystérique, par exemple. Si nous procédons ainsi, c'est qu'en dehors des conditions spéciales dont nous avons parlé, il existe, chez la plupart des hystériques, une anémie plus ou moins profonde qui peut être considérée comme une cause adjuvante, sinon productrice des manifestations paralytiques.

Le dernier groupe comprend toute une série de paralysies dont les causes sont connues, mais dont le mécanisme n'est point encore éclairci. Et parmi ces causes, dont l'action indéterminée peut agir directement sur les centres nerveux, sur les nerfs et sur les muscles, nous trouvons l'épuisement, les excès, les passions, le froid, l'humidité, la foudre. Les plus intéressantes des paralysies de cet ordre, celles qui sont en ce moment les plus controversées, sont celles qui succèdent au froid ou à l'irritation d'un nerf périphérique, agissant par action réflexe sur les centres nerveux.

Quels sont les divers modes de production de ces paralysies?

Sans entrer dans des détails trop précis, et en négligeant certains actes intermédiaires, nous pouvons dire que la volition est sous la dépendance du cerveau, que la transmission et la décharge d'influx ressortissent à la moelle et surtout aux cordons nerveux et aux nerfs moteurs, et que la contraction musculaire dépend de l'irritabilité du tissu propre à cette contraction.

Nous mettons de côté pour le moment la coordination des mouvements, acte complexe auquel participent la sensibilité musculaire, la substance grise de la moelle, et peut-être même le cervelet.

Au point de vue des sensations, nous pouvons dire aussi que leur développement est en rapport direct avec l'épanouissement nerveux qui les perçoit, que la transmission de ces sensations dépend à la fois de l'état des nerfs sensitifs et de la moelle, et qu'enfin la perception de ces sensations se fait dans le cerveau.

La même analyse peut être appliquée au nerf grand sympathique; il n'y a rien de changé, si ce n'est le point de départ et les voies de transmission qui sont augmentées. Or, connaître le mécanisme intime d'une paralysie, c'est déterminer le rouage qui fait défaut. Sous ce rapport donc, les paralysies diffèrent entre elles quant à leurs phénomènes intimes. Ce fait est essentiel au point de vue pratique, car ces différences se traduisent par des symptômes qui rendent le diagnostic de l'affection très-précis. Il peut donc y avoir des paralysies du mouvement: par cessation ou défaut de transmission de la volonté; par défaut ou diminution de production de l'agent nerveux moteur; par défaut de transmission de l'influence centrale au système névro-musculaire; par défaut d'action du système névro-musculaire.

Dans la sphère de la sensibilité, il y a paralysie : quand la sensibilité ne peut être développée; quand elle ne peut être transmise ; quand elle ne peut être perçue.

Nous parlerons plus tard des paralysies du sympathique.

En résumé, la paralysie que nous étudions peut être constituée soit par une perturbation dans l'action nerveuse, soit par une altération de l'action musculaire.

Après avoir étudié d'une façon générale les

causes et le mécanisme de ces paralysies, il importe, au point de vue du traitement local, de rechercher si, sous l'effet d'une de ces causes, la paralysie a une tendance à se localiser sur une partie déterminée du système nerveux. Un seul de ces états paraît être d'origine cérébrale ; c'est la paralysie hystérique.

La paralysie arrive brusquement et disparaît de même, souvent sans cause appréciable et parfois sous l'impression d'une émotion vive qui rétablit alors l'innervation cérébrale en défaut. Les faits sont nombreux, quelques-uns même sont frappants. Un obus tombe dans une salle de paralytiques ; une seule était hystérique ; elle seule recouvre la volonté momentanément éteinte et se met à courir. La paralysie avait disparu.

Les paralysies de la périphérie ne sont point absolument rares ; il en est surtout une espèce extrêmement fréquente : c'est l'analgésie des éléments périphériques que l'on rencontre chez les chlorotiques. Il n'est pas une chlorotique chez laquelle on ne trouve, en des points très-variables, la sensation à la douleur plus ou moins disparue. Quant à la paralysie saturnine, la question de sa pathogénie est encore très-controversée, les uns la faisant dépendre des centres nerveux, les autres en faisant le résultat de l'action toxique du plomb sur les muscles eux-mêmes. Nous devons ajouter que les uns et les autres trouvent de bons arguments à l'appui de leurs thèses.

Certaines des paralysies en question peuvent donc se localiser dans l'encéphale ou dans un point de la périphérie, mais c'est dans l'axe rachidien que nous

devons rechercher le plus souvent le siége de ces
phénomènes morbides.

La moelle se compose de deux éléments nerveux
bien distincts : la cellule active et la fibre conduc-
trice dépouillée de toutes ses enveloppes protec-
trices. Le réseau capillaire qui entoure le cordon
spinal est proportionné à l'importance de la fonction de chacun de ses départements ou de ses
centres. Riche, abondant, serré, il établit une circulation active dans tout l'axe nerveux. Les voies
d'arrivée sont faciles et le sang artériel peut se dis-
tribuer sans rencontrer de grands obstacles. Il n'en
est plus de même pour les voies de retour, et le
dégorgement veineux ne s'opère pas avec la même
facilité. La disposition anatomique des artères indique que les centres nerveux médullaires ont besoin
d'un approvisionnement de sang considérable pour
que leur vitalité reste intacte ; celle des veines
démontre que ces mêmes centres sont exposés à
être le siége de congestions nombreuses et variées.

Pour que le muscle perde son irritabilité, il
faut qu'il soit absolument privé de sang ; il n'en
est pas de même pour la moelle, car une simple
altération dans la qualité ou dans la quantité
de ce liquide peut modifier et même faire disparaître promptement son fonctionnement. De plus,
il ne nous répugne pas de croire que la cellule nerveuse est l'élément le plus facilement attaqué. En
effet, outre le rôle de transmission qu'elle peut
avoir, elle a une activité propre puissante. Elle
transforme en mouvement l'acte psychique de la
volition. Travaillant plus, elle a besoin de bien plus
de matériaux nutritifs. Aussi tous les troubles de

nutrition retentiront d'abord sur elle, et ils auront pour conséquence la diminution ou l'abolition complète de l'excitabilité.

Nous retenons donc comme conclusion que le siége des paralysies est souvent dans la moelle; que la lésion nerveuse peut être localisée ou généralisée dans l'axe rachidien; que, parmi les éléments constitutifs de la moelle, les cellules nerveuses paraissent le plus facilement atteintes, et qu'après avoir perdu leurs propriétés elles sont longues à les reconquérir, parce qu'elles demandent pour leur manifestation une nutrition parfaite dans tous ses modes.

Le but que nous poursuivons est de chercher les indications de l'hydrothérapie dans certaines formes de paralysies. Nous avons pu voir déjà que dans nombre de cas nous pouvions d'abord agir favorablement sur la cause productrice. L'étude du mécanisme des paralysies et du siége des lésions qui les produisent nous indique que le traitement général peut trouver un puissant auxiliaire dans un traitement local. A quels signes peut-on reconnaître ces paralysies dont nous parlons? Comment peut-on les distinguer entre elles? Telles sont les questions à résoudre, et pour atteindre ce but, il est nécessaire d'exposer la séméiotique des paralysies sans lésion matérielle.

De la paralysie dans les cachexies. — Dans une cachexie avancée, la paralysie est ordinairement le résultat de l'asthénie générale qui frappe toutes les fonctions. La période d'excitation peut avoir une durée variable, mais plus la marche de la cachexie est rapide, plus la dégradation fonctionnelle s'accentue; et, en dépit des résistances individuelles, la paralysie se développera à un instant donné. La lutte est souvent longue. Certaines causes attaquent l'économie lentement ; d'autres, au contraire, frappent avec une rapidité qui nous surprend souvent.

En général, la cause agit d'autant plus vite qu'elle attaque plus rapidement le tissu nerveux dans sa nutrition; de là les degrés les plus variés de la paralysie, depuis le simple trouble moteur jusqu'à l'abolition complète de toutes les propriétés motrices et sensibles du tissu innervé.

La fonction nerveuse, nous l'avons déjà dit, n'est point soumise aux mêmes lois que les autres fonctions organiques. Quand l'économie n'est plus à même de suffire à sa dépense, il y a déchéance fonctionnelle.

Les paralysies cachectiques se reconnaissent à certains caractères généraux que nous allons retracer rapidement. L'invasion de la paralysie n'est pas brusque ; la contractilité, comme la sensibilité, se dégrade insensiblement ; il y a, dans la marche de la maladie, comme des périodes de repos, et les phénomènes d'excitation sont plus rares que dans les paralysies dont nous parlerons plus loin. Les fourmillements et les douleurs font souvent défaut. Les spasmes, les contractures s'observent parfois au début. La contractilité et le pouvoir réflexe sont toujours diminués et il existe, comme caractéristique de ces états, une extrême faiblesse du système musculaire. La fonction nerveuse, atteinte dans une ou plusieurs régions, souffre dans toutes ses manifestations. La volonté n'est plus suffisante; la cellule nerveuse n'a plus sa puissance d'action ; les termi-

naisons nerveuses ne transmettent qu'imparfaitement les sensations qu'elles reçoivent. Que la cause
continue son action, et à des lésions fonctionnelles
pourront succéder des lésions matérielles ; dès lors
l'état paralytique sera définitivement constitué.

Dans cette évolution morbide, les indications sont
précises ; les fonctions organiques sont perturbées,
l'une d'elles est frappée d'inertie et l'organisme tout
entier succombe. Il faut alors se hâter de réveiller les
actions vitales et lutter activement contre l'asthénie
envahissante. Dans toutes les paralysies d'origine
toxique, l'hydrothérapie rend d'immenses services.
Celles qui ont pour cause une cachexie organique
sont toujours notablement améliorées par un traitement sagement dirigé.

Mais c'est ici surtout que le tact médical est nécessaire. Il ne faut jamais perdre de vue, dans ces
états profonds d'asthénie, que si, adaptée aux forces
du malade, la réaction peut être salutaire, poussée
plus loin elle peut, au contraire, devenir funeste.

Nous commençons ordinairement le traitement par
des frictions avec un drap mouillé fortement tordu,
que nous remplaçons bientôt par une douche froide,
courte et énergiquement appliquée. Lorsque ces
procédés sont insuffisants, il faut faire intervenir,
suivant les indications individuelles, l'étuve à la
lampe, le maillot sec suivi de frictions et l'eau
chaude sous forme de douches. Une règle générale
est impossible à établir ; ce qu'on doit demander
à l'hydrothérapie, c'est son action dépurative et son
action reconstituante : ce sont ces deux points qu'il
importe de ne pas perdre de vue.

Il ne faut pas croire que la guérison soit toujours

la règle dans ces affections, car nous avons vu souvent l'hydrothérapie échouer contre elles. Néanmoins cette médication compte de nombreux succès, et, si l'on veut lutter avec avantage, il ne faut pas attendre pour agir qu'il y ait une altération organique des centres nerveux ou que la force de résistance du malade soit épuisée.

Des paralysies par anémie. — Les hémorrhagies abondantes, quelques maladies aiguës, comme la fièvre typhoïde, la diphthérie, etc., certaines maladies chroniques, telles que la chlorose, la scrofule, la syphilis, etc.. produisent presque toujours un état anémique qui enlève au sang ses éléments réparateurs, ralentit le fonctionnement des organes et produit parfois la paralysie. Il existe donc des paralysies par anémie; c'est même dans cette classe que nous plaçons certaines paralysies hystériques. Nous n'entendons pas parler, bien entendu, de ces paralysies hystériques dont toute la cause semble reposer dans l'absence d'innervation cérébrale; mais il nous paraît certain que la chlorose, chez la femme, est une prédisposition puissante à l'hystérie. Elle semble même parfois être la seule cause déterminante des manifestations convulsives, car on voit souvent les accès hystériques survenir au milieu d'une chlorose et disparaître avec elle. Qu'une paralysie arrive après une de ces crises que nul ne pourrait séparer de l'hystérie la plus pure. dirons-nous que la paralysie est exclusivement hystérique? Non ; la manifestation convulsive a déterminé l'état paralytique, mais cet état a été en quelque sorte préparé par l'anémie. Et la preuve, c'est que l'amélioration rapide de la chlorose a bien plus de retentissement sur la paralysie que tous les antispasmodiques employés contre la névrose hystérique.

Nous admettons que l'asthénie générale due à l'anémie n'est point suffisante, le plus souvent, pour produire la paralysie ; il faut, en outre, l'intervention d'une cause déterminante, comme une crise nerveuse, par exemple, ou une asthénie locale plus prononcée que l'asthénie générale, pour amener la paralysie. Le fait que nous citions tout à l'heure vient à l'appui de notre opinion ; il nous montre un accès convulsif déterminant la paralysie sur un terrain tout préparé par la chlorose.

Souvent la paralysie arrive après des hémorrhagies abondantes ; la suppression des menstrues, les causes occasionnelles, telles que le froid, l'humidité, les passions, les excès, peuvent aussi déterminer une paralysie dans certains organes convenablement disposés.

Ainsi donc, quelle qu'en soit la source, l'état anémique prédispose à la paralysie, mais il ne suffit pas pour la produire ; il faut une cause déterminante telle que : hémorrhagies répétées, suppurations prolongées, épuisement nerveux à la suite d'accès convulsifs, refroidissement, excès, syphilis, etc.

La paralysie par anémie atteint d'abord, de préférence, les extrémités. C'est le point le plus éloigné pour la transmission nerveuse, qui est alimenté le moins facilement et qui perd le plus de calorique à son contact avec l'extérieur. Les conditions sont donc mauvaises pour que la fonction nerveuse s'effectue régulièrement.

L'engourdissement et le fourmillement des extrémités sont les premiers symptômes. Puis l'impuissance motrice et les troubles de sensibilité apparaissent. La perturbation envahit successivement les différentes parties du corps en se rapprochant toujours des organes centraux et en augmentant d'intensité dans les régions primitivement frappées. La marche est progressive, la paralysie s'étend et elle devient plus intense si on ne cherche pas à l'arrêter. Le pouvoir réflexe et la contractilité diminuent de plus en plus. En un mot, tous les phénomènes qu'on observe attestent que la force nerveuse est affaiblie.

Dans les paralysies de cette sorte, l'utilité du traitement hydrothérapique s'impose d'elle-même, et nous pourrions citer de nombreux exemples à l'appui de l'heureuse influence qu'il exerce contre cet état morbide. Un traitement tonique et reconstituant a toujours donné une amélioration et souvent des guérisons incontestables. C'est aux applications excitantes qu'il faut avoir recours dans ce cas, et notamment à la douche froide générale en pluie et en jet.

Des paralysies fonctionnelles. — C'est dans cette classe particulière que l'on trouve, à côté d'une série d'états incomplétement étudiés et mal définis, ces affections paralytiques qui succèdent à des excès de tout genre, aux chagrins profonds, aux passions violentes. Quelques auteurs veulent les dénommer paralysies par épuisement. Nous nous rallions à l'opinion de ceux qui leur attribuent une origine anémique et qui pensent que les dépenses exagérées du système nerveux n'arrivent à l'épuisement de la fonction qu'après avoir appauvri le sang. Le traitement qui convient à ces affections doit donc être celui qui pourra le mieux reconstituer les activités organiques. A ce titre, l'hydrothérapie peut être sans crainte mise au premier rang des médications à employer. Nous pourrions citer un grand nombre de faits attestant l'action reconstituante et excito-motrice de cette méthode curative.

Dans ce groupe se placent aussi ces paralysies à explosion soudaine, comme celles qui apparaissent quelquefois dans l'hystérie. La foudre, la frayeur, une émotion vive, peuvent causer des paralysies et abolir dans toutes les parties du corps la sensibilité et la contractilité musculaire. Ces paralysies apparaissent d'emblée et peuvent disparaître avec la même rapidité ; elles affectent toutes les formes, résistent souvent à tous les traitements et guérissent quelquefois spontanément. Dans ces paralysies hystériques, l'usage des applications toniques et excito-motrices de l'hydrothérapie ne suffit plus. Il faut modifier le traitement à chaque instant et l'adapter quotidiennement à la forme que peut prendre la névrose qui cause la paralysie. Quand la paralysie guérit, elle est souvent instantanément remplacée par des phénomènes convulsifs qui disparaissent à leur tour après l'apparition de certaines douleurs. Cette succession de désordres morbides est presque toujours favorable au malade et ne commande pas la suspension du traitement. Il faut, au contraire, le continuer, en ayant soin de le modifier pour combattre à la fois la névrose générale et les symptômes dominants.

Les faits de paralysies hystériques guéries par

l'hydrothérapie sont très-nombreux, et il n'est pas besoin d'en faire ici l'énumération pour démontrer l'influence favorable que le traitement hydrothérapique exerce sur ces désordres morbides.

Paralysies réflexes ou d'origine périphérique. — Les paralysies d'origine périphérique, se produisant par l'intermédiaire d'une série d'actions réflexes, sont les plus intéressantes et, en même temps, les plus difficiles à connaître. Elles ont, comme on le sait, pour point de départ une irritation périphérique qui, agissant sur les centres, détermine une abolition du mouvement dans la partie du système nerveux qui est en rapport avec ces centres. Les plus communes se développent sous l'influence du froid ou d'une douleur.

Les irritations périphériques que fait naître le froid déterminent la paralysie très-brusquement, sans sensation préalable de fourmillements et d'engourdissements, sans phénomènes indiquant le moindre trouble dans les fonctions du cerveau et de la moelle épinière. La marche de cette paralysie est tres-rapide, mais son siége est extrêmement variable, et l'on voit souvent des éléments paralysés reprendre leurs fonctions à côté de tissus qui sont frappés d'impuissance après avoir conservé leur intégrité pendant la première période de la maladie.

La guérison de ces paralysies est relativement rapide ; cependant, dans certains cas, le retour des propriétés vitales est difficile à obtenir, et il faut agir énergiquement, pour soustraire les centres nerveux au développement de phénomènes inflammatoires. L'hydrothérapie peut être fort utile, et son action curative se manifeste parfois très-promptement. Mais, d'après nos observations, il convient, pour rendre le traitement plus efficace, de faire précéder les frictions ou les douches froides, qui suffisent dans beaucoup de cas, d'une application de calorique faite à l'aide des maillots, des étuves ou de l'eau chaude.

Quant aux paralysies qui se produisent sous l'influence d'une irritation périphérique autre que celle que détermine le froid, il convient de leur appliquer un traitement plus complexe. Il faut, d'une part, faire disparaître l'irritation périphérique qui a donné lieu aux actions réflexes morbides, et apaiser, d'autre part, l'excitabilité maladive des centres, qui facilite le développement des phénomènes paralytiques. C'est pour répondre à cette seconde indication que l'hydrothérapie doit intervenir; il faut seulement avoir le soin de n'employer au début que des applications tempérées, qu'on refroidit graduellement, selon la résistance ou la susceptibilité du malade.

Ces paralysies, dans lesquelles rentre la paraplégie par action réflexe, dont l'existence a été si bien démontrée par Brown-Sequard, ne débutent pas instantanément et leur marche est presque toujours progressive. On rencontre rarement des phénomènes d'excitation, des fourmillements ou des douleurs ; les troubles paralytiques sont rarement complets ; la vessie et le rectum ne sont presque jamais atteints. Enfin, et c'est là un des caractères importants de cet état morbide, la paralysie s'améliore ou guérit quand l'irritation périphérique qui l'a produite s'est améliorée ou guérie.

Nous avons indiqué comment il convient d'appli-

quer d'une manière générale le traitement hydrothérapique. Nous avons même signalé les modifications que chaque cas ˌparticulier exige dans
l'administration des procédés mis en usage. Sur ce
dernier point, il nous est difficile d'être très-explicite,
car tout dépend ici de la constitution et de la susceptibilité du malade. Si la connaissance de la maladie doit donner les indications du traitement
ˌhydrothérapique en général, c'est l'étude attentive
du malade qui doit guider le médecin dans le choix
et dans l'application des procédés spéciaux.

Névroses cutanées

Nous ne pouvons terminer cette étude des affections douloureuses, convulsives et paralytiques du
système nerveux, sans dire quelques mots des névroses cutanées qui présentent avec ces premières
des analogies frappantes. Ces troubles fonctionnels
sont presque toujours sous la dépendance d'une
altération du sang ou d'une affection des centres
nerveux. Ils sont souvent liés à d'autres manifestations morbides, mais parfois ils se présentent, du
moins en apparence, parfaitement indépendants de
toute maladie générale. Ils méritent donc une mention particulière.

Hyperesthésie cutanée. — Souvent produite par
une altération histologique des centres nerveux et
particulièrement des colonnes postérieures de la
moelle épinière, l'hyperesthésie cutanée peut encore être occasionnée par les nombreuses maladies
dues à une altération dans la qualité ou la quantité

du sang, comme la goutte, le rhumatisme et la chloro-anémie. Elle apparaît aussi dans certaines maladies fonctionnelles du système nerveux et notamment dans l'hystérie. Elle peut se présenter enfin isolément, constituer un état morbide spécial, réclamant par suite un traitement spécial ; ce n'est que de cette dernière qu'il peut être question ici.

Presque toujours localisée dans une partie limitée de la surface cutanée, elle reconnaît pour causes principales la chaleur, le froid et l'humidité.

Elle consiste essentiellement en une exaltation d'une ou de plusieurs des sensations tactiles dont la peau est le siége ; le plus souvent, elle n'intéresse que la sensation de contact, mais elle peut aussi atteindre les sensations de douleur et de température. Ces diverses hyperesthésies peuvent exister simultanément ; mais, d'autre part, on voit quelquefois l'hyperesthésie du toucher coïncider avec l'analgésie ou avec l'abolition du sens de la température. Selon certains auteurs, elle est due à une accumulation anormale du sang dans les vaisseaux qui entourent l'épanouissement des nerfs sensitifs ; cette accumulation exalte toutes les propriétés vitales des tissus intéressés et augmente par suite leur sensibilité. Le spasme des éléments contractiles du derme peut aussi produire l'hyperesthésie en apportant une certaine gêne à la circulation et en favorisant en certains points la stagnation du sang veineux ; cette accumulation pathologique joue le rôle d'un corps étranger et détermine l'excitation et, par suite, l'hyperesthésie des éléments nerveux qui sont en contact avec elle. L'hyperesthésie résulte donc, si l'on admet ces deux interprétations, d'une congestion due à une parésie des nerfs vaso-moteurs, ou d'une irritation des nerfs sensitifs par le sang veineux qui, ne pouvant vaincre la résistance créée par le spasme des tissus dermiques, séjourne dans ces tissus et finit par éveiller l'excitabilité des filets sensitifs, comme le ferait un corps étranger.

Ce double mode de production de l'hyperesthésie est utile à connaître si l'on veut faire des applications hydrothérapiques rationnelles. Il y a d'abord une distinction à établir au point de vue du traitement de l'hyperesthésie, suivant qu'il existe concurremment une exaltation ou une diminution du sens de la température.

Quand l'hyperesthésie du sens de contact coïncide avec une diminution ou une abolition du sens de la température, ce qui a lieu quand il existe un spasme des vaso-moteurs, on devra faire des applications hydrothérapiques dans lesquelles le calorique et l'eau froide seront tour à tour utilisés. On emploiera les étuves, les maillots et surtout l'eau chaude, qu'on fera suivre d'une application froide, animée d'une percussion assez forte.

Quand, comme dans la paralysie des vaso-moteurs, l'hyperesthésie du sens de contact coïncide avec une exaltation du sens de la température, elle est presque toujours accompagnée de rougeur, d'hypersécrétion ou d'éruption dans la région cutanée où elle s'est développée.

Dans cette forme d'hyperesthésie, il est préférable d'employer les immersions tempérées et les douches froides, courtes et légères, de manière à ne provoquer que des réactions légères destinées à fortifier la peau sans épuiser l'activité de ses diverses fonctions.

Anesthésie cutanée. — L'anesthésie cutanée n'est pas rare ; elle peut, comme l'hyperesthésie, dépendre d'une altération matérielle ou fonctionnelle des centres nerveux, d'une diathèse comme le rhumatisme, d'une intoxication ou d'un état constitutionnel comme dans la chlorose. Elle peut aussi se présenter isolément, indépendante de toute affection générale, et constituant un état morbide parfaitement déterminé. Cette distinction est parfaitement admissible, car tout le monde sait qu'il est possible de produire artificiellement des anesthésies locales, limitées à certaines régions de la périphérie, ce que l'on obtient avec certaines substances, comme le chloroforme, l'éther ou la glace. La substance périphérique du système nerveux peut donc perdre son impressionnabilité sans que les cordons nerveux, la moelle et les centres nerveux soient altérés.

L'anesthésie cutanée intéresse rarement toute la surface du derme : elle peut occuper la moitié du corps, comme dans l'hystérie ; les cuisses et le ventre, comme dans le rhumatisme ; les extrémités, comme dans la chlorose ; la plante des pieds ou le siége, comme dans l'ataxie locomotrice ; mais quand elle n'est pas l'un des symptômes d'une lésion ou d'un trouble fonctionnel des centres nerveux, elle s'établit généralement dans la partie de la périphérie nerveuse sur laquelle a agi la cause qui l'a produite.

L'anesthésie cutanée proprement dite coïncide souvent avec la perte du sens de la douleur et du sens de la température ; elle est toujours liée à un spasme des vaso-moteurs qui se trouvent dans la région où elle siége. C'est pour cette raison que

quelques physiologistes considèrent l'anesthésie
périphérique comme une conséquence du défaut de
sang que provoque le spasme des vaso-moteurs,
spasme qui, en privant les nerfs sensitifs du liquide nourricier et en entravant les échanges chimiques, abolit ou diminue les propriétés vitales
des tissus. '

Il est facile d'apprécier exactement l'anesthésie
des sensations tactiles : on peut constater l'analgésie
en piquant la peau avec des épingles ou avec un
compas à pointes fines très-aiguës; on peut apprécier
le degré d'abolition du sens de la température à
l'aide du thermomètre : on peut enfin apprécier l'a-
nesthésie cutanée proprement dite avec l'esthésio-
mètre.

Convenablement appliquée, l'hydrothérapie combat avec succès l'anesthésie cutanée; la douche
froide dirigée sur la région insensible, les frictions
énergiques pratiquées avec des serviettes ou un
drap mouillé peuvent, en déterminant, par suite de
la réaction, un appel de sang dans la partie anes-
thésiée, contribuer à rétablir l'intégrité des propriétés vitales ; pour obtenir ce résultat, on est
quelquefois obligé de combiner le calorique à l'eau
froide. Aux étuves et aux maillots que l'on peut employer dans quelques cas, nous préférons la douche alternative immédiatement suivie d'une douche
froide générale, qui a pour effet de régulariser la
circulation dans toute l'étendue du réseau capillaire
cutané.

Quand l'anesthésie siége à la plante des pieds, on
emploie avec succès le bain de pieds à eau courante,
en ayant soin de faire arriver sur la partie insensible

des jets d'eau alternativement chaude et froide Nous avons eu souvent à nous louer de cette application localisée, et nous pouvons en recommander l'emploi contre l'anesthésie plantaire.

Névroses vaso-motrices cutanées. — Les névroses cutanées vaso-motrices intéressent à la fois la peau et ses glandes, et elles concordent en général avec une parésie ou un spasme des nerfs vaso-moteurs. Les transpirations abondantes que l'on observe chez les personnes dont la puissance nerveuse est affaiblie, cette coloration rouge subite que l'on remarque chez d'autres en certains points de la peau, ne reconnaissent évidemment point d'autre cause que la parésie des vaso-moteurs. Les excitants du sympathique suppriment ces colorations, font disparaître l'élévation de température qui les accompagne, ainsi que les hypersécrétions glandulaires qui se manifestent dans la même région. Bien que ces névroses cutanées dépendent presque toujours d'un état nerveux général produit, soit par des excès, soit par des intoxications, il est certain que les médicaments ayant une action tonique et galvanisante sur les vaso-moteurs ont seuls de l'action sur ces affections. Par conséquent, l'hydrothérapie, .qui possède toutes ces propriétés au plus haut degré, trouve ici son application. Il faut, pour réussir, avoir recours aux douches froides très-légères, aux affusions sans percussion, aux lotions; en un mot, à des applications susceptibles de tonifier le malade sans l'exposer à la fatigue.

Les pâleurs subites que l'on remarque chez certaines personnes nerveuses sont généralement produites par un spasme des nerfs vaso-moteurs qui,

en chassant le sang des vaisseaux, décolore les
tissus. A ce spasme succède un relâchement qui, en
favorisant le retour du sang, rend à la région intéressée sa coloration et sa température normales ;
si ce relâchement est considérable, il peut donner
lieu à une parésie d'assez longue durée.

Ces phénomènes de relâchement et de contraction
des vaisseaux peuvent se produire en même temps
que l'hyperesthésie ou l'anesthésie cutanées, mais
ils peuvent aussi exister indépendamment l'un de
l'autre et, par conséquent, nécessiter un traitement
spécial. Les douches froides à forte percussion suffisent quelquefois ; mais elles déterminent une réaction violente qui amène après elle l'épuisement des
nerfs trop excités. Pour cette raison, il est préférable
de recourir à des frictions énergiques avec un drap
mouillé fortement tordu. Si les fonctions de calorification sont affaiblies et si le malade éprouve toujours une sensation de froid, il est préférable de
donner une douche chaude prolongée, suivie d'une
légère douche modérément froide. Dans le courant
du traitement, il sera souvent fort utile de recourir
aux immersions tempérées.

CHAPITRE XIII

MALADIES ORGANIQUES DU CERVEAU, DE LA MOELLE ÉPINIÈRE ET DES NERFS. ALIÉNATION MENTALE

L'hydrothérapie ne peut lutter en aucune façon contre une lésion matérielle définitive du tissu nerveux. Pas plus qu'aucune médication, elle ne saurait avoir la prétention de reconstituer les éléments détruits. Ce n'est donc pas sur ce terrain qu'il faut se placer.

Mais si, tout en restant impuissante contre l'essence même d'une affection organique, l'hydrothérapie peut agir de façon à atténuer ou modifier les conséquences de cette affection, et même en ralentir la marche envahissante, l'on comprendra de quelle utilité elle peut être pour le praticien.

C'est à ce titre seulement que l'hydrothérapie peut intervenir dans le traitement des affections nerveuses organiques. Nous n'ignorons pas que, dans l'espèce, l'administration de l'hydrothérapie est très-délicate et presque toujours entourée d'écueils. Cependant les résultats obtenus par cette méthode de traitement sont assez satisfaisants pour légitimer son intervention.

Parmi les affections organiques, les unes tiennent à une affection des vaisseaux, l'hémorrhagie, par exemple, avec ses conséquences. Dans ce cas, l'intervention de l'hydrothérapie ne peut être justifiée que pour faciliter la résorption du caillot.

A côté de ce groupe s'en trouve un autre qui nous intéresse davantage : nous voulons parler de ces processus irritatifs, à marche lente, qui débutent toujours dans le tissu conjonctif interstitiel, et que l'on a décrits sous le nom générique de sclérose du tissu nerveux.

Ces affections sont difficiles à arrêter dans leur marche progressive ; toutefois nous nous demandons s'il n'est pas possible, en traitant la maladie énergiquement à son début, d'entraver son évolution. Certains faits, dont le nombre est considérable et que nous avons eu l'occasion d'observer, nous permettent de penser que cette manière de voir est admissible ; ils justifient l'intervention de la méthode hydrothérapique et prouvent que la guérison est possible. Malheureusement les malades ne connaissent pas, à ce moment, la gravité de leur état, et il leur répugne même de recevoir des soins pour une maladie qu'on ne fait que soupçonner. Ils ne consentent à être traités que lorsque l'altération est très-avancée, alors qu'il n'y a plus chance de guérison. Si nous insistons sur ce point, c'est que, comme nous l'avons dit tout à l'heure, nous avons la ferme conviction que l'hydrothérapie peut rendre de grands services dans les scléroses du tissu nerveux, si elle est employée dans la période initiale du mal.

Après les maladies scléreuses, nous examinerons les lésions nerveuses tenant à une compression de voisinage, comme certaines tumeurs qui font leur évolution dans le tissu nerveux. Nous indiquerons ce que peut l'hydrothérapie contre les troubles fonctionnels que provoquent ces productions anormales.

Mais avant de rechercher quelles sont les indications hydrothérapiques que comportent les affections nerveuses dont nous venons de parler, il est nécessaire d'examiner deux états morbides qui sont comme les pierres d'assises de toutes les affections organiques du cerveau, de la moelle épinière et des nerfs : nous voulons parler de l'anémie et de l'hyperhémie des centres nerveux.

De l'hyperhémie des centres nerveux

Pour bien étudier cet état pathologique et pour bien apprécier le rôle thérapeutique de l'hydrothérapie, il importe de faire une distinction dans la congestion des centres nerveux entre la forme active et la forme passive, qui fournissent souvent des indications curatives complétement opposées.

L'hyperhémie active se produit presque toujours sous l'influence de causes que nous pouvons apprécier. Parmi les causes extérieures, il faut noter les transitions brusques de température ou de tension atmosphérique, le froid vif ou l'insolation. Les veilles, les fatigues intellectuelles, les émotions violentes, les excès, sont aussi des causes déterminantes. Mais la congestion active des centres nerveux dépend surtout d'autres causes plus permanentes que celles que nous venons d'énumérer, se montrant de préférence chez certaines personnes et à un certain âge. La constitution pléthorique est justement accusée de favoriser le développement de cet accident, mais le véritable coup de sang n'arrive guère que chez les individus qui ont l'apparence apoplectique.

Ces malades se plaignent de douleurs dans diverses parties de la tête, de bourdonnements d'oreilles, de vertiges et de troubles de la vue. Puis tout d'un coup, sous l'effet d'une des causes que nous avons énumérées tout à l'heure, les phénomènes s'accentuent, la véritable fluxion active se produit avec un ensemble de symptômes qui peut, dans certains cas, simuler une véritable hémorrhagie cérébrale, et qui détermine presque toujours une altération de l'intelligence, de la sensibilité et du mouvement. Quand cette scène morbide se manifeste il ne faut nullement songer à faire intervenir l'hydrothérapie : elle est absolument contre-indiquée. Plus tard, on pourra l'employer pour modifier la circulation cérébrale et pour prévenir les rechutes qui sont très-fréquentes.

Pour éviter le retour de cette hyperhémie, l'usage de l'hydrothérapie, combiné avec une hygiène appropriée, peut, en effet, rendre des services. En excitant dans de justes limites l'activité circulatoire, les applications froides peuvent s'opposer au développement de la stase sanguine qui est toujours à redouter et qui se produit d'autant plus facilement que la contractilité vasculaire tend à s'épuiser. Dans cet ordre d'idées, il faut éviter des réactions violentes, préserver la tête de tout effet excitant et diriger les applications dans la partie inférieure du corps. Les frictions agissent mieux que les douches, à moins que ces dernières ne soient très-légères, très-courtes et précédées d'un bain de pieds chaud ou d'une douche chaude dirigée sur les extrémités. Dans certains cas, on pourra utiliser le bain de siége chaud suivi d'un bain de siége froid extrêmement court. Ce procédé, en favorisant l'apparition des hémorrhoïdes. et en produisant une dérivation au profit du cerveau, peut rendre de grands services; nous l'avons employé plusieurs fois avec assez de succès.

Si l'on suppose que l'hyperhémie est le résultat d'une activité anormale des fonctions dévolues aux centres nerveux, on se trouvera bien des affusions ou des douches tempérées qui, en apaisant l'excitabilité morbide du système nerveux, atténuent l'activité circulatoire qui en est la conséquence.

En dehors de ces applications, les effets de l'hydrothérapie sont très-incertains, quelquefois même dangereux. Ce mode de traitement convient mieux, en revanche, à la congestion passive qui atteint de préférence les centres nerveux situés à la base du crâne et la moelle épinière.

Cette congestion passive peut être due au dégorgement incomplet des vaisseaux qui parcourent ces parties du système nerveux; l'oxygénation est alors diminuée et la réparation des tissus se trouve insuffisante. Si l'engorgement des vaisseaux est dû à un obstacle mécanique et notamment à une maladie du cœur ou des poumons, il ne convient pas de recourir à l'hydrothérapie. Les résultats heureux que l'on peut obtenir ne compensent pas les dangers auxquels on expose les malades.

Mais quand la congestion passive résulte d'une parésie des vaso-moteurs ou d'un affaiblissement de la force contractile du cœur, l'hydrothérapie, employée avec discernement et avec mesure, peut être très-utile. Dans ce cas, la congestion passive présente plutôt les caractères de l'anémie des centres nerveux que ceux de l'hyperhémie, puisque le sang veineux, accumulé pendant un certain temps dans une région quelconque, est impropre à la nutrition des tissus et favorise même leur excitabilité. Par conséquent, on pourra employer, pour remédier à cet état morbide, certaines applications froides, capables de réveiller la contractilité des vaisseaux ou du cœur sans produire son épuisement. Les lotions, les affusions, les douches légères et généralisées conviennent parfaitement dans ce cas.

Si la congestion est plus prononcée dans la moelle épinière, avant d'employer ces applications générales, il faudra pratiquer des lotions froides et courtes sur la colonne vertébrale ou promener sur cette région une douche chaude légère presque dépourvue de percussion. De cette façon, l'hydrothérapie peut être employée utilement; mais si l'on redoute des poussées inflammatoires ou s'il existe des altérations sérieuses des vaisseaux, il faut être très-circonspect.

Il est bien entendu que nous ne parlons pas ici des congestions médullaires, suite de fièvres graves, mais bien de ces congestions lentes dont la persistance peut être le point de départ d'une myélite ou d'un épanchement dans les enveloppes de la moelle.

Quant aux congestions qui peuvent frapper les troncs nerveux, elles réclament le même traitement hydrothérapique que les névralgies ; nous n'avons pas à y revenir.

De l'anémie des centres nerveux

Nous ne voulons pas parler de l'anémie passagère, de l'ischémie d'ordre réflexe qui peut résulter d'une émotion morale vive ou d'une excitation d'origine périphérique. Cette anémie rentre dans la série des troubles vaso-moteurs que l'on rencontre chez les anémiques.

Nous voulons traiter ici de l'anémie qui succède forcément, soit à une distribution insuffisante et constante du liquide nutritif, soit encore à une nutrition incomplète, comme cela a lieu lorsque le sang n'a pas les qualités nécessaires pour satisfaire complétement aux lois des échanges organiques.

Les causes les plus fréquentes de l'anémie cérébrale sont : les hémorrhagies considérables, les métrorrhagies puerpérales, les maladies de longue durée, les fièvres graves, les affections pestilentielles, la chlorose et quelquefois aussi une distribution inégale du fluide sanguin. C'est ainsi que, dans les affections anciennes du cœur, alors que les contractions deviennent faibles et insuffisantes et que le sang tend à séjourner dans les parties déclives, les centres nerveux, par leur position, sont alimentés moins abondamment, et l'on observe les symptômes de l'anémie de ces parties centrales.

Nous ferons remarquer en passant que l'anémie du cordon spinal est rare; à part quelques cas provoqués par certaines intoxications, on en voit rarement des exemples bien authentiques. La congestion passive s'y rencontre bien plus fréquemment. Du reste, dans les affections du système nerveux central, on est forcé de reconnaître que les symptômes de l'anémie et ceux de la congestion passive ont entre eux une grande analogie. Dans ces deux cas, en effet, les éléments nerveux pèchent par insuffisance de nutrition.

L'anémie des centres nerveux s'annonce tout d'abord par des phénomènes d'excitation, de courte durée en général. Des douleurs articulaires, des crampes et des fourmillements se montrent très-souvent et les forces musculaires s'affaiblissent par suite de l'épuisement de l'influx nerveux ou de la nutrition insuffisante de la fibre musculaire. Il survient de l'anesthésie et quelquefois aussi de la paralysie ou des convulsions. L'attention du malade est difficile à fixer; son caractère devient très-irritable, le moindre effort intellectuel le fatigue, ses idées se troublent et son esprit est parfois accablé par des conceptions délirantes. Il existe toujours des vertiges non suivis de chute ou des étourdissements, des palpitations, de l'étouffement, des troubles de l'estomac et parfois une insomnie insupportable. Les sens sont altérés, et il n'est pas rare d'observer des bourdonnements d'oreilles et des illusions de la vue. L'activité musculaire peut être modifiée à son tour, et l'on constate assez souvent des spasmes, des contractures, des tremblements ou de l'ataxie locomotrice. Quand l'anémie se localise de préférence dans la moelle, on remarque d'abord un accroissement de l'excitabilité réflexe, suivi parfois d'une pseudo-paraplégie, et une atonie des organes influencés, au point de vue de la nutrition, par des filets nerveux ayant leur origine dans la moelle.

Dans certains cas, notamment à la suite d'hémorrhagies abondantes, la période d'excitation est assez courte pour passer inaperçue ; alors l'idéation est sidérée d'emblée et la motilité comme la sensibilité peuvent-être troublées rapidement.

L'identité des symptômes rend, au premier abord, la confusion possible entre l'anémie des centres nerveux et la congestion passive ; il faut, pour distinguer ces deux états et pour rencontrer la véritable source des indications curatives, étudier avec soin la constitution du malade, analyser toutes les fonctions, et rechercher les conditions qui ont présidé au développement de la maladie. Les effets de la station debout ou horizontale, l'influence des aliments ou des boissons, l'état du cœur et du pouls, fourniront en pareil cas des renseignements utiles et nécessaires.

Dans les cas d'anémie cérébrale très-profonde, le tissu nerveux tombe dans cet état de dépérissement qu'on appelle le ramollissement blanc ; en même temps, il se produit des épanchements sous-arachnoïdiens qui prennent la place de la substance cérébrale. Ce sont là des conséquences graves que l'on doit prévenir par un traitement convenablement dirigé.

Lorsque l'anémie cérébrale est liée à un état général, il peut se produire, par moments et tempo-
rairement, un certain degré d'hyperhémie par excès
de sang envoyé au cerveau à un moment donné.
On constate alors une impression douloureuse qui
augmente toujours après l'administration de médicaments toniques ou après l'usage d'une médication
trop excitante. On voit par là avec quelle prudence
on doit combattre l'anémie cérébrale.

L'hydrothérapie nous offre de puissantes ressources contre cette maladie et contre l'état général
auquel elle est liée. En principe, comme en fait,
les applications hydrothérapiques qui conviennent
le mieux dans l'anémie du cerveau et de la moelle
sont les applications froides capables d'activer la
circulation, de favoriser les échanges de matière et,
finalement, de reconstituer toutes les forces de
l'organisme. Mais il faut bien se garder de provoquer
dès le début des réactions violentes dont l'effet serait de produire une excitation excessive des centres nerveux et, par suite, un épuisement considérable. Il faut donc tout d'abord employer des
applications légères, ne jamais commencer avec de
l'eau trop froide, éviter de provoquer une grande
perturbation et se résigner à relever les activités
organiques sans secousse et sans efforts.

En conséquence, lorsque, par une série d'applications successives, on sera parvenu à rendre l'organisme capable de répondre sans fatigue à l'attaque
du froid, lorsque le refoulement du liquide sanguin
dans la profondeur des viscères et son retour vers
la surface cutanée s'accompliront sans difficulté,
on pourra recourir à des applications froides plus

excitantes et commencer l'usage des douches en pluie sur la tête et sur la colonne vertébrale, en observant une progression convenable.

On pourra aussi, pour faciliter la pénétration du liquide sanguin dans le cerveau, employer le sac à glace de Chapman. Dans l'anémie cérébrale, on n'utilise que le compartiment supérieur; on le remplit de petits morceaux de glace et, après l'avoir fermé hermétiquement, on le place sur la partie cervicale de l'épine dorsale, en ayant soin de le maintenir dans cette position.

Les premières applications de ce sac ne doivent pas être de longue durée si l'on veut éviter les accidents, assez légers du reste, que peut produire l'arrivée trop rapide du sang dans un cerveau anémié ; elles devront être d'un quart d'heure environ ; on les prolongera peu à peu si le malade les tolère facilement, et on pourra, à la fin du traitement, laisser l'appareil en place pendant une heure entière.

Il nous paraît vraisemblable que les effets obtenus par ce mode de traitement doivent être attribués, au moins en grande partie, aux actions réflexes qui sont mises en jeu. L'application de la glace donne lieu tout d'abord à une excitation du système nerveux soumis à son impression ; si l'application continue, les nerfs vaso-moteurs qui émergent des ganglions ou des centres nerveux influencés perdent peu à peu leur contractilité et s'épuisent. Dès lors, la dilatation des vaisseaux se manifeste et le sang arrive en plus grande abondance.

Quelle que soit, du reste, la théorie que l'on adopte. ce qu'il y a d'incontestable, ce sont les bons résultats obtenus en pareils cas au moyen du sac à glace dans l'anémie cérébrale.

Maladies du cerveau et de la moelle épinière dues à une lésion du système circulatoire

Il nous serait facile, en insistant sur la physiologie pathologique et sur la séméiologie de l'hémorrhagie des centres nerveux et de l'hémorrhagie cérébrale, en particulier, de démontrer que le traitement hydrothérapique n'est pas applicable à ces maladies. Quelques médecins pensent que ce mode de médication peut favoriser la résorption de l'épanchement sanguin et contribuer au rétablissement de la circulation dans les régions du cerveau ou de la moelle qui ont été atteintes. Cet effet thérapeutique peut être assurément obtenu ; mais nous ferons remarquer qu'il ne peut l'être qu'à l'aide d'applications excitantes. Et comment, dès lors, peut-on être assez sûr du procédé employé pour ne pas dépasser le but et pour ne pas provoquer, notamment, une déchirure des vaisseaux ou des tissus que l'on voulait réorganiser? Bien que quelques médecins réclament l'intervention de l'hydrothérapie dans ces cas difficiles, il nous est impossible, malgré leur incontestable autorité, d'admettre que cette médication soit indiquée dans l'hémorrhagie des centres nerveux : car notre expérience personnelle nous a démontré que l'intervention de cette méthode de traitement était inutile et parfois nuisible.

D'autre part, si nous devons faire toutes réserves

et proscrire l'usage de l'hydrothérapie quand le malade est sous l'influence d'une hémorrhagie récente, nous pouvons, en toute conscience, conseiller ce traitement quand les poussées congestives sont éteintes et qu'il ne reste d'autres traces du mal que les troubles de la sensibilité et du mouvement. Son action excito-motrice peut être fort utile pour modifier les hémiplégies, les paralysies, les contractures, les tremblements, les atrophies, les anesthésies et les désordres qui atteignent les voies génito-urinaires et les voies digestives. Dans ces cas, la douche mobile est le procédé que nous préférons. On peut, en effet, la diriger avec une grande facilité, l'alimenter avec une eau à toutes les températures, et lui donner la force de percussion qui convient le mieux. On aura soin de diriger le jet, surtout au début, dans la partie inférieure du corps; il faudra éviter les réactions violentes, préparer, s'il le faut, par une douche chaude générale, l'effet de l'application froide, et faire exécuter à la fin de l'opération un massage approprié.

Ramollissement du cerveau et de la moelle épinière

Le ramollissement cérébral est caractérisé par la nécrose du tissu encéphalique. Cette dégradation est due à une obstruction artérielle, produite, le plus souvent, par une thrombose ou par une embolie.

Le ramollissement du cerveau se révèle par une expression symptomatique qui varie suivant que l'altération dépend de l'une ou de l'autre de ces deux causes,

Dans le premier cas, les symptômes sont mobiles, mal accusés, et des aggravations brusques succèdent presque toujours à des intervalles de bien-être qui peuvent être considérés comme un temps d'arrêt dans l'évolution du mal. Sous l'influence d'une nutrition cérébrale défectueuse, les facultés intellectuelles se troublent, le caractère devient extrêmement irritable, la mémoire s'affaiblit graduellement, et après une série d'accès d'excitation, le système nerveux se pervertit et s'épuise. Si l'on fait intervenir l'hydrothérapie avant que les altérations histologiques soient bien accentuées, on peut rendre de grands services aux malades ; mais si l'on ne se décide à recourir à cette méthode de traitement que lorsque le tissu cérébral est sérieusement envahi, il faut s'attendre à n'obtenir que des résultats thérapeutiques insignifiants.

L'obstruction vasculaire qui est produite par une embolie se révèle par une expression symptomatique qui ressemble en tous points à celle de l'hémorrhagie cérébrale, dont on ne la distingue que par les circonstances dans lesquelles elle se produit et par l'état spécial du malade qui est atteint.

En présence d'une telle situation, et pour les mêmes raisons que dans le cas d'hémorrhagie cérébrale, le médecin doit se borner à exercer une mission de surveillance, et l'emploi de l'hydrothérapie nous semble inutile.

Maladies inflammatoires chroniques du tissu nerveux. — Scléroses.

La sclérose du tissu nerveux est constituée par un développement anormal du tissu conjonctif qui, envahissant la masse nerveuse, finit par la comprimer et l'atrophier. La nature du processus morbide n'est pas encore bien établie ; cependant les auteurs sont à peu près d'accord pour considérer la sclérose comme la conséquence d'une inflammation chronique des centres nerveux.

En nous plaçant à ce point de vue, il faut étudier en même temps l'encéphalite et la myélite chronique, qui ne sont qu'une des phases de l'évolution du processus sclérotique.

Sclérose de l'encéphale. — Encéphalite chronique. — Dans le cerveau, la sclérose existe toujours sous forme de noyaux isolés, disséminés sans ordre dans la substance cérébrale, variables par le nombre et par le volume.

Les phénomènes primitifs, de nature congestive, sont caractérisés généralement par des douleurs fixes, des céphalalgies, des vertiges, des névralgies et des douleurs irradiées. Ces symptômes se manifestent d'une façon intermittente et correspondent exactement aux poussées congestives ou inflammatoires qui se produisent dans la partie malade. A ces désordres viennent s'ajouter des troubles qui intéressent à la fois les viscères et le système moteur. Il peut arriver que la maladie s'arrête dans sa marche progressive et ne dépasse pas, comme expression symptomatique, les phénomènes dont nous venons de parler. Lorsqu'on peut soupçonner cette évolution spéciale, il faut se hâter d'intervenir, car la moindre hésitation peut être fort nuisible. Nous pouvons affirmer que l'hydrothérapie produit les meilleurs effets quand il s'agit de combattre ces symptômes de la première heure.

Lorsque la lésion anatomique est produite, les symptômes qui la caractérisent sont constants et consistent dans l'abolition plus ou moins complète de la fonction physiologique dévolue à la partie frappée par la néoplasie. C'est ainsi qu'apparaissent les troubles fonctionnels de l'intelligence, depuis l'affaiblissement de cette faculté jusqu'au délire. C'est aussi sous l'influence de ces lésions multiples et variables, quant à leur siége, que se montrent les troubles de la vue, les paralysies de la face et des paupières, les altérations de la voix, de la parole, la dyspnée, la toux, les difficultés de la déglutition, et des altérations fonctionnelles des organes contenus dans les cavités splanchniques. Les troubles du mouvement se traduisent par des paralysies généralisées ou localisées, par des contractures, des spasmes, des tremblements ou de l'incoordination motrice. Le pouvoir réflexe est le plus souvent augmenté, et la sensibilité peut présenter des troubles variés, depuis l'hyperesthésie la plus vive jusqu'à l'anesthésie la plus absolue. Ce n'est que dans des limites restreintes qu'il est permis d'utiliser l'hydrothérapie contre cette affection lorsqu'elle est bien caractérisée. Si l'on observe chez le malade des symptômes d'excitation indiquant l'envahissement ou l'imminence de l'altération, on peut avoir recours tout d'abord aux applications sédatives; seulement, comme dans cette affection la circulation est souvent ralentie, il importe de faire intervenir les applications excitantes, en évitant toutefois de provoquer des réactions violentes. Dans le principe, on aura recours à des affusions ou à des douches tempérées qu'on refroidira graduellement si l'excitabilité du malade le permet. Les applications froides les plus salutaires sont celles qui sont faites avec la douche mobile; la douche en pluie, surtout quand il existe des phénomènes congestifs, peut déterminer des accidents regrettables. Le mouvement de réaction devra être fort peu prononcé; il devra être provoqué spécialement vers les parties inférieures du corps et rendu plus facile par des applications préalables d'eau chaude faites sur les jambes et sur les pieds.

L'hydrothérapie est incapable d'arrêter la maladie quand elle est entrée dans sa période d'invasion : il faut reconnaître ce fait. Mais, plus tard, quand l'altération est bien limitée et que les forces générales ont besoin d'être ravivées, on peut avoir recours à cette médication qui, sans agir sur la nature du mal, peut cependant apaiser l'intensité des symptômes qui le caractérisent et rétablir l'équilibre dans quelques fonctions de l'organisme.

Myélite chronique. — Sclérose spinale. — Ataxie locomotrice. — La myélite chronique produit soit des foyers de ramollissement, soit la sclérose. Dans le premier de ces cas, l'hydrothérapie ne produit souvent que des résultats incertains. Cependant elle amène parfois d'heureuses modifications. A ce titre elle peut être employée.

La sclérose peut être circonscrite, mais le plus souvent elle est diffuse et occupe tantôt les cordons antérieurs de la moelle, tantôt les cordons postérieurs. Ces deux divisions sont importantes à tous les points de vue, car elles se manifestent symptomatiquement par des caractères différents qui ont une influence réelle, sur le choix des modificateurs hydrothérapiques qui doivent être employés. Dans le premier cas, le symptôme principal est la paralysie ; dans le second, c'est l'ataxie locomotrice.

Sclérose antéro-latérale. — Sa distribution est extrêmement variable : tantôt la totalité des cordons homologues est emportée par la destruction ; tantôt, au contraire, les cordons ne subissent que par places seulement l'altération de leur tissu. Dans les cas, d'ailleurs peu communs, où les altérations antérolatérales et postérieures existent simultanément, la néoplasie domine toujours dans l'un ou l'autre côté.

L'affection débute le plus souvent avec lenteur ; parfois, cependant, les symptômes d'excitation apparaissent d'emblée. Ce sont : de la rachialgie, des douleurs en ceinture, des fourmillements, des troubles de la sensibilité tactile, des secousses et des soubresauts musculaires, de la raideur des membres, des spasmes, des contractures. Ce début brusque caractérise la myélite chronique scléreuse, tandis que la forme torpide est généralement symptomatique de la myélite avec foyers de ramollissement.

Quelle que soit la forme du début, la déchéance fonctionnelle fait des progrès rapides et les troubles moteurs apparaissent en commençant ordinairement par les membres inférieurs. La marche devient pénible, et, comme l'anesthésie plantaire est un symptôme fréquent, le malade a besoin, pour se mouvoir, du secours de la vue. Après un temps plus ou moins variable, les phénomènes s'accentuent davantage, la lésion se complète et l'impuissance fonctionnelle apparaît dans les organes intéressés.

Lorsque les cordons sont atteints en entier, on observe surtout de la paraplégie ; dans les lésions disséminées, les paralysies sont en rapport avec le siége de la lésion.

Nous sommes convaincu qu'on peut, dans certains cas, à l'aide de l'hydrothérapie, s'opposer au développement du processus morbide chez des malades menacés de myélite et de sclérose ; il y a donc nécessité de recourir aux applications hydrothérapiques dans ces cas ; mais il faut le faire quand la maladie est tout à fait à son début. Il est parfaitement possible d'apaiser l'excitation nerveuse, et l'on peut régulariser la circulation sanguine dans la moelle avant que le travail de prolifération ait commencé. Il n'est pas extraordinaire, alors même que les phénomènes congestifs sont très-prononcés, de dégager, à l'aide d'applications révulsives, la région hyperhémiée. Si le processus morbide a suivi son évolution, si la désorganisation médullaire est commencée, le traitement hydrothérapique ne présente que de faibles ressources. Ce n'est qu'exceptionnellement que nous avons vu cette méthode thérapeutique rendre des services dans ces affections scléreuses qui produisent si rapidement une paralysie plus ou moins généralisée. On doit néanmoins l'essayer, ne dût-on obtenir que de faibles résultats. '

Sclérose postérieure. — Ataxie locomotrice progressive. — Tabes dorsalis. — L'affection que désignent ces divers noms est caractérisée par une lésion semblable à celle de la sclérose antéro-latérale ; elle a son siége exclusif dans la portion postérieure de la moelle. Distribuée très-symétriquement et dans une étendue plus ou moins considérable, elle affecte rarement la forme diffuse.

Là encore, le début est souvent insidieux ; mais cependant il arrive parfois que les phénomènes d'ataxie se produisent d'emblée, accompagnés de violents symptômes d'excitation.

La démarche de l'ataxique est caractéristique. C'est une succession de contractions folles ; il n'y a plus d'harmonie dans l'action combinée des fléchisseurs et des extenseurs. Le pied est lancé en avant bien au delà du but voulu, et lorsqu'il est ramené brusquement en arrière, il frappe le sol en produisant un bruit tout particulier. Lorsque le sens de la vue ne peut intervenir pour coordonner tous les mouvements, le sens du toucher seul peut y suppléer, mais il ne le fait que bien imparfaitement; de là la grande difficulté, pour le malade, de se diriger et de marcher dans l'obscurité.

L'excitabilité réflexe est presque toujours accrue. La force excito-motrice arrive souvent à un point tel, que, par le fait d'une excitation périphérique, les mouvements réflexes acquièrent une intensité exceptionnelle. Les douleurs qui se produisent chez l'ataxique ont un caractère bien tranché qu'on peut réduire à deux types. Tantôt elles siégent dans le tronc, autour duquel elles forment une sorte de ceinture amenant une constriction extrêmement pénible dans les régions intéressées. Tantôt, sous forme de douleurs fulgurantes, elles atteignent les membres, passent comme un éclair et reviennent avec une périodicité et surtout une instantanéité désespérantes.

Le processus morbide atteint souvent les organes de la sensibilité. L'anesthésie tactile est fréquente, et il n'est pas rare de voir le sens de la vue frappé par l'envahissement de la maladie. Dans cet ordre d'idées, la paralysie des nerfs moteurs de l'œil et les lésions papillaires sont les deux troubles qu'on observe le plus communément.

Du côté des fonctions génitales, on observe parfois une puissance inaccoutumée pour l'acte sexuel; le coït est rapide et peut être souvent répété. D'autres fois, au contraire, l'impuissance est absolue, et à cette impuissance vient souvent s'ajouter de la spermatorrhée, source nouvelle d'épuisement.

On observe, en outre, du côté des voies digestives, des phénomènes morbides de toutes sortes; des spasmes de l'œsophage, des vomissements, de la gastro-entéralgie, de la constipation et de l'incontinence. Les fonctions urinaires sont toujours profondément altérées et les organes qui sont innervés par le nerf pneumogastrique deviennent parfois le siége de complications qui ne sont pas sans gravité.

Les troubles de nutrition sont assez fréquents; on en voit des traces principalement sur les membres inférieurs, qui deviennent le siége d'arthropathies sérieuses et d'atrophie musculaire difficile à modifier.

La marche de l'affection est généralement lente ; elle est souvent entrecoupée par des accès paroxystiques. Sous l'influence de ces accès, les symptômes s'aggravent, l'organisme se dégrade de plus en plus, et dès lors une terminaison fatale vient clore cette période destructive.

Malgré ce tableau alarmant, nous devons dire que beaucoup de malades, même après avoir éprouvé les accidents les plus redoutables, voient, sous l'influence d'un traitement hydrothérapique bien dirigé, leur situation s'améliorer sensiblement. Nous connaissons des malades qui, après avoir présenté tous les signes extérieurs de la sclérose, ont vu disparaître, les uns après les autres, tous les troubles fonctionnels dont ils étaient atteints. Sans doute, dans ces cas, ainsi que nous l'avons déjà dit, l'altération histologique devait être insignifiante et la néoplasie scléreuse n'avait probablement pas commencé son évolution. Toutefois, en présence des résultats qu'on peut obtenir, et quelle que soit l'explication donnée, nous n'hésitons pas à conseiller l'hydrothérapie aux malades qui se trouvent dans cette situation incertaine. Parlons donc du traitement.

Dans l'ataxie locomotrice, les sensations tactiles sont tellement modifiées, qu'il est impossible, pour déterminer la température de l'eau qu'il faut employer, de prendre pour base l'impression sentie par le malade. C'est par une série de tâtonnements qu'on arrive à fixer son choix et qu'on parvient à savoir si l'application hydrothérapique n'éveille pas dans les centres nerveux malades une excitation trop violente. Il est donc convenable de commencer par l'application d'une douche tempérée qu'on refroidit graduellement, suivant les effets observés sur le malade. Cette précaution est importante, car l'eau froide, employée d'une manière inopportune, détermine parfois un épuisement subit de la force nerveuse et produit, par suite, des accidents. La douche tempérée, surtout dans le principe, a d'ailleurs une action incontestable sur l'excitabilité nerveuse qui accompagne cette affection. Ajoutons en outre que, dans la période des douleurs, c'est souvent la seule que les malades puissent supporter. Après une période de temps, variable selon la nature et l'intensité des désordres nerveux, on remplace la douche tempérée par la douche froide que l'on dirige d'abord sur les extrémités avant de l'administrer sur le tronc. Puis, quand le malade a acquis un certain degré de tolérance pour le froid, on a recours au col de cygne dont on dirige le jet sur la colonne vertébrale et qu'on fait suivre d'une application froide sur les membres inférieurs.

Tel est le mode de traitement que nous employons et qui, nous pouvons l'affirmer, apaise l'excitabilité réflexe, remédie aux troubles de nutrition et de sensation et modifie avantageusement les perturbations qui siégent dans la sphère d'action du nerf grand sympathique. Cependant, lorsqu'il existe de violents accès de suffocation, comme cela arrive quand la sclérose intéresse le bulbe, il vaut mieux s'abstenir et éviter de faire des applications dans la partie supérieure du corps.

Il existe, en dehors des indications générales,

certaines indications spéciales importantes. Ainsi, contre les douleurs fulgurantes intenses et fréquentes, on joint au traitement général l'usage des douches écossaises localisées. Souvent l'ataxie locomotrice ne présente pas d'autres symptômes saillants que ces phénomènes douloureux ; elle reste longtemps stationnaire dans cette période, et peut, ainsi que nous l'avons vu, diminuer ou disparaître même, en ne laissant après elle que des troubles sans importance et sans gravité. Nous tenons à dire ici que c'est à l'association des applications chaudes et des applications froides que nous avons dû ces heureux résultats. On combat l'anesthésie très-prononcée avec une douche froide courte sur la région frappée d'insensibilité, avec des frictions froides très-énergiques ou avec des douches alternatives. On traite les douleurs constrictives du tronc par les demi-maillots ou la ceinture humide.

Enfin, lorsqu'on a à craindre des poussées congestives vers les centres nerveux supérieurs, il faut faire des applications révulsives sur la partie inférieure du corps, et se garder de recourir aux procédés qui dépendent de la méthode excitante, avant que les phénomènes d'excitation aient complétement disparu.

Névrite chronique. — Sclérose des nerfs périphériques. — Quand elle ne se termine pas par résorption ou par suppuration, la névrite donne lieu à une sclérose qui atrophie les éléments nerveux et les fait disparaître, de sorte que le nerf est remplacé par un cordon de tissu conjonctif.

La conséquence est la paralysie et l'atrophie des

muscles animés par le nerf. Quand la maladie suit une marche ascendante, et que le processus morbide menace d'envahir un plus ou moins grand nombre de nerfs, il est nécessaire d'intervenir promptement et énergiquement.

Dans la période douloureuse, on a recours à l'usage du calorique immédiatement suivi d'une application froide. Les maillots, les étuves, la douche écossaise sont indiqués ; mais, pour être efficace, le traitement devra être suivi longtemps.

S'il existe des phénomènes de paralysie et d'atrophie, sans douleurs, on aura recours aux procédés excitants et surtout à la douche froide énergique suivie de massage ou de frictions, ou à la douche alternative localisée. Enfin, les maillots secs ou humides seront indiqués quand on constatera de la contracture musculaire au voisinage de la région malade.

De quelques altérations matérielles spéciales du cerveau, de la moelle épinière et des nerfs. — Les altérations dont nous voulons parler ici sont produites par des tumeurs qui se développent dans le tissu nerveux lui-même ou dans les parties environnantes. Nous savons que les tumeurs peuvent être sous la dépendance d'une diathèse, d'une intoxication ou d'une altération quelconque du sang, et se développer sous forme de cancer, de tubercule ou de gomme. Or, la résolution de ces tumeurs ne peut être obtenue que lorsqu'elles sont d'origine syphilitique ou quand elles dépendent d'une altération du sang curable ou tout au moins susceptible d'amélioration. Dans ces circonstances, et sauf contre-indications, on aura recours aux applications hydrothérapiques excitantes et résolutives et notamment à la douche froide, à la douche chaude et aux sudations. Dans un grand nombre de cas, nous avons eu à nous louer des effets de l'hydrothérapie pour combattre les désordres nerveux occasionnés par la présence d'une gomme, soit dans le rachis, soit à la base du crâne.

En général, l'espèce de tumeurs qui nous occupe se développe lentement et ne manifeste parfois sa présence que fort longtemps après sa période de formation ; cependant, dans la plupart des cas, la tumeur, après un temps plus ou moins long, se révèle par des phénomènes dont il faut connaître l'origine et la succession si l'on veut intervenir judicieusement.

Quand la tumeur gommeuse siége dans l'encéphale ou dans la moelle allongée, les symptômes sont : de la céphalalgie, des picotements dans les extrémités, des spasmes, de la contracture, du vertige, de l'ataxie, des accès épileptiformes et des troubles du côté des poumons et du cœur, dans les organes génito-urinaires et dans le tube digestif. On constate aussi des paralysies temporaires à forme indéterminée, mais le plus souvent unilatérale, ainsi qu'une exaltation maladive de l'intelligence et des sens.

Si la partie supérieure de la moelle épinière est spécialement intéressée, on observe des vertiges, de la paralysie agitante, de la chorée, une excitabilité réflexe excessive, des paralysies intermittentes et notamment des paraplégies, des douleurs référentes et une sensation de serrement circulaire autour du tronc.

Quand la tumeur intéresse les troncs nerveux, elle détermine d'abord une névralgie compliquée de spasmes et de contractures, promptement suivie de phénomènes atrophiques ou paralytiques.

Quand la tumeur suit toutes ses phases d'évolution et qu'elle arrive à produire une cessation de fonctions dans le centre ou dans le tronc nerveux atteint, la médecine est désarmée et ne peut pas réparer les dégradations produites. Il faut donc intervenir dès que les premiers symptômes apparaissent; à ce moment l'hydrothérapie peut, à l'aide de ses applications résolutives, agir sur la tumeur et arrêter, au moins pour un certain temps, son évolution. Elle peut aussi calmer l'excitation nerveuse et s'opposer dans une certaine limite à la production des phénomènes congestifs qui accompagnent cette excitation. Ce que nous avons dit précédemment doit suffire pour édifier le praticien sur la nécessité du traitement hydrothérapique et sur son mode d'application.

Aliénation mentale

L'hydrothérapie peut-elle fournir des ressources au traitement de l'aliénation mentale ? C'est une question actuellement difficile à résoudre.

Nous connaissons, il est vrai, le mode d'action du traitement hydrothérapique; mais comme nous sommes loin d'être fixés sur l'anatomie et la physiologie pathologique de ces divers états groupés sous le nom de maladies mentales, il est difficile de savoir ce qu'il convient de faire à cet égard.

Le traitement par l'eau froide n'a pas été expérimenté d'une façon méthodique dans les asiles d'aliénés. Malgré quelques résultats heureux, nous pensons que ce traitement doit reposer sur des bases plus scientifiques et être expérimenté d'une manière plus méthodique, avant d'être adopté dans la pratique. Jusqu'à présent, on l'a considéré plutôt comme une peine disciplinaire applicable à tout aliéné indocile, que comme un moyen de traitement.

Pour appliquer la médication hydrothérapique chez les malades frappés d'aliénation mentale, il faut procéder méthodiquement et baser le choix du modificateur à employer sur les indications spéciales que présente chaque cas particulier. Si l'on soupçonne une tendance à la congestion encéphalique, il est imprudent d'essayer l'eau froide. Si, au contraire, le délire paraît lié à un état d'ischémie cérébrale, comme chez certains lypémaniaques, on peut recourir à l'hydrothérapie. Toutefois, même dans les cas les plus favorables, il faut commencer avec la plus grande prudence et observer toujours une sage progression dans l'application des procédés mis en usage.

Les considérations précédentes témoignent de nos dissidences avec ceux de nos confrères qui attribuent à l'hydrothérapie un rôle prépondérant dans le traitement des maladies mentales. Cette méthode, selon nous, ne convient que dans certains cas ; elle peut être notamment employée pour combattre l'insomnie, pour exciter les fonctions digestives, pour apaiser l'excitabilité qui est sous la dépendance d'un épuisement du système nerveux et pour relever les forces de l'organisme.

En dehors de ces cas, le rôle de l'hydrothérapie dans l'aliénation mentale n'est pas convenablement déterminé. Il ne le sera que lorsque les médecins qui ont accepté l'honorable mission de veiller sur la santé des aliénés auront soumis ce mode de traitement à une expérimentation scientifique et rationnelle.

CHAPITRE XIV

MALADIES CHRONIQUES DU CŒUR

Maladies organiques

Dans les maladies chroniques du cœur, il importe d'établir une distinction. Il en est qu'on peut considérer comme des névroses de l'appareil circulatoire ; il en est d'autres, au contraire, qui sont essentiellement caractérisées par une altération histologique des parties constituantes de l'organe central de la circulation.

Les premières sont, en général, heureusement modifiées par l'hydrothérapie ; les secondes résistent pour la plupart à ce mode de traitement et constituent même, dans beaucoup de cas, une contre indication à son emploi.

Cependant l'hydrothérapie, malgré les difficultés dont son application est entourée, a été essayée contre le plus grand nombre des affections cardiaques. Malheureusement les faits cités par les

différents auteurs qui ont préconisé ce mode de
traitement ne fournissent pas d'indications permettant de distinguer les cas dans lesquels l'hydrothérapie peut être mise en pratique, et ceux dans
lesquels, au contraire, il convient de s'abstenir.
Certains malades, en effet, atteints de lésions assez
avancées, supportent fort bien l'hydrothérapie,
mais il en est d'autres, et nous en connaissons des
exemples, dont l'état peut être aggravé sous l'influence de ce traitement. Si l'affection cardiaque
n'est pas entrée dans cette période d'évolution
qu'on désigne sous le nom d'asystolie, on peut,
en agissant sur la circulation périphérique, régulariser les fonctions du cœur. Mais lorsque l'asystolie existe, le traitement hydrothérapique est
inutile et peut même déterminer de sérieux accidents.

Il importe donc, en présence de ces difficultés, de
préciser avec soin quelles sont les conditions les
plus favorables à l'emploi de l'eau froide dans les
maladies du cœur.

La douche froide très-courte, la friction avec le
drap mouillé sont très-utiles lorsque, sous l'influence
du lymphatisme, de l'anémie ou d'une cachexie,
le cœur devient le siége de désordres caractérisés
par de la congestion ou de la névralgie cardiaque,
par des palpitations ou par une parésie fonctionnelle, et même par de l'irrégularité ou de l'inter-
mittence dans les battements. En faisant, comme
nous l'avons dit, des applications froides extrêmement courtes, on exerce une action stimulante sur
toute l'économie ; sous leur influence salutaire,
les fonctions de digestion et de nutrition tendent

à revenir à leur état normal; la circulation périphérique devient plus active et, par suite, l'impulsion
cardiaque moins tumultueuse; les douleurs s'a-
paisent; la congestion tend à disparaître, et le
fonctionnement organique retrouve peu à peu son
intégrité.

Le même traitement peut quelquefois être appliqué
utilement contre les troubles de l'hématose, que
présentent certains jeunes sujets anémiques atteints
d'une véritable lésion du cœur ou de ses ouvertures.
Quelques exemples semblent autoriser à faire, dans
ces cas, l'essai d'un traitement par l'hydrothérapie.
Mais nous avons vu si souvent ce traitement échouer
que, malgré l'assurance et l'autorité de quelques auteurs, il nous semble imprudent de préconiser une
méthode thérapeutique dont les effets sont si incertains.

Névroses cardiaques — Palpitations

Les palpitations, c'est-à-dire les battements fréquents, tumultueux et irréguliers du cœur, sont
produites par une surexcitation des rameaux sympathiques des plexus cardiaques.

Cette excitation peut reconnaître deux causes : une
action mécanique, et une irritation provenant d'un
centre nerveux. L'altération du sang, qui n'agit que
par le trouble apporté dans la nutrition du système
de l'innervation, rentre, par conséquent, dans la seconde catégorie.

Parmi les causes mécaniques, nous trouvons en
première ligne : un obstacle à la déplétion du cœur,

le rétrécissement aortique, les tumeurs exerçant une pression sur l'aorte, ou même sur le cœur, la distension de l'estomac par des gaz, etc.

Toutes les palpitations d'origine nerveuse, qu'elles accompagnent un état cachectique ou qu'elles soient consécutives à une hémorrhagie abondante, sont dues à un trouble de nutrition des centres nerveux, soit au niveau de la racine du sympathique, soit au niveau des ganglions qui envoient des rameaux au cœur. Donc, toutes les maladies fonctionnelles du système nerveux dues à un vice de nutrition pourront présenter des palpitations parmi leurs symptômes, soit que ces maladies résultent d'un trouble de nutrition du système nerveux dépendant d'une altération du sang, soit que ce trouble de nutrition dépende, par action réflexe, d'une irritation périphérique. C'est dans le premier de ces deux groupes que doivent être rangées les palpitations provenant de l'abus du thé, du tabac, du café et de l'alcool, les palpitations de l'hystérie, de la chorée, etc.; dans le second, celles qui sont provoquées par la gastralgie, les vers intestinaux, les maladies de l'utérus et de l'ovaire, les émotions morales, les affections vives de l'âme, etc. L'anémie, la chlorose, certaines cachexies, ne produisent des palpitations qu'en déterminant dans la nutrition des centres nerveux des troubles qui donnent naissance à des manifestations anormales du système nerveux. Comme dans l'hystérie, c'est par suite de la surexcitabilité du système nerveux que ces maladies donnent lieu à la palpitation.

Les palpitations ne doivent éveiller d'inquiétude que lorsqu'elles sont symptomatiques d'une maladie du cœur. L'on peut, du reste, en pratiquant l'auscultation dans l'intervalle des accès, apprécier exactement la situation du malade et savoir si les palpitations sont purement nerveuses. Lorsqu'elles ont ce caractère, elles coïncident presque toujours avec d'autres perturbations du système nerveux. Dans certaines circonstances elles acquièrent une telle intensité, que les malades en sont effrayés. Il faut que le médecin, instruit de ce fait, les rassure, calme leurs craintes et cherche, par les moyens qui sont en son pouvoir, à rétablir l'équilibre dans les fonctions de l'organe troublé.

Pour atteindre ce dernier résultat, l'hydrothérapie, appliquée avec discernement, peut être très-efficace.

Contre les palpitations de la chloro-anémie, il convient d'employer, dès le début, les douches et les frictions froides. Souvent, pendant la première période du traitement, les malades voient leur malaise augmenter et leurs palpitations apparaître plus fréquemment ; il faut néanmoins persévérer ; la tolérance s'établit et les effets bienfaisants de l'eau froide se produisent bientôt après. On doit se préoccuper, dans l'espèce, de donner à la circulation une activité plus grande, afin de favoriser les échanges organiques, de faciliter la nutrition des tissus et, par suite, de rétablir l'équilibre dans les fonctions de l'innervation.

Les palpitations engendrées par une névrose ou par un état cachectique sont plus difficiles à faire disparaître et, pour les combattre, il faut avoir recours à un traitement hydrothérapique plus compliqué ; c'est ainsi qu'il est nécessaire de régler la température de l'eau sur la susceptibilité des malades et de procéder par suite avec grande attention. On devra tôt ou tard recourir aux applications froides pour consolider ou achever la guérison, mais, au début du traitement, les applications modérément froides sont plus efficaces. Quelquefois, pour rendre la guérison plus rapide, on joint aux applications générales l'usage d'une douche légère assez longue et modérément froide dirigée sur la région cervicale ; mais ce procédé n'est réellement utile que lorsqu'on est parvenu à modifier l'état général du malade.

Parésie du cœur. — Lorsque la parésie cardiaque est la conséquence d'une lésion ou d'une dégénérescence du cœur et des vaisseaux, l'hydrothérapie est impuissante; elle est, au contraire, très-efficace lorsque la maladie est due à un trouble de nutrition des centres nerveux dans lesquels le nerf vague prend son origine, et surtout lorsque ce nerf, après avoir été longtemps et violemment excité, est atteint d'épuisement. Il en est de même lorsque le nerf pneumogastrique est épuisé sous l'influence de l'anémie ou d'une cachexie. Dans tous les cas, il faut faire des applications froides générales, courtes et légères. Les lotions, les ablutions, les frictions, les douches rapidement administrées répondent parfaitement à l'indication thérapeutique.

Angine de poitrine — Névralgie du cœur

On reconnaît généralement que l'angine de poitrine est une névrose, et l'on admet que la douleur de la région du cœur est produite par une névralgie des plexus cardiaques, formés par les anastomoses du pneumogastrique et des nerfs cardiaques venant du grand sympathique.

A notre point de vue, cette névrose, comme toutes les affections de cette nature, est sous la dépendance de causes multiples qui se traduisent toujours par une altération d'un centre nerveux. Ce qui, dans ce cas particulier, vient à l'appui de notre assertion, c'est la fréquence relative de l'angine de poitrine chez les goutteux et les rhumatisants. Toutes les autres causes, les affections du cœur ou des gros vaisseaux, certaines lésions du poumon, etc., ne sont que des causes déterminantes ou accidentelles.

Nous ne serions pas éloigné de penser que, dans l'angine de poitrine, la lésion de nutrition siége dans la moelle allongée, ou à la partie supérieure de la moelle épinière où se trouve l'origine du nerf sympathique. En effet, une excitation en ce lieu peut occasionner le phénomène initial de l'angine de poitrine, c'est-à-dire la névralgie cardiaque, laquelle produira à son tour et secondairement, par action réflexe, les divers autres symptômes. Ceux-ci semblent le résultat de l'irradiation de la douleur cardiaque dans les filets nerveux rayonnant autour des ganglions cervicaux, principalement autour du ganglion inférieur, et surtout dans le plexus cervical, dans le plexus brachial et leurs branches, dans le nerf diaphragmatique et dans l'hypoglosse. L'excitation du sympathique nous donne aussi l'explication des palpitations souvent observées pendant les attaques. L'excitation au niveau de la moelle allongée peut se propager ensuite jusqu'aux racines du nerf vague, et même provoquer, par une trop grande excitation de ce dernier, l'arrêt du cœur et la dyspnée.

Ce qui nous fait penser que le point de départ est dans le grand sympathique, et . non dans le pneumogastrique, c'est que les symptômes qui sont sous la dépendance de ce dernier n'apparaissent qu'après les autres. La dyspnée, entre autres, ne s'observe souvent qu'à la fin de l'accès. Il semble donc que l'excitation ne s'étende que progressivement jusqu'au nerf vague qui, dans quelques cas, ne paraît pas même avoir été atteint. Enfin l'excitation semble atteindre avant tout le ganglion cervical inférieur, autour duquel tous les symptômes rayonnent; et si, généralement, la douleur commence au cœur pour atteindre ensuite le bras, il n'en est pas moins vrai que l'attaque d'angine peut aussi débuter par la douleur au bras, ou dans la main. Nous dirons, à ce propos, et pour preuve que tous les symptômes douloureux de l'angine de poitrine ne sont que des produits d'action réflexe, que l'on a vu la douleur se manifester, en même temps ou successivement, dans la poitrine et dans la main, sans atteindre les nerfs du bras.

En général, les attaques d'angine de poitrine surviennent brusquement et sans signes précurseurs. Elles sont caractérisées par une douleur siégeant derrière le sternum et s'accompagnant d'un sentiment d'angoisse et de constriction tel, que le malade reste immobile, pâle, n'osant parler de peur de suffoquer. Une syncope ou de larges aspirations indiquent la fin de l'accès.

Les phénomènes douloureux s'étendent suivant certaines directions, variant avec les sujets et même avec les attaques, tantôt s'irradiant jusqu'à la mâchoire inférieure, tantôt jusqu'à l'épaule, au bras et à la main. D'autres fois encore, ils descendent vers le diaphragme et l'épigastre et peuvent s'étendre jusqu'à l'aine et aux cuisses. Enfin, la douleur peut intéresser les filets du pneumogastrique qui vont à l'estomac et causer ainsi des éructations, des nausées ou des vomisse-ments.

Dans l'intervalle des accès, la santé est générale-ment bonne. Assez espacées au début, les attaques finissent peu à peu par se renouveler tous les mois, toutes les semaines, tous les jours et même plu-sieurs fois dans la journée. Le pronostic de cette maladie, dont la durée est difficile à déterminer, est presque toujours sérieux.

Nous laisserons de côté les cas dans lesquels l'an-gine de poitrine est liée à l'altération organique du cœur et des gros vaisseaux. Dans ces cas, l'eau froide est impuissante. Mais l'hydrothérapie se montre souvent très-efficace, quand l'angine de poi-trine est sous la dépendance d'un trouble de nutri-tion des centres nerveux ou des nerfs, quand elle affecte la forme d'un désordre purement fonction-nel.

Pour procéder avec méthode, il faut toujours commencer par des applications légères, en ayant soin d'accentuer le mouvement de réaction dans les parties inférieures, par des bains de pieds donnés avant la séance hydrothérapique proprement dite. On emploiera de préférence la douche mobile; on insistera surtout sur les membres inférieurs, et on ne généralisera l'application que lorsque le malade sera convenablement acclimaté.

Il va sans dire que ce traitement n'est applicable que dans l'intervalle des attaques. On se trouvera bien de joindre à l'hydrothérapie l'emploi des frictions sèches et du massage, et l'usage de l'eau froide à l'intérieur, à l'exclusion de toute espèce de boissons excitantes.

Goître exophthalmique — Maladie de Graves ou de Basedow

La fréquence relative du goître exophthalmique dans les établissements d'hydrothérapie s'explique tout naturellement par les bons effets que, presque seule, l'hydrothérapie a produits sur cette étrange maladie.

C'est par les palpitations que commence, en général, cette affection ; elles produisent à la longue une dilatation vasculaire qui se manifeste surtout dans les artères thyroïdiennes et ophthalmiques, et qui détermine à la fois le goître et l'exophthalmie. Tel est, d'après la plupart des auteurs, l'enchaînement des phénomènes, qui caractérisent la maladie de Graves, appelée aussi maladie de Basedow.

Tous les auteurs sont d'accord pour admettre que les palpitations sont le résultat d'une névrose du cœur ; quant à nous, nous ne sommes pas disposé à accepter cette interprétation, car les faits nous ont démontré que, dans certains cas, les palpitations font défaut ou n'apparaissent qu'après les autres phénomènes. Les palpitations, il est vrai, et la dilatation artérielle peuvent favoriser la production du goître et de l'exophthalmie, mais il serait peut-être bon de rechercher si ces accidents ne sont pas produits par le seul fait d'un état morbide du sympathique et peut-être même du système cérébro-spinal au niveau de la naissance des nerfs ganglionnaires. Qu'on examine les faits, et on verra que l'exophthalmie et le goître, qui constituent, avec les battements accélérés du cœur, ce que Trousseau appelle la triade symptomatique de la maladie de Basedow, sont toujours accompagnés et très-souvent précédés de désordres nerveux sérieux et de troubles ganglionnaires dont il faut tenir compte. Ces perturbations fonctionnelles résident, pour la plupart, dans le système sympathique, et sont accompagnées d'un défaut d'équilibre manifeste dans les fonctions de calorification, d'assimilation, de sécrétion, ainsi que dans le jeu des appareils pulmonaire, circulatoire, gastrique et génito-urinaire. Elles sont de même nature que celles qu'on remarque dans la chlorose, qui n'est, en somme, qu'une névrose ganglionnaire produisant un trouble de sanguification et provoquant, par voie de suite, une altération de nutrition dans toute l'étendue du système cérébro-spinal. Cette analogie entre la chlorose et le goître exophthalmique a été de tout temps reconnue.

La triade caractéristique de la maladie de Graves ne constitue pas exclusivement, comme on le voit, l'expression symptomatique de cette affection ; un ou plusieurs termes de cette triade peuvent manquer. Par contre, il est sans exemple que les troubles de la calorification et de la plupart des fonctions placées sous la dépendance du nerf grand sympathique aient fait défaut. Nous sommes donc autorisé à croire que la maladie de Graves est une névrose du système ganglionnaire produite par une altération de nutrition, et quelquefois par une lésion organique de la portion du système cérébro-spinal, où le nerf grand sympathique prend son origine.

Sauf dans quelques cas exceptionnels, les premiers symptômes de la maladie de Basedow apparaissent dans l'appareil circulatoire. Le cœur est le siége de battements exagérés accompagnés parfois de légers bruits de souffle ; le pouls radial est en général très-accéléré, petit et faible, les veines du cou deviennent turgescentes et produisent dans cette région un gonflement très-marqué.

Le goître et l'exophthalmie viennent ensuite et peuvent apparaître simultanément. L'engorgement de la glande thyroïdienne se produit rapidement et intéresse presque toujours les deux lobes latéraux. Cette tumeur est de nature vasculaire, les pulsations et les bruits de souffle que l'on perçoit à son niveau ne laissent aucun doute à cet égard.

L'exophthalmie est quelquefois précédée de démangeaisons excessives des paupières, indiquant qu'il y a, de ce côté, un travail congestif anormal. Elle est constituée par la saillie des globes oculaires au dehors des cavités orbitaires. Quel est le trouble physiologique qui lui donne naissance ? Nous croyons, comme Trousseau, que le phénomène initial est une irritation du nerf grand sympathique ayant son origine dans les centres nerveux correspondants. Sous l'influence de cette irritation, la nutrition du tissu cellulo-adipeux de l'orbite devient exagérée, et dès lors le globe de l'œil, soumis à la fois à l'action morbide des vaso-moteurs et au développement anormal de la graisse qui s'est accumulée autour de lui, est refoulé au dehors. Les autopsies ont démontré l'existence de la congestion et du développement cellulo-adipeux.

Chez la femme, le goître exophthalmique s'accompagne souvent d'une diminution ou d'une suppression des règles, et même, dans quelques cas rares, il survient de véritables ménorrhagies. Le professeur Charcot a aussi noté que tous les symptômes de cette maladie s'amendent pendant la grossesse ; nous devons ajouter aussi que parfois les accidents reparaissent après l'accouchement.

Lorsque la maladie est grave ou ancienne, on observe de la diarrhée, des vomissements, des sueurs profuses, quelquefois des épistaxis et même des hémorrhagies pulmonaires. Il se produit de fréquentes congestions dans les viscères, puis l'amaigrissement survient, et le malade tombe dans la cachexie et le marasme.

A côté des symptômes caractéristiques de cette maladie, nous devons citer les troubles de calorification. Les malades se plaignent, en effet, d'une sensation de chaleur intolérable, sans que le thermomètre indique une augmentation de température bien notable. Dans certains cas, néanmoins, il y a réellement augmentation de chaleur, surtout aux mains, aux pieds, derrière le cou et les oreilles. Ces troubles de calorification, qui s'accompagnent parfois d'une légère congestion spléno-hépatique, sont constants, et indiquent bien que la maladie de Graves est une névrose du nerf grand sympathique.

La marche de cette affection est quelquefois insidieuse ; son évolution est lente et sa durée fort longue ; nous connaissons des malades qui n'ont présenté les symptômes caractéristiques de cette maladie qu'après des années de souffrances trahissant des troubles du nerf sympathique, et rien de plus. Bien que le pronostic ne soit pas absolument grave, nous devons reconnaître que la guérison est souvent difficile à obtenir.

Jusqu'à présent c'est le traitement hydrothérapique qui, longtemps continué, a donné les meilleurs résultats. Mais il faut que les malades sachent que la guérison n'est possible qu'à la faveur d'une grande persistance dans l'emploi des applications hydrothérapiques. Le procédé le plus efficace est la douche mobile, froide, de courte durée et le plus souvent généralisée. Si elle est mal supportée, il faudra élever la température jusqu'à ce que la tolérance soit établie, ou bien la remplacer momentanément par des lotions pratiquées avec précaution. Lorsque, sous l'influence de ce procédé légèrement tonique, le malade aura repris quelques forces, on augmentera l'énergie de la douche, et on abaissera la température de l'eau si cela est nécessaire. Arrivé à cette période du traitement, on pourra faire intervenir les applications spéciales destinées à combattre les désordres dominants. C'est ainsi qu'on utilisera les bains de siége froids et courts, les douches utérines, les bains de pieds chauds, etc., contre l'aménorrhée, les bains de pieds froids à

eau courante contre les ménorrhagies, les douches hépatiques ou spléniques contre les engorgements du foie et de la rate, les douches écossaises
contre les douleurs, les demi-maillots ou les ceintures humides contre les troubles de l'appareil
digestif.

CHAPITRE XV

MALADIES CHRONIQUES DE L'APPAREIL
RESPIRATOIRE

Parmi les maladies chroniques des voies respiratoires, il faut distinguer celles qui sont de nature
nerveuse et qui conservent ce caractère pendant
toute la durée de leur évolution, et les maladies
qui, intéressant les tissus des organes respiratoires,
se traduisent par des troubles de circulation, de
sécrétions, ou par des transformations histologiques.

Le premier groupe est du ressort de l'hydrothérapie; le second, au contraire, ne peut bénéficier de cette méthode de traitement que dans certaines limites.

Névroses des voies respiratoires

Il ne peut être question ici des névroses respiratoires qui dépendent d'une affection organique.
Nous ne nous occuperons que des désordres
nerveux qui jouent un rôle prépondérant dans les

névroses générales, comme l'aphonie et la toux chez les hystériques, ou la dyspnée chez les personnes atteintes d'un asthme essentiel.

Aphonie. — L'aphonie, c'est-à-dire la perte plus ou moins complète du timbre et de la force de la voix, peut reconnaître trois sortes de causes : 1° un obstacle au mécanisme de la respiration, tel qu'une paralysie des nerfs intercostaux, l'asthme, la dyspnée, etc.; 2° une oblitération du conduit aérien ou une altération de ses parois; 3° une altération organique ou fonctionnelle des cordes vocales. Cette altération peut porter sur les muscles qui les mettent en jeu, ou sur les nerfs qui se rendent à ces muscles. Nous n'avons à étudier ici que l'aphonie qui est de nature purement nerveuse et qui n'est occasionnée que par une altération de fonctionnement du nerf pneumogastrique et principalement des nerfs récurrents qui en émanent. Cette névrose laryngée, qui s'observe dans l'hystérie et dans toutes les névroses générales, tient très-probablement à une modification de nutrition de la moelle allongée produite au niveau de l'origine des nerfs vagues. Analogue à celle que nous avons vue se produire dans les autres névroses, cette modification de nutrition peut tenir à une altération du liquide nourricier ou à une modification de la quantité de sang arrivant dans la région de la moelle que nous venons d'indiquer. Dans cette catégorie sont les aphonies produites par la présence des vers dans l'intestin, par la grossesse, par certaines affections génito-urinaires, etc., ou bien les aphonies causées par une irritation psychique, comme la frayeur, la colère, etc., et survenant surtout quand le sujet est prédisposé ou en proie à une affection nerveuse fonctionnelle, telle que l'hystérie ou l'état nerveux. L'altération de nutrition, après avoir déterminé une augmentation de l'excitabilité réflexe des nerfs récurrents, finit par épuiser cette excitabilité et produit, secondairement, la paralysie ou la parésie des cordes vocales.

Tantôt l'aphonie nerveuse disparaît seule, tantôt elle résiste longtemps à tout traitement; elle peut affecter une forme périodique, et il n'est pas rare de l'observer au moment même de l'apparition des règles. La durée de cette maladie est indéterminée et sa marche capricieuse; mais elle se dissipe ordinairement peu à peu sous l'influence d'un traitement hydrothérapique bien dirigé. Par cette médication, on doit chercher à modifier l'altération du sang qui favorise l'anémie des cordes vocales et qui, par voie de suite, expose les malades à des extinctions de voix perpétuelles.

Pour obtenir un bon résultat, on utilisera les applications toniques, les frictions froides, les douches générales en pluie ou en jet, courtes et froides, les douches en cercles; en un mot, tous les procédés hydrothérapiques capables d'exercer sur tout l'organisme une action reconstituante. Si l'aphonie persiste, on pourra faire précéder les applications générales d'une douche localisée sur la partie antérieure de la poitrine et du cou, de l'inhalation de vapeur d'eau à l'aide d'appareils pulvérisateurs, du col de cygne dirigé sur la partie supérieure de la colonne vertébrale et enfin du sac à glace de Chapman appliqué sur la région cervicale. Ce dernier moyen, qui n'est applicable, dans l'espèce, que chez

les malades anémiés et dont il faut surveiller l'action
avec soin, a pour effet de faciliter l'arrivée du sang
dans les parties qui en sont privées. Pour ne pas
exposer le malade aux troubles qui résultent de l'arrivée trop rapide du sang dans les régions qui ont
été longtemps privées de ce liquide, il faudra faire
de courtes applications dans le principe et baser la
durée des applications consécutives sur l'observation rigoureuse des résultats obtenus.

Si l'aphonie dépend d'une intoxication, les applications hydrothérapiques qui doivent être employées
sont celles que nous avons indiquées en étudiant
les intoxications chroniques.

Si l'aphonie est liée à une névrose, il est nécessaire de recourir avant tout aux applications hydrothérapiques qui conviennent à cette névrose. Si elle
résulte d'une action réflexe morbide, il faudra traiter comme il convient l'irritation qui a été le point
de départ du trouble nerveux et modifier, par les
procédés déjà indiqués, l'excitabilité réflexe des
centres nerveux. Dans tous les cas, il sera bon de
joindre à ces applications générales l'usage des
moyens locaux dont nous avons déjà parlé.

Spasme de la glotte

Il n'est pas de médecin qui n'ait été à même d'observer les symptômes de cette névrose si commune
chez les enfants et si rare chez l'adulte et le vieil-
lard.

Elle semble résulter d'un trouble de nutrition
des centres nerveux localisé au niveau de l'origine

des nerfs qui président à l'innervation du larynx. Cette irritation peut être assez violente pour produire l'épuisement du pneumogastrique, l'asphyxie, ou bien l'arrêt du cœur.

Le spasme de la glotte est une maladie intermittente revenant par accès qui apparaissent sous l'influence d'un grand nombre de causes, telles que : la colère, la frayeur et des mouvements violents de déglutition. Il est entendu que le traitement doit être suivi dans l'intervalle des accès.

L'hydrothérapie est très-efficace contre cette affection ; seulement, pour qu'il en soit ainsi, il est nécessaire de ne pas soumettre les malades à des applications trop excitantes, afin de ne pas exagérer l'éréthisme général du système nerveux, qui accompagne toujours le spasme glottique. D'autre part, comme le spasme de la glotte concorde presque toujours avec des symptômes d'atonie générale, il est prudent de ne pas faire un emploi exclusif des applications sédatives. On utilisera donc les lotions froides, les frictions avec le drap mouillé, les immersions courtes et les douches légères.

Toux nerveuse

Cette toux, appelée aussi *toux hystérique*, est le résultat de convulsions spasmodiques produites, directement ou par action réflexe, dans les muscles expirateurs. Elle se distingue de la toux convulsive proprement dite et de celle de la coqueluche en ce qu'elle n'est jamais accompagnée, comme celles-ci, de ces spasmes violents qui causent des accès de suffocation ou de l'asphyxie.

La toux nerveuse est sèche, vibrante, et n'amène que très-rarement l'expectoration de crachats muqueux. Elle ne s'accompagne jamais de spasmes violents ; les phénomènes de dyspnée sont très-peu accentués et son apparition coïncide presque toujours avec des sensations de chatouillements développées dans le larynx. Elle survient par accès que séparent des intervalles de repos, et elle n'apparaît presque jamais pendant le sommeil. Parmi les complications de cette affection, il faut signaler l'aphonie et les vomissements.

La toux nerveuse est d'origine purement réflexe ; les mouvements qui la provoquent sont le résultat d'une convulsion des muscles expirateurs, provoquée par l'hyperesthésie de la muqueuse pulmonaire. La toux nerveuse n'est aucunement liée aux affections catarrhales des bronches ; sa cause et son point de départ se trouvent dans les centres nerveux.

Cette maladie, qui disparaît généralement au bout d'un temps variable, est sujette à récidive. Quand les accès sont fréquents et compliqués de vomissements, elle peut exercer une influence funeste sur la santé générale : aussi est-il nécessaire d'intervenir.

L'hydrothérapie exerce une action incontestable sur la toux nerveuse. Lorsque l'affection n'est pas invétérée, elle disparaît assez facilement pendant la durée du traitement ; dans le cas contraire, il arrive parfois que ce trouble nerveux n'est réellement apaisé qu'après la cessation du traitement hydrothérapique. Ce résultat est même assez fréquent, et nous devons le signaler pour éviter les fausses interprétations auxquelles donnent lieu la persistance de l'accident et la production tardive des effets thérapeutiques.

Les procédés hydrothérapiques qui nous ont paru les plus utiles sont ceux qui exercent une action tonique générale. Il est nécessaire, pour faciliter leur intervention, de leur adjoindre les applications hydrothérapiques qui produisent un effet révulsif dans les parties inférieures. Dans cet ordre d'idées, il convient d'administrer une douche froide, courte et très-énergique, localisée sur la partie antérieure des cuisses et précédée d'un bain de pieds chaud à eau courante. Il importe que les malades soient massés ou frictionnés très-énergiquement après chaque séance hydrothérapique, afin d'amener à la surface cutanée l'irritation qui a son siége dans la muqueuse bronchique. Quelquefois on est obligé de faire intervenir le calorique ; dans ce cas, on peut recourir à la douche chaude localisée sur la poitrine, ou à l'usage du maillot sec. Ces deux procédés nous ont donné de meilleurs résultats que le maillot humide et que les étuves. Il est inutile d'ajouter que, lorsque la toux dépend d'une affection générale de l'organisme, c'est surtout contre cette affection générale qu'il faut diriger le traitement. La même observation est applicable quand la toux nerveuse est le résultat d'une action réflexe pathologique.

Dyspnée — Asthme

La dyspnée est un trouble morbide caractérisé par une gêne plus ou moins grande de la respiration. Ce trouble est symptomatique de diverses maladies de la poitrine. Nous ne nous arrêterons ici qu'à une variété de dyspnée, celle qui appartient à l'*asthme*.

Tous les auteurs considèrent l'asthme comme une névrose ; contentons-nous de cette affirmation qui est généralement admise, sans nous occuper ici des opinions qui ont été formulées sur la nature et le mode de production de cette affection. Signalons pourtant ce fait, que son siége a été tour à tour placé par les auteurs qui ont traité cette question dans le bulbe et dans la moelle allongée. Quoi qu'il en soit, l'excitabilité du centre nerveux intéressé peut être mise en jeu par diverses causes, centrales et périphériques, mais il n'en est aucune dont l'efficacité soit constante. La cause véritable est une prédisposition particulière, héréditaire ou non, le plus souvent de nature diathésique, se confondant parfois avec la goutte, le rhumatisme, la migraine ou certaines éruptions cutanées. Trousseau a démontré en effet que ces affections pouvaient être remplacées par l'asthme et, à leur tour, remplacer l'asthme. La même substitution peut se faire entre l'asthme et certaines névralgies spéciales.

Les causes occasionnelles ne sont pas moins individuelles ; c'est ainsi que le climat qui convient à

un asthmatique peut, au contraire, être extrêmement défavorable à un autre. D'autres causes peuvent provoquer, directement ou par action réflexe,
l'accès d'asthme. De ce nombre sont : les inhalations de vapeurs, de poussière, certains troubles
gastriques, des émanations odorantes agissant sur
le nerf olfactif, comme celles du foin et de l'ipéca-
cuanha, une excitation cérébrale causée par une
émotion vive.

L'asthme est caractérisé, symptomatiquement, par
une série d'accès survenant périodiquement, après
des intervalles plus ou moins longs pendant lesquels l'individu est dans un état de santé à peu
près complet. Les accès sont quelquefois précédés
de prodromes, mais le plus souvent ils surviennent
subitement et, de préférence, pendant la nuit. Il est
un fait qui offre peu d'exceptions : c'est la régularité et l'invariabilité de l'heure à laquelle l'attaque
revient.

Le plus souvent, la dyspnée survient rapidement
et même parfois d'une façon instantanée ; quelquefois pourtant elle est précédée de coryza, d'éternue-
ment et de larmoiement. L'accès est caractérisé
par une gêne et une oppression considérables ; la
respiration est sifflante, et le besoin d'aspirer de
l'air pur est irrésistible. Après une durée qui peut
varier d'une à plusieurs heures, la dyspnée diminue, la respiration devient plus régulière et l'accès
se termine par une petite toux qui amène bientôt
l'expectoration d'un liquide écumeux et très-aéré.

Les autres symptômes de l'asthme essentiel sont
trop connus pour que nous nous y arrêtions ; nous
nous contenterons de dire que la conséquence pres-

que fatale de la répétition des accès d'asthme est l'emphysème pulmonaire, qui existe d'abord d'une façon transitoire et qui bientôt s'établit d'une façon permanente.

Lorsque la multiplicité des accès et la prostration des forces exigent un traitement prompt et efficace, on peut avoir recours à l'hydrothérapie, dont les procédés excitants exercent la plus heureuse influence sur la névrose qui nous occupe. Toutefois, il est indispensable de commencer avec précaution et de ne recourir aux douches froides énergiques que lorsque le malade est parfaitement acclimaté.

On peut, si la dyspnée est violente, faire usage de bains de pieds à eau courante, alternativement chaude et froide, qu'on a le soin d'administrer immédiatement avant l'application froide générale.

Lorsque les asthmatiques ne peuvent supporter ni la douche en pluie, ni la douche mobile dirigée sur la partie postérieure du thorax, il convient de faire des applications moins stimulantes ; si l'on persiste dans l'emploi de la douche mobile, il faut éviter de percuter la région que le froid impressionne si vivement.

Chez les asthmatiques, les applications froides de l'hydrothérapie conviennent parfaitement. Dirigées dans les parties inférieures, elles produisent une révulsion salutaire ; appliquées sur toute la surface cutanée, elles exercent une dérivation manifeste et dégagent l'appareil pulmonaire ; continuées pendant un certain temps, elles régularisent la circulation, apaisent l'irritabilité nerveuse et rétablissent l'équilibre dans tous les mouvements organiques. Quelquefois cependant, surtout quand l'asthme est sous la dépendance de la diathèse arthritique, leur action thérapeutique est incomplète ; il convient alors de leur associer le calorique et l'usage de l'eau en boisson à hautes doses.

Hoquet

Assurément cette affection ou plutôt ce phénomène nerveux est la plupart du temps peu grave et disparaît rapidement. Mais il faut savoir qu'il peut être le symptôme d'un état nerveux général, et que, par sa persistance, il peut devenir inquiétant pour la santé du malade.

Nous avons eu l'occasion de constater plusieurs fois l'effet salutaire de l'hydrothérapie contre cet accident nerveux. De tous les procédés, c'est le maillot humide, suivi de frictions énergiques, qui nous a paru le plus efficace. Nous avons eu aussi à nous louer des frictions avec le drap mouillé, de la ceinture humide, des affusions froides et du col de cygne dirigé sur la colonne vertébrale.

Affections diverses de la poitrine

Maladie de foin, hay fever, rhino-bronchite spasmodique

La fièvre de foin est une maladie spasmodique des voies respiratoires se traduisant symptomatiquement par des accès de suffocation, et organiquement par une irritation congestive des muqueuses nasale, pharyngienne et bronchique. A cause de l'identité de quelques-uns de ses caractères pa-

thologiques avec ceux de l'asthme, on a coutume
de la confondre avec cette dernière affection. C'est
un tort, car elle s'en distingue par différents points.
Ne pouvant pas entrer dans des considérations détaillées sur la pathogénie de cette affection, nous
dirons, avec M. le docteur Herbert, que, pour que
la fièvre de foin se développe, il faut que l'action de certains agents cosmiques et des odeurs
végétales ou animales qui la provoquent ordinairement, soit favorisée par une prédisposition
individuelle.

Trousseau et M. Gueneau de Mussy, en raison
de la relation fréquente qui existe entre cette maladie et la goutte, n'hésitent pas à considérer la
rhino-bronchite comme une manifestation de l'arthritisme. Cette opinion concorde avec notre appréciation personnelle. Par un hasard assez étrange,
tous les cas observés par nous se sont développés
chez des goutteux. Nous sommes donc fondé à
croire que l'arthritis prédispose l'organisme à contracter cette maladie. Toutefois nous devons faire
des réserves et dire que quelques auteurs n'ac-
cordent pas à la goutte cette influence pathogénique.

Dans tous les cas, nous pouvons affirmer que la
médication hydrothérapique se montre très-souvent efficace contre cette affection. A cause des
conditions organiques dans lesquelles se trouvent
les malades qui en sont atteints, il faut recourir à
des applications capables d'exercer tout à la fois
une influence générale et locale. Dans ce but, il
faut employer tout d'abord des douches générales
courtes et froides, insister d'une manière toute spé-

ciale sur les parties inférieures du corps, et compléter l'effet de l'eau froide par des frictions énergiques. Comme dans la diathèse arthritique, il faut recourir à l'emploi du calorique, si les conditions dans lesquelles se trouve le malade réclament son intervention.

Susceptibilité ou fatigue des organes de la respiration — Catarrhe bronchique — Grippe — Phthisie pulmonaire

En dehors de la classe des névroses, on peut signaler certaines affections de l'appareil respiratoire contre lesquelles l'hydrothérapie peut rendre des services.

Les personnes présentant du côté des organes de la respiration une susceptibilité qui les expose à contracter facilement des rhumes de cerveau, des laryngites, des bronchites, peuvent trouver dans l'hydrothérapie un traitement prophylactique très-avantageux et très-puissant. Dans ces cas, l'eau froide employée seule, soit à l'aide de frictions avec le drap mouillé, soit à l'aide de douches générales en pluie ou en jet, aguerrit l'économie aux changements brusques de température et modifie la susceptibilité maladive des muqueuses intéressées.

Quand l'eau froide, administrée seule, est impuissante pour atteindre ce résultat, il faut recourir aux applications alternatives du calorique et du froid. Dans ce cas, quel que soit le moyen employé, que l'on ait recours à l'eau chaude, aux étuves ou aux enveloppements, il est nécessaire de faire suivre immédiatement chacune de ces applications d'une douche générale froide en pluie ou en jet, ou d'une immersion courte, ou bien d'une friction avec le drap mouillé.

La douche froide générale, en jet ou en arrosoir, précédée, suivant les circonstances, d'une application de calorique, convient parfaitement aux personnes sujettes aux maux de gorge et à celles dont la profession amène une grande fatigue du larynx. Les chanteurs, les avocats, les professeurs, tous ceux enfin qui exercent leur voix en public trouveront de grands ressources dans l'eau froide.

L'hydrothérapie est encore utile contre le catarrhe bronchique qui revient périodiquement et contre celui qui succède à la grippe. Il est bien entendu qu'elle est contre-indiquée s'il existe un mouvement fébrile. C'est aux applications excitantes et toniques, telles que la douche en arrosoir et en jet, qu'il faut recourir dans ce cas. Dans le catarrhe pulmonaire, pour éviter un refoulement trop grand du liquide sanguin à la surface de la muqueuse, il sera utile de faire une application de calorique avant l'emploi de l'eau froide. Dans cette affection, l'hydrothérapie a encore pour avantage de combattre, par ses applications toniques, les accidents nerveux que la faiblesse générale de l'organisme entretient et qui persistent longtemps après la disparition de la grippe.

Certains auteurs ont préconisé l'emploi de l'hydrothérapie contre la phthisie pulmonaire; nous ne pensons pas que, dans leur esprit, il puisse être question de la phthisie bien confirmée. Les cas dans lesquels la médication a réussi nous autorisent à supposer que la maladie était à son début, et que, par suite, sa marche pouvait être enrayée sous l'influence des effets reconstituants produits dans tout l'organisme par le traitement hydrothérapique. Nous sommes disposé à croire à la sincérité de ces résultats ; mais nous avons le droit de demander si les médecins qui ont signalé ces faits sont bien certains d'avoir eu à traiter de véritables phthisiques. N'ont-ils pas été plutôt en présence, comme notre expérience nous porte à le croire, de ces cas indécis où il est difficile d'établir un diagnostic exact ? En tout état de cause, comme, dans ces cas douteux, on a obtenu des résultats très-manifestes, il est incontestable qu'on est en droit d'intervenir.

Lors donc qu'on soupçonne ou que l'on craint le début d'une phthisie pulmonaire, l'on peut sans témérité entreprendre un traitement hydrothérapique. On n'en peut retirer que du profit si la maladie est curable, et on ne court aucun risque d'accélérer le processus morbide s'il s'agit d'une véritable tuberculisation pulmonaire. C'est aux applications excitantes que l'on a recours dans ce cas, en ayant soin de ne pas demander à l'économie un trop grand travail de réaction. La douche mobile généralisée, froide et très-courte, nous semble le procédé le plus utile ; mais il faut savoir limiter son action thérapeutique à une simple excitation ayant pour but de réveiller les fonctions digestives, d'augmenter la nutrition, d'éviter toute fluxion interne et de relever progressivement les forces de l'organisme. Les effets salutaires, dans ces cas, se produisent rapidement. Si, après un mois de traitement hydrothérapique, les accidents persistent, il est prudent de renoncer à cette médication.

D'après ce qui vient d'être dit, on voit qu'il est difficile de signaler exactement les cas qui relèvent de l'hydrothérapie. Cependant on peut dire, d'une manière générale, que cette méthode de traitement est applicable aux personnes chez lesquelles les symptômes de faiblesse générale prédominent sur les symptômes pulmonaires. Mais il ne faut pas songer à l'employer chez les malades qui ont de la fièvre, des hémoptysies abondantes et des poussées congestives trop fréquentes.

CHAPITRE XVI

MALADIES CHRONIQUES DE L'APPAREIL DIGESTIF
ET DE SES ANNEXES

Nous n'avons pas l'intention de nous occuper
ici des affections organiques du tube digestif. L'hydrothérapie ne peut pas les guérir; lorsqu'on l'emploie, on ne peut espérer que relever les forces du
malade ou apaiser quelques-uns des symptômes
qui caractérisent ces affections. Nous consacrerons spécialement notre étude aux maladies fonctionnelles, idiopathiques, sympathiques ou symptomatiques des organes qui concourent à la
digestion et aux névroses de chacun de ces organes. Le traitement hydrothérapique est parfaitement approprié à ces sortes de maladies; nous
allons le démontrer dans l'exposé qui va suivre.

I. — Maladies de la cavité buccale et du pharynx

Le catarrhe buccal est souvent une propagation
du catarrhe chronique de l'estomac. Quelquefois
pourtant il se développe isolément et produit, sur-

tout chez les fumeurs, des expectorations pénibles, de la fétidité de l'haleine, des perversions du goût et de l'olfaction, capables de provoquer l'hypochondrie, de troubler les fonctions de nutrition et de compromettre la santé. La plupart du temps, les malades qui sont atteints de cette infirmité ont besoin d'être tonifiés; il sera, par conséquent, nécessaire, en leur conseillant une bonne hygiène, de les soumettre à l'usage des applications excitantes de l'hydrothérapie; on devra, pour compléter le traitement, leur conseiller de boire souvent de l'eau froide.

Ces remarques concernent également l'hypersécrétion pathologique de la salive et du flux muqueux buccal, soit que la salivation dépende de quelque névralgie du trijumeau ou du facial, qu'elle résulte de l'abus des mercuriaux, ou bien qu'elle se rattache à des symptômes d'hystérie. Dans ces diverses circonstances, il est permis de compter sur l'action dérivative des procédés hydrothérapiques.

Des expériences de MM. Cl. Bernard et Brown-Sequard, il résulte que la section des nerfs vaso-moteurs qui se distribuent dans les glandes salivaires produit une congestion de la glande, qui a pour conséquence une augmentation dans la sécrétion de la salive. Cette hypersécrétion est, pour ainsi dire, le résultat de la paralysie du nerf grand-sympathique; si l'on excite ce nerf, la congestion disparaît et la sécrétion salivaire est tarie. On peut déduire de ces expériences que, lorsque le ptyalisme est dû à une affection qui compte la paralysie du grand sympathique parmi ses symptômes, on devra combattre l'hypersécrétion salivaire par une médication excitante, et, notamment, par les applications toniques de l'hydrothérapie.

Il résulte encore d'une expérience de M. Cl. Bernard, que l'hypersécrétion salivaire peut être due à une excitation du nerf tympanico-lingual qui se rend à la glande sous-maxillaire. Or, ce nerf, qui est un antagoniste des vaso-moteurs, dépend du système cérébro-spinal. Par conséquent, l'excitation de ce système, si fréquente dans les névroses, peut, par l'intermédiaire des branches qui lui appartiennent, suractiver les fonctions des glandes salivaires et déterminer une sécrétion pathologique. Dans ce cas, pour combattre ce phénomène morbide, il convient de préférer les méthodes sédatives aux méthodes excitantes. On emploiera, dans ce but, les applications hydrothérapiques qui apaisent la susceptibilité nerveuse.

En résumé, les applications excitantes, comme les actions sédatives de l'hydrothérapie, peuvent être fort utiles dans le ptyalisme. La guérison dépend de la justesse qui préside au choix du procédé à employer.

Enfin, il est des formes de catarrhe chronique du pharynx, fréquentes chez les fumeurs, chez les gens adonnés aux spiritueux, chez les goutteux, les rhumatisants ou les herpétiques, qui constituent un mal pénible à supporter et difficile à guérir. Contre les cas de ce genre, l'action produite par les eaux médicamenteuses pulvérisées n'est pas toujours suffisante et l'on est forcé de recourir à l'intervention de modificateurs plus généraux et surtout plus efficaces. Dans cet ordre d'idées, diverses applications hydrothérapiques, et surtout celles qui re-

posent sur l'association du calorique et du froid,
pourront rendre de grands services On sait que les
étuves, les maillots ou l'eau chaude, sous forme
de douches, sont employés indifféremment pour
surélever la chaleur de la peau et pour déterminer
à sa surface une dérivation favorable aux organes
internes hyperhémiés. Pour accentuer cette action
thérapeutique dans les troubles dont il s'agit, on
fera suivre l'emploi du calorique d'applications
froides, courtes, énergiques, capables d'activer la
circulation capillaire de la peau, sans exposer le
malade à un grand refroidissement.

On complétera le traitement en conseillant l'usage
de l'eau en boisson, des bains de pieds chauds pris
immédiatement avant la séance d'hydrothérapie et
des compresses excitantes appliquées sur la partie
antérieure du cou. Ces compresses, trempées dans
l'eau froide, sont mises sur le cou et recouvertes
avec de la flanelle ou du molleton, de manière à
empêcher le contact de l'air. Ce maillot partiel est
laissé en place quelques heures et produit, à la
surface cutanée, une révulsion très-manifeste que
l'on prolonge en pratiquant des frictions froides sur
le cou, dès que les compresses sont enlevées.

II. — Maladies de l'œsophage

Spasme de l'œsophage. — L'œsophage peut, sous
l'influence d'un excès d'excitabilité des nerfs moteurs, devenir le siége de désordres spasmodiques
que l'on désigne sous le nom d'œsophagisme. Cette
dysphagie spasmodique, produite le plus souvent

par une série d'actions réflexes, succède parfois à des altérations de la gorge et du larynx, complique quelques affections de l'estomac et dépend assez fréquemment d'une névrose générale. On l'observe surtout chez les personnes intoxiquées par l'alcool ou les narcotiques, chez les rhumatisants et chez les individus qui ont des vers intestinaux.

Comme la plupart des névroses, le spasme de l'œsophage présente des paroxysmes alternant avec des rémissions. Nous n'avons pas à décrire ici la forme de ces accès ; ce qui est important, c'est de constater que les médicaments antispasmodiques exercent une médiocre influence sur cette maladie et que l'hydrothérapie la combat avec beaucoup plus d'efficacité.

Quelquefois, la douche froide en pluie et en jet fait cesser rapidement le spasme de l'œsophage ; cependant il est préférable, pour obtenir un résultat définitif, d'employer d'abord des applications sédatives que l'on remplacera, dans le cours du traitement, par des applications froides reconstituantes. Dans cet ordre d'idées, on pourra recourir aux frictions avec le drap mouillé, au maillot humide, à la douche localisée sur la partie antérieure de la poitrine, et aux piscines froides. En dehors de ces indications spéciales, il faut, pour que le traitement soit méthodique, que l'application de l'hydrothérapie et que le choix du procédé employé soient basés sur la nature de la névrose ou de la maladie qui détermine l'accident.

III. — Maladies de l'estomac

Gastrite chronique. — *Catarrhe chronique de l'es-tomac.* — Si l'inflammation de la muqueuse de l'estomac, ou *gastrite*, semble de plus en plus problématique, il n'en est pas de même du catarrhe de l'estomac. Cette affection, dans sa forme chronique, succède tantôt à la continuité ou à la récidive trop multipliée d'accidents aigus, tantôt elle s'établit d'emblée avec les caractères de la chronicité. Dans les cas, assez fréquents d'ailleurs, surtout chez les alcooliques, où des symptômes de diarrhée s'ajoutent à ceux qui dépendent de la production surabondante de mucosités dans l'estomac, des altérations de l'état général, avec caractère dépressif, ne tardent pas à compliquer le catarrhe gastro-intestinal. A cette complication viennent souvent s'ajouter des perversions psychiques qu'on a pu confondre avec l'hypochondrie proprement dite.

Indépendamment des prescriptions hygiéniques relatives au régime et à l'alimentation, l'hydrothérapie peut rendre de grands services dans le catarrhe chronique de l'estomac et même dans les états organiques qui en dérivent. Ce mode de traitement agit sur la surface cutanée, soit qu'il détermine de ce côté une révulsion au profit de la muqueuse, soit qu'il réveille sur la périphérie nerveuse des sensations capables d'activer les fonctions d'innervation et de circulation. Contre le catarrhe chronique de l'estomac et ses conséquences, les divers modes d'application de l'hydrothérapie sont les mêmes que ceux qui conviennent dans la dyspepsie, dont nous allons nous occuper.

De la dyspepsie. — Il y a dyspepsie lorsqu'il existe un trouble ou une difficulté dans la digestion. Il n'est pas toujours aisé de préciser quel acte digestif, chez un dyspeptique, se trouve altéré ou en souffrance. Les conditions physiologiques d'une bonne digestion sont tellement complexes, et les aliments ont tant d'élaborations et de transformations à parcourir avant de subir l'action hématosique du foie et du poumon, que le point de départ des irrégularités de ce travail échappe souvent à notre observation. En outre, la dyspepsie, quoique localisée dans l'estomac, peut dépendre de lésions fonctionnelles d'autres appareils, de l'intestin, de l'appareil spléno - hépatique, par exemple. De plus, les tempéraments, les diathèses, les circonstances accidentelles dépendant du genre de vie, ce que M. Durand-Fardel a appelé les causes *hygiéniques* de la dyspepsie, peuvent également ment compliquer de leur intervention, soit continue, soit temporaire, la manifestation des dérangements fonctionnels auxquels nous devons remédier. On voit, d'après cela, toutes les difficultés que comporte l'étude du diagnostic analytique de la dyspepsie.

Nous reconnaîtrons avec Cullen et Beau une dyspepsie *essentielle* et une dyspepsie *symptomatique.* Nous ajouterons à ces deux espèces la dyspepsie *sympathique*, se développant en vertu d'un mécanisme spécial qui repose sur une série d'actions réflexes pathologiques.

Pour prendre un type en rapport avec notre propre cadre, nous emprunterons à M. Durand-Fardel le résultat de quarante-cinq observations, à l'aide desquelles il a tracé le tableau symptomatique de la dyspepsie : digestions toujours lentes, pénibles ou douloureuses, douleur cardialgique avec sensibilité à la pression, développement exagéré de gaz dans l'estomac, constipation et anorexie. Tels sont les traits les plus accentués de la dyspepsie essentielle.

La dyspepsie ne réside pas seulement dans les désordres gastriques; elle donne naissance à des symptômes nerveux et à des altérations du sang qui s'enchaînent presque parallèlement avec les symptômes locaux de la gastropathie. La subordination mutuelle des centres nerveux, circulatoire, respiratoire, et de cet autre centre de la vie organique constitué par le plexus solaire et les ganglions semi-lunaires, est presque une banalité à invoquer, tellement elle paraît légitime. Ajoutons à ces sympathies celles aussi spéciales du tégument externe, des appareils de la génération, de la sécrétion urinaire, sans excepter non plus la corrélation du trouble gastrique avec le fonctionnement des facultés morales et intellectuelles.

Les prédominances névropathiques de la dyspepsie comprennent, d'une part, comme l'a fait remarquer Beau, celles qui se caractérisent par un symptôme unique, tel que la toux, la dyspnée, l'aphonie, la névralgie intercostale, la palpitation, la céphalalgie, le vertige, la somnolence, le ptyalisme, la leucorrhée, l'exaltation ou l'impuissance du sens génital, etc., et, d'autre part, celles qu'on admet à titre d'espèces nosologiques circonscrites : l'hypochondrie, l'hystérie, l'aliénation mentale. De ces dernières il ne peut être question que comme une irradiation de l'état gastrique, et nous renverrons le lecteur aux chapitres consacrés à ces affections.

Annoncer une perversion de la nutrition, c'est reconnaître en même temps et comme conséquence fatale l'insuffisance ou le défaut de l'hématose ; par suite, l'appauvrissement du sang, l'amaigrissement, la chute des forces, l'état cachectique. On doit donc rencontrer la dyspepsie dans le cours des états morbides où l'altération des qualités ou des proportions du sang tient la première place. C'est ce qui a lieu invariablement quand il faut étudier les troubles gastriques de la chlorose, ceux de l'anémie. Au même titre, les diathèses imprimeront tour à tour leur cachet à la dyspepsie, ou, par réciprocité, on les verra revêtir des caractères particuliers que leur communique cette prédominance symptomatique. Il y a donc à tenir compte de l'intervention des digestions imparfaites et de la spoliation de produits utiles à la sanguification qu'elles entraînent, non-seulement au point de vue des névropathies, mais encore, et trop souvent, à cause de l'influence qu'elles exercent sur la marche des maladies diathésiques. En dehors de tout parti pris, on ne saurait échapper à cette sorte de cercle vicieux qui expose l'individu dyspeptique et anémié, suivant l'expression de Beau, pour ainsi dire désarmé contre toutes les influences morbides qui viennent l'assaillir. N'a-t-on pas aussi parfaitement constaté que les maladies épidémiques et endémiques attaquaient de préférence les sujets mal nourris et soumis aux diverses causes débilitantes ? La démonstration du lien intime associant l'état des fonctions digestives à celui des autres grandes fonctions de l'économie est donc complète; elle nous guidera dans le traitement de la dyspepsie.

Sans entrer dans les détails, si variables d'ailleurs, des formes gastropathiques, il nous suffit, pour notre usage, d'admettre, avec Barras et avec M. Durand-Fardel, deux types de dyspeptiques : l'un caractérisé par l'affaiblissement et la langueur de toutes les fonctions, dans lequel l'amoindrissement de la nutrition, de la calorification et des fonctions de la peau assombrit d'emblée le tableau ; le second, au contraire, relevant d'une impressionnabilité excessive du système nerveux chez des individus pour la plupart « à la peau fine, aux cheveux fins et soyeux, à la physionomie mobile, au caractère irritable », et dont l'état névropathique semble se développer en raison directe de l'affaiblissement de la nutrition.

Parmi les complications douloureuses de la dyspepsie, il en est une, la *cardialgie nerveuse* (*crampe d'estomac*), que sa marche intermittente a distinguée et dont Romberg a cherché l'origine dans une hyperesthésie soit du nerf vague, soit du plexus solaire. Rien, dans les divers degrés de cette névropathie, ne démontre quelle part distincte doit être attribuée au pneumogastrique ou à la névralgie cœliaque. C'est surtout chez les individus anémiques qu'on l'observe, et il n'y a pas dans l'espèce d'indication causale étrangère à celles dont nous avons déjà parlé.

Un autre accident assez commun de la dyspepsie est le *vertige stomacal*, si bien étudié par Blondeau et dont nous avons étudié le mode de production lorsque nous nous sommes occupé de l'état nerveux ; l'hydrothérapie est extrèmement utile en cette circonstance. Nous en dirons autant de la migraine sympathique d'une mauvaise digestion.

Pendant plus de seize années d'une pratique assidue, nous avons essayé, contre la dyspepsie, la plupart des systèmes de médication, et nous pouvons déclarer, en toute conscience, que, de toutes les médications, l'hydrothérapie est peut-être celle qui réussit le mieux. Pour obtenir de ce mode de traitement des résultats assurés, il faut tenir compte des considérations générales que nous venons d'exposer sur la dyspepsie.

Lorsque la maladie dépend d'une diathèse : goutte, rhumatisme ou herpétisme, on n'aura qu'à se louer de l'association du calorique et du froid. On emploiera sans inconvénient les étuves, les maillots ou l'eau chaude avant les applications froides, soit pour surexciter les nerfs cutanés, soit pour activer la circulation capillaire de la peau au détriment de la muqueuse stomacale, soit pour augmenter les fonctions de sécrétion et favoriser par suite les mouvements d'assimilation. On pourra compléter ce traitement en conseillant au malade un régime approprié, de l'exercice en plein air et l'usage de l'eau en boisson.

Quand il s'agit de combattre une dyspepsie symptomatique, il faut que le traitement hydrothérapique soit principalement dirigé contre l'affection dont elle est un symptôme.

Dans la dyspepsie essentielle, le traitement varie suivant que l'affection se présente avec des phénomènes d'excitation, ou qu'elle est greffée sur un affaiblissement considérable de l'organisme. Dans le premier cas, il vaut mieux employer les immersions tempérées, les lotions, les affusions et les douches tièdes, les maillots humides de courte durée, et, en général, les applications qui ne provoquent pas une vive réaction. Quand on emploiera l'eau froide, il faudra, pour atténuer ses effets excitants, faire préalablement une application d'eau chaude générale ou locale, suivant les circonstances.

Lorsque la dyspepsie est liée à un affaiblissement considérable de l'organisme, il faut recourir aux applications toniques et excitantes de l'hydrothérapie : l'affusion froide, la friction avec le drap mouillé, la douche en pluie et en jet et surtout le bain de cercles, qui constitue le procédé le plus énergique et le plus efficace quand il est supporté par les malades.

Quelquefois, lorsque les fonctions de calorification sont amoindries, il faut faire intervenir le calorique pour rendre l'excitation de la peau plus facile et pour aider l'organisme à réagir contre le froid. Mais, en résumé, dans les dyspepsies de cette espèce, c'est l'eau froide qui rend les plus grands services.

Altérations de la sensibilité. — Abolition. — Perversion. — Boulimie. — Polydipsie. — Les différents troubles de la sensibilité qui accompagnent la dyspepsie sont de nature diverse. Ils se manifestent parfois par une anesthésie de la muqueuse qui est très-difficile à faire disparaître et contre laquelle la douche générale froide et l'eau glacée nous ont rendu de grands services. On ne peut cependant formuler un traitement précis contre cette perturbation de la sensibilité, sa thérapeutique étant entièrement subordonnée au traitement hydrothérapique qui convient à la maladie principale. Cette observation est aussi applicable à la perversion du goût, à la boulimie et à la polydipsie. En étudiant les névroses, nous avons indiqué le traitement hydrothérapique qui convient dans ces cas divers.

Exaltation de la sensibilité. — *Pyrosis.* — *Crampes d'estomac.* — *Gastralgie.* — Que l'exaltation de la sensibilité qui accompagne la dyspepsie se traduise par de l'hyperesthésie, du pyrosis, des crampes d'estomac ou de la gastralgie, que les phénomènes douloureux siégent dans le pneumogastrique ou dans les nerfs ganglionnaires, le traitement consiste toujours à joindre aux procédés généraux appropriés des applications sédatives ou analgésiques.

Les névralgies essentielles de l'estomac, les seules dont il soit question ici, sont très-rarement calmées par les douches, les frictions ou les piscines froides; dans la plupart des cas, il est nécessaire de joindre à ces modificateurs généraux l'intervention d'applications locales particulières.

Parmi ces dernières, il faut placer le demi-maillot ou la ceinture humide excitante et surtout la douche écossaise, localisée tour à tour sur la région épigastrique et sur la région dorsale de la colonne vertébrale. Le demi-maillot et la ceinture humide peuvent rester en place longtemps et leur application peut être renouvelée plusieurs fois dans la journée.

La douche écossaise doit être tout d'abord administrée avec de l'eau à 30°; on élève peu à peu la température jusqu'à 50° environ; puis, après une période de temps qui varie entre 5 et 10 minutes, on fait arriver rapidement un jet d'eau froide épanoui en éventail sur l'épigastre ou sur la région dorsale, et l'on termine l'opération par une douche générale froide et courte.

Si l'on juge opportun d'agir à la fois sur l'épigastre et sur la région dorsale, il faut donner deux douches écossaises distinctes et commencer par celle que l'on dirige sur l'estomac; dans tous les cas, la force de projection devra être faible.

On se sert aussi, pour combattre ces phénomènes douloureux, des sacs à eau chaude de Chapman, appliqués sur le creux de l'estomac. Dans d'autres circonstances enfin, il est parfois nécessaire de recourir aux sudations, surtout quand la peau du malade est sèche, parcheminée et paralysée dans ses fonctions. De tous les procédés employés dans ce but, c'est l'étuve à la lampe que nous préférons, sauf contre-indication spéciale, parce qu'elle amène plus rapidement la transpiration et, par suite, l'apaisement plus rapide des douleurs.

D'après ce que nous venons de dire, c'est l'intervention du calorique, immédiatement suivie d'une application d'eau froide, qui constitue le procédé analgésique le plus effectif. Nous ajouterons que l'application d'eau froide doit être courte et peu énergique; sans cette précaution, on court le risque de déterminer dans l'organisme un ébranlement qui ravive la gastralgie au lieu de l'apaiser.

Anorexie. — Tout le monde est d'accord pour reconnaître que l'hydrothérapie, dans ses applications excitantes, est d'une utilité incontestable pour combattre l'anorexie ou défaut d'appétit, quand cet état morbide se trouve lié à la névrose de l'estomac étudiée dans ce chapitre. Nous n'insisterons donc pas sur ce point, nous dirons seulement quelques mots de l'anorexie hystérique et hypochondriaque.

Lorsque cette anorexie est traitée à son début, on peut espérer une guérison ; mais si cette perturbation fonctionnelle s'est transformée en habitude pathologique, le médecin doit s'attendre à rencontrer des résistances de tout genre, et, malgré les soins assidus et les plus dévoués, il n'obtiendra de résultats bien définis que si l'hystérique ou l'hypochondriaque est décidé à le suivre dans la voie qu'il a tracée. Chez ces malades, il en est de l'anorexie comme des autres symptômes. Si l'on rencontre chez eux l'habitude morbide qui les distingue, et s'ils ne tiennent pas à se débarrasser du symptôme qu'on veut combattre, on n'obtient rien. Il faut donc, avant tout, étudier le moral du malade et voir si l'on trouvera chez lui quelques ressources. Nous ajouterons néanmoins que, même dans les cas difficiles, l'hydrothérapie nous a permis de rendre de grands services aux malades atteints de ces perturbations ou perversions fonctionnelles.

Flatulence. — Éructation. — Contre ces phénomènes morbides dans la production desquels l'affaiblissement contractile des fibres musculaires de l'estomac joue un grand rôle, les toniques et excitants sont très-indiqués. A ce titre, les applications froides de l'hydrothérapie peuvent être utilisées avec profit, notamment la douche en pluie, en jet ou en cercles, les frictions avec un drap mouillé et les piscines. Dans certains cas, la douche épigastrique, froide ou alternative, donnera de bons résultats. On pourra, en même temps, conseiller utilement au malade l'usage quotidien de la ceinture humide.

Vomissement. — Lorsque le vomissement est le symptôme direct d'une congestion active des centres nerveux, l'hydrothérapie doit être appliquée avec circonspection ; il est même prudent parfois de s'abstenir complétement. Mais, en dehors de cette exception, qu'il soit le symptôme d'une affection organique ou fonctionnelle du tube digestif, qu'il constitue à lui seul une entité morbide bien définie, ou bien encore qu'il ne soit qu'un trouble sympathique résultant d'une action réflexe née en dehors de l'estomac, la plupart des applications froides, les maillots, les demi-maillots et même l'eau chaude sous forme de douche, exercent une influence incontestable sur le vomissement et le guérissent le plus souvent. Lorsque ces divers procédés sont insuffisants, on aura recours au bain de cercles, afin de provoquer une grande perturbation utile dans tout l'organisme. On emploiera encore la douche écossaise localisée sur l'estomac s'il existe des phénomènes douloureux, la douche épigastrique, froide ou alternative, quand on voudra réveiller la tonicité dans les parois de la première partie du tube digestif. Contre le vomissement nerveux, on obtient d'excellents effets du col de cygne dont le jet doit être dirigé pendant une minute environ sur la colonne vertébrale, et du sac à glace de Chapman, qui est le moyen le plus commode et le plus efficace. Dans la maladie qui nous occupe, on s'en sert de la manière suivante : quand on n'a que le sac à trois compartiments, on ne remplit de glace

26

que celui du milieu, qu'on applique exactement sur la région dorsale de la colonne vertébrale. On peut le laisser en place de une demi-heure à deux heures, selon la susceptibilité du malade et selon la ténacité du phénomène. Si le vomissement se produit au moment où le malade prend sa nourriture, il convient d'appliquer le sac à glace avant le repas et de le laisser en place pendant toute sa durée.

Diarrhée et constipation. — Contre la diarrhée compliquant la dyspepsie, la ceinture humide excitante et la douche écossaise dirigée sur la région hypogastrique, l'usage intermittent des étuves et du maillot sec nous semblent mériter la préférence sur les autres procédés.

Contre la constipation, le col de cygne dirigé sur la région lombaire, le bain de pieds froid à eau courante, court et administré sur la plante des pieds, la douche hémorrhoïdale et enfin la douche ascendante animée d'une force de projection modérée, constituent les procédés les plus efficaces.

Accidents consécutifs de la dyspepsie. — *Névralgies.* — *Migraine.* — *Vertige,* etc. — Ces phénomènes douloureux, résultant d'actions réflexes morbides ayant leur point de départ dans l'estomac, sont utilement combattus par l'hydrothérapie. Mais, comme nous avons déjà énuméré les divers procédés à employer, lorsque nous avons étudié les maladies du système nerveux, nous n'insisterons pas davantage sur ce point.

IV. — Maladies du canal intestinal

Catarrhe chronique des intestins. — Il existe un catarrhe intestinal. Dans la plupart des cas, il est le symptôme d'une maladie générale, et l'hyperhémie de la muqueuse de l'intestin en marque le début et la nature, quelle qu'en soit l'origine. C'est le catarrhe chronique des adultes, avec production abondante de mucus et de cellules épithéliales et dont le caractère des évacuations alvines est le symptôme principal.

Rarement la transsudation séreuse est très-abondante ; dans beaucoup de cas, la diarrhée n'est que passagère et c'est une constipation tenace qui fait le supplice des malades. Souvent, une flatulence excessive accompagne cette constipation ; il en résulte une gêne de la respiration et de la circulation, capable de provoquer des fluxions dangereuses sur divers organes, sur le cerveau notamment. Un pareil désordre retentit sur l'état moral des malades qui se désespèrent, se découragent et tombent parfois dans un abattement profond ; dès ce moment, le catarrhe chronique peut rapidement se transformer en catarrhe aigu.

Quand le catarrhe chronique de l'intestin est compliqué de météorisme et de constipation, il faut joindre aux applications reconstituantes, destinées à relever les forces de l'organisme qui sont toujours déprimées, les applications hydrothérapiques que nous avons conseillées contre la dyspepsie compliquée de météorisme et de constipation.

Pour combattre le météorisme, on emploiera une douche froide ou alternative localisée sur la région abdominale, les demi-maillots, la ceinture humide et le bain de siége alternatif. Pour combattre la constipation, on aura recours au col de cygne dirigé sur la région lombaire, au bain de pieds froid à eau courante administré sur la plante des pieds, à la douche hémorrhoïdale et à la douche ascendante.

C'est quand le catarrhe chronique se complique de diarrhée et que les forces de l'organisme s'épuisent, que les applications reconstituantes de l'hydrothérapie doivent être utilisées. Il faut qu'elles soient courtes et administrées de façon à ne pas amener un grand refroidissement. Pour éviter cet effet qui pourrait être nuisible, il est nécessaire de commencer le traitement par l'emploi du calorique sous forme de maillot sec, d'étuves et d'eau chaude. Ces opérations préliminaires ont pour effet de surélever la chaleur du corps et de préparer l'organisme à supporter utilement l'impression que produisent les applications froides. Les mêmes indications sont applicables aux cas de catarrhe intestinal chez les rhumatisants, les goutteux, et chez les personnes placées sous l'influence d'une intoxication, toute réserve faite sur l'état diathésique ou cachectique.

Des hémorrhoïdes. — Un signe anatomique, commun au catarrhe chronique de toutes les muqueuses, la dilatation des veines, se retrouve dans le catarrhe chronique de la muqueuse intestinale, sous forme d'état variqueux des veines du rectum qui, dans ce cas, participe à l'état catarrhal du gros intestin.

Les hémorrhoïdes sont souvent utiles chez les malades sujets aux congestions du cerveau. Certaines tendances à ces congestions ont pu même être améliorées par l'apparition d'hémorrhoïdes. Dans ce cas, il faut les respecter. En général, la thérapeutique des hémorrhoïdes doit se borner à des moyens palliatifs, capables de modérer le flux ou de remédier à la gène que produisent ces tumeurs et la constipation qui les accompagne. Chez les sujets épuisés par des hémorrhagies anales répétées, il y aura lieu de remonter la constitution et de remédier à la tendance aux pertes fréquentes. A cet effet, on emploiera la douche en pluie, la douche mobile spécialement dirigée sur les parties supérieures du corps, le bain de siége froid prolongé et à eau dormante, le bain de pieds froid et à eau courante et la douche hémorrhoïdale froide à percussion légère et de longue durée.

Cóntre la gêne et la douleur que provoquent les hémorrhoïdes, on emploiera le bain de siége à eau tempérée, suivi d'une douche hémorrhoïdale peu froide et très-prolongée. S'il existe un relâchement des sphincters de l'anus, on appliquera une douche hémorrhoïdale courte et froide.

Névroses de l'intestin. — Les remarques que nous ont suggérées les affections nerveuses de l'estomac. peuvent se reproduire à propos des névroses de l'intestin, et nous nous en rapporterons, pour l'entéralgie, aux propositions précédemment développées à l'article de la dyspepsie. Le traitement dont nous disposons devra s'inspirer du degré, de la forme, de la durée de la, douleur et des phénomènes qui l'accompagnent.

Contre les phénomènes douloureux qui peuvent siéger dans toute l'étendue du tube intestinal, il faut recourir aux applications combinées du calorique et du froid. Le maillot sec, l'étuve à la lampe et la douche écossaise *loco dolento* sont les procédés qui réussissent le mieux. Si l'entéralgie est sous la dépendance de la diathèse rhumatismale, on emploiera de préférence l'étuve à la lampe suivie d'une courte application froide ; il sera aussi utile de provoquer de temps en temps une sudation et de soumettre le malade au traitement hydrothérapique qui est applicable à la diathèse rhumatismale. Comme la goutte et le rhumatisme, l'herpétisme et la plupart des affections constitutionnelles, ainsi que les intoxications, peuvent déterminer dans l'estomac et du côté des intestins une irritation des nerfs gastro-intestinaux qui ne cède que sous l'influence d'un traitement hydrothérapique dirigé contre l'état diathésique.

Diarrhée. — Atonie intestinale ; constipation. — C'est aux applications froides de l'hydrothérapie qu'il faut avoir recours pour combattre ces désordres dont la véritable cause consiste surtout en une sorte d'atonie intestinale. Parfois, elles suffisent seules à faire disparaître les accidents morbides ; d'autres fois, il est utile de leur adjoindre les procédés spéciaux que nous avons indiqués contre le météorisme, la diarrhée ou la constipation. Néanmoins, nous ferons remarquer ici que la diarrhée peut dépendre d'une excitation du système nerveux cérébro-spinal ou d'un épuisement du nerf grand sympathique. Dans ces deux cas, le traitement hydrothérapique ne peut être le même ; contre le premier état, il faudra

utiliser les applications sédatives, et, contre le second, les applications excitantes. Cette question
pratique a été développée à l'article de la dyspepsie
et au chapitre des névroses.

Dysentérie. — Nous n'avons pas à revenir sur la
dysentérie des pays chauds, dont nous avons parlé
à propos de l'intoxication paludéenne. Nous ne
parlerons ici que de la forme chronique de cette
maladie. L'hydrothérapie ne peut guérir les altérations histologiques qui constituent la dysentérie ;
mais, associée aux médications dirigées contre cet
état morbide, elle favorise leur action curative,
lutte avec avantage contre l'épuisement des forces,
s'oppose à l'invasion de la cachexie et modifie les
désordres nerveux qui peuvent atteindre la sensibilité ou le mouvement. Il importe de soumettre
les malades aux applications toniques et reconstituantes de cette méthode de traitement, mais en
ayant soin d'éviter toutes les manœuvres capables
de produire un grand refroidissement. Il faudra, dans
ces cas difficiles, donner une douche froide extrêmement courte et recourir à l'application préalable
du calorique, si le malade ne réagit pas suffisamment
contre le froid.

V. — Maladies des organes spléno-hépatiques

A. — Maladies du foie

Congestion du foie. — Il ne peut être question
dans cet ouvrage que des maladies du foie qui sont
justiciables de l'hydrothérapie. Parmi elles figure
en première ligne la congestion hépatique.

La congestion du foie peut être due à un afflux du sang localisé dans la partie de cet organe qui présente une moins grande résistance à l'impulsion cardiaque. C'est la congestion active des auteurs.

La congestion du foie peut être due à un ralentissement dans l'écoulement du sang veineux : c'est ce qu'on appelle la congestion passive.

Parmi les causes de la congestion du foie, on trouve : un trouble dans l'impulsion cardiaque, l'activité organique qui résulte du travail de la digestion, certaines perturbations nerveuses qui, en stimulant la contractilité de la veine-porte et des artères hépatiques, accélèrent la circulation, et enfin la contraction de certains muscles de l'abdomen.

La stase hyperhémique du foie, due à des troubles de la circulation dans les veines sus-hépatiques et dans la veine-cave inférieure, n'est pas justiciable de l'hydrothérapie.

Nous allons d'ailleurs étudier les principales formes de congestions hépatiques, afin de mieux montrer l'application hydrothérapique qui convient à chacune d'elles.

En dehors des congestions occasionnées par la stase sanguine, on doit reconnaître, ainsi que l'a fait le professeur Jaccoud, la congestion par fluxion irritative et la congestion par fluxion d'origine nerveuse.

Congestion par fluxion irritative. — Congestion traumatique. — Dans cette catégorie se trouve la congestion traumatique qui conduit si facilement à l'inflammation du foie, pouvant se terminer par un abcès. Nous n'avons jamais eu à traiter une pareille congestion par l'hydrothérapie ; nous ne pouvons donc nous prononcer sur ce point.

Congestion due au travail de la digestion et à la nature des substances ingérées. — Le travail de la digestion augmente l'afflux du sang dans la muqueuse gastro-intestinale, et le foie est momentané-ment congestionné.

Chez les personnes qui prennent une nourriture trop substantielle ou qui abusent des spiritueux, cette congestion passagère peut prendre l'importance d'un état maladif qu'il faut combattre.

Le processus morbide peut être arrêté au début de son évolution par l'application quotidienne d'une douche froide générale, courte et animée d'une certaine percussion. Mais si l'affection est ancienne et surtout si elle est occasionnée par l'abus de l'alcool, il faut joindre aux applications générales les douches localisées sur la région hépatique. Si l'hyperhémie du foie est simple, la douche hépatique, telle que l'employait le docteur Fleury, peut suffire ; mais s'il existe déjà de l'hypermégalie ou de l'hyperplasie, il faut remplacer la douche hépatique froide par la douche hépatique alternative. L'avantage de cette substitution nous a été démontré chez plusieurs malades.

Hyperhémie due à l'influence des pays chauds et des miasmes telluriques. — Les douches froides générales et les douches hépatiques froides conviennent bien dans le premier de ces cas ; mais, si la congestion coïncide avec de la dysentérie, si, d'autre part, la douche froide est mal supportée, on emploiera, au préalable, une douche chaude ou l'étuve à la lampe, afin d'activer les fonctions de calorification qui, dans ces cas, s'épuisent trop facilement.

Les mêmes modificateurs hydrothérapiques conviennent à quelques exceptions près aux hyperhémies d'origine tellurique.

Hyperhémie par fluxion d'origine nerveuse. — Lorsqu'elle est due à une paralysie des nerfs vaso-moteurs, le sang séjourne dans le foie parce que les vaisseaux sont dilatés. On peut, dans ce cas, avoir recours au traitement formulé par le docteur Fleury. Le malade se place en face de l'opérateur, le corps légèrement incliné sur la gauche, le pied droit en avant et la cuisse un peu fléchie, pendant que le bras droit est relevé sur la tête et que la main gauche embrasse un objet quelconque qui sert d'appui au reste du corps. L'opérateur dirige la douche sur la région hépatique, en ayant soin de ne pas dépasser en haut le mamelon droit qui sert de limite au rebord supérieur du foie, et en descendant jusqu'à l'extrémité inférieure de l'organe dans l'hypochondre droit, ou même dans la fosse iliaque lorsque le foie est très-volumineux. Il faut que cette douche soit froide, courte, d'une percussion légère, surtout au début, et immédiatement suivie d'une douche froide générale en pluie et en jet. Sous l'influence de cette application excitante, les vaisseaux se contractent par action réflexe et acquièrent une tonicité qui, en régularisant la circulation, s'oppose à la congestion.

L'hyperhémie résultant d'une excitation anormale des nerfs hépatiques qui émergent du système cérébro-spinal a été expliquée de diverses façons.

D'après les professeurs Cl. Bernard et Brown-Sequard, lorsque, sous l'influence d'une altération du sang ou de toute autre cause, les centres cérébro-spinaux sont excités, les nerfs efférents de ces centres participent toujours à cette excitation et trahissent cette influence morbide en augmentant l'activité fonctionnelle des organes auxquels ils se distribuent. C'est ce qui a lieu dans la congestion du foie due à une surexcitation anormale des nerfs hépatiques ; sous cette influence, l'échange de matières est accéléré dans toutes les parties du foie ; il en résulte une augmentation de chaleur et un plus grand afflux de sang qui est le point de départ de l'hyperhémie.

Dans ce cas, l'hyperhémie est augmentée par les applications excitantes ; on commence par donner au malade une douche tempérée afin d'apaiser la susceptibilité nerveuse, on administre ensuite le col de cygne sur la colonne vertébrale, afin d'éteindre l'excitabilité réflexe de la moelle, puis on applique sur la région hépatique une douche écossaise assez prolongée, dans le but de calmer l'excitation locale qui est le point de départ de la congestion ; celle-ci, lorsque l'excitation nerveuse est apaisée, disparaît presque aussitôt.

Hyperhémie compensatrice due à la suppression d'un flux hémorrhagique. — Cette congestion, assez fréquente chez les femmes à l'époque de la ménopause, cède facilement à l'emploi des douches hépatiques et des douches froides reconstituantes. Lorsqu'elle est due à la suppression des règles ou des hémorrhoïdes, il faut joindre aux applications précédentes l'usage des procédés capables de rétablir le flux hémorrhagique disparu, et pour lesquels nous renvoyons aux chapitres où il est question de l'aménorrhée et des hémorrhoïdes. Nous ne parlerons pas ici de ces affections du foie qui se trouvent liées à une affection plus générale ; elles ont été décrites avec ces maladies, et notamment avec l'alcoolisme, la syphilis, les intoxications, l'arthritisme et bien d'autres.

B. — Maladies de la rate

Comme le foie, et en général les autres organes abdominaux, la rate peut être le siége d'une fluxion ou d'une stase sanguine. La stase splénique n'est pas justiciable de l'hydrothérapie lorsqu'elle a pour cause les maladies du cœur et du poumon, les lésions de la veine-porte ou la cirrhose ; mais il n'en est pas ainsi de l'*hyperhémie splénique* due à des causes infectieuses et particulièrement à l'intoxication palustre. Cette dernière cause, la plus commune, produit souvent l'hypertrophie, même dans la cachexie exempte de paroxysmes. On peut s'opposer à l'évolution de ce processus morbide, si l'on fait intervenir à temps le traitement hydrothérapique dont les procédés sont les mêmes que ceux qui ont été indiqués en étudiant la congestion du foie. Il n'y a de différence que dans la localisation de la douche splénique.

Pour recevoir cette douche, le malade présente le flanc gauche à l'opérateur et relève son bras de manière à dégager entièrement la région splénique. Comme la rate hypertrophiée n'a pas de limites fixes, on établit, à l'aide d'une percussion préalable, une ligne de démarcation qui circonscrit l'organe dans toute son étendue, et on administre la douche sur la surface circonscrite.

Contre une congestion légère, une douche froide, courte et à faible percussion, suivie d'une application générale, suffit le plus souvent; mais s'il existe, du côté de la rate, une hypertrophie ou une hyperplasie, il faut une douche splénique assez vigoureuse. Si l'on veut combattre une douleur locale, ou si l'on veut exercer sur l'organe une action résolutive énergique, on fait intervenir la douche chaude avant la douche froide; cette dernière action thérapeutique sera facilitée par un traitement hydrothérapique général, dans lequel on combinera le calorique et le froid.

La *leucocythémie* ou *leucémie,* qui consiste en une altération de la composition du sang caractérisée par la prédominance morbide des corpuscules sanguins incolores, est rattachée à l'hypertrophie de la rate. Pour l'école française, cette maladie ne constitue qu'un symptôme de lésions diverses; dans bien des cachexies on la rencontre. Quand elle est bien établie, à mesure qu'elle se développe davantage, elle devient à son tour la cause de nouveaux symptômes. L'appauvrissement progressif du sang en éléments colorés et le déclin général des fonctions et des forces qui en résultent, n'ont pu jusqu'à ce jour être améliorés que par l'hydrothérapie. Nous pensons que cette méthode de traitement sera d'autant plus efficace que la maladie sera plus rapprochée de son début. Dans tous les cas, c'est aux applications toniques qu'il faudra recourir.

C. — Pléthore abdominale

La constitution sanguine, le tempérament bilieux, l'existence sédentaire, les passions tristes, concourent à l'étiologie présumée de la pléthore abdominale. Dyspepsie sans acidité gastrique ni douleurs manifestes, constipation, empâtement du ventre, sans ballonnement, mais donnant au palper la sensation d'épaississement du péritoine, des épiploons et du mésentère, signes de vénosité hémorrhoïdaire et, avec ces symptômes communs à bien des affections abdominales, du malaise, de l'abattement et même, à quelque degré, de la congestion vers l'encéphale : tel est le tableau à peu près uniforme sur lequel se modèle la notion de pléthore abdominale, en tant que maladie, non encore suffisamment précisée pour ceux même qui l'acceptent autrement qu'en puissance.

Les indications du traitement ne différeront pas de celles dont les affections dyspeptiques nous ont fourni la matière ; nous signalerons néanmoins les applications hydrothérapiques qui semblent le mieux réussir.

Comme application générale, c'est la douche qui doit être préférée ; elle exerce une action très-salutaire sur la circulation capillaire qui se trouve toujours compromise dans ce cas et qui, par conséquent, a besoin d'être activée. Il convient de joindre à la douche certaines applications locales capables de favoriser la résolution des engorgements dont les organes contenus dans le bassin sont le siége. On emploiera à cet effet la ceinture humide excitante, le bain de siége froid à eau courante, court et suivi de frictions énergiques, le bain de siége alternatif et surtout le demi-bain, en ayant soin de faire pratiquer de rudes frictions sur les parties baignées. Les maillots et les étuves nous ont toujours paru moins efficaces que les procédés dont nous venons de parler.

CHAPITRE XVII

DE QUELQUES MALADIES DES VOIES URINAIRES ET DE CERTAINES AFFECTIONS DE L'APPAREIL GÉNITAL CHEZ L'HOMME

Les maladies de l'appareil génito-urinaire peuvent, au point de vue qui nous occupe, être classées en deux groupes : les maladies de nature nerveuse et les maladies des tissus. Ces deux groupes de maladies peuvent être liés l'un à l'autre, exister simultanément, ou même être la cause l'un de l'autre.

Il arrive souvent que certaines affections des voies génito-urinaires constituent une manifestation d'un état général plus complexe, ainsi que nous avons eu l'occasion de le voir en parlant de certaines névroses. D'un autre côté, il peut se faire qu'une affection génito-urinaire soit le point de départ d'une névrose générale. L'on comprendra que cette distinction soit indispensable à établir pour donner au traitement une direction utile.

Ces quelques considérations préalables étant exposées, nous allons passer rapidement en revue les différentes maladies de l'appareil génito-urinaire justiciables de l'hydrothérapie.

Maladies des reins

Néphrite chronique. — La néphrite chronique, indépendante de toute autre affection, est une maladie fort rare. En général, elle se produit consécutivement, principalement dans les autres maladies de l'appareil urinaire.

Le plus souvent elle reconnaît pour cause la présence de calculs dans les reins ; mais il est d'autres causes, sinon prochaines, tout au moins prédisposantes : nous voulons parler du rhumatisme, de la goutte et de certaines intoxications dont les effets se manifestent sur certaines membranes, et dont on devra tenir compte pour le traitement.

D'après Rayer, la néphrite chronique est caractérisée par des douleurs habituelles dans l'une des régions rénales ou dans les deux, avec des modifications dans la composition de l'urine qui devient neutre ou alcaline, et un sentiment de faiblesse dans les membres inférieurs. Sa marche est lente et irrégulière et, dans certains cas, il se produit des troubles plus ou moins graves liés à la cause primitive de la néphrite, tels que calculs rénaux, et même albuminurie, qui donnent à la maladie un caractère grave. Le traitement devra donc s'adresser non-seulement à l'organe malade, mais en même temps aussi à l'état général.

Le traitement local variera avec l'intensité de l'affection ; s'il n'existe qu'une congestion rénale légère, une douche quotidienne, froide, courte et à percussion légère, dirigée sur le rein malade, suffira. Si l'état congestif est plus prononcé, il faudra que la douche froide soit plus énergique, et, si elle est mal supportée, on la fera précéder d'une douche chaude. Il sera nécessaire de compléter le traitement par une douche froide générale ou par une application combinée du calorique et du froid.

Le choix de ces derniers procédés sera dicté évidemment par la nature de l'affection qui aura provoqué ou qui compliquera la néphrite.

Reins mobiles. — La mobilité et le prolapsus des reins qui provoquent parfois des douleurs extrêmement violentes, accompagnées le plus souvent de désordres nerveux sensitifs et moteurs fort intenses, peuvent bénéficier du traitement hydrothérapique ; mais il n'est pas facile de remédier à cet état pathologique. Jusqu'à présent, le procédé qui nous a le mieux réussi consiste en une douche froide générale, très-courte, très-énergique, précédée d'une légère douche froide dirigée sur la région où siége la tumeur.

Névralgie des reins. — Elle se manifeste par des souffrances plus ou moins vives dans la région du rein, produisant presque toujours des troubles sympathiques dans toute l'étendue des voies urinaires, et n'exerçant sur les muscles environnants et sur le plexus lombaire que des troubles de motilité et non de sensibilité.

On combat efficacement la névralgie des reins par une application quotidienne froide, générale, courte et à percussion légère. Le succès, souvent constaté, de ce traitement nous permet de supposer que cette affection coïncide avec une légère congestion de la glande rénale. Cependant l'hyperhémie ne doit pas être bien considérable, puisque le malade guérit assez rapidement et que la pression sur la région rénale ne réveille aucune douleur ou n'augmente pas celle qui existe.

Diminution de la sécrétion urinaire. — Sous l'influence de causes diverses, la sécrétion urinaire peut être diminuée. S'il y a obstacle mécanique, le cas est en dehors de notre compétence, mais il en est d'autres où l'hydrothérapie peut intervenir avec utilité. Lorsque cette sécrétion est diminuée ou suspendue, sous l'influence d'une excitation nerveuse ayant eu pour effet de ralentir la circulation du sang dans les reins, l'hydrothérapie peut modifier cet état morbide. Nous avons obtenu de bons résultats avec une douche froide, prolongée, à forte percussion et dirigée sur la partie inférieure du sternum, ou avec le col de cygne administré sur la région dorsale de la colonne vertébrale. Il est probable que, dans les deux cas, l'application du froid produit sur les nerfs vasomoteurs rénaux une action réflexe qui a pour effet d'amener un épuisement de ces nerfs, à la suite duquel le sang afflue en plus grande abondance. Cette congestion artificielle active la fonction rénale, et la sécrétion urinaire se rétablit.

Maladies de la vessie

Catarrhe de la vessie. — *Cystite chronique.* — La cystite chronique peut se développer sous l'influence de plusieurs causes ; les corps étrangers, l'inflammation de l'urèthre, l'engorgement de la prostate, peuvent lui donner naissance. Dans ces cas, l'hydrothérapie n'offre que des ressources très-limitées. Mais lorsque le catarrhe vésical est sous la dépendance d'une affection générale, d'une diathèse ou d'une névrose, il peut être utilement combattu par l'hydrothérapie, à titre d'agent principal de traitement ou comme adjuvant à d'autres médications.

Quand cette affection se développe sous l'influence d'une névrose, elle peut être occasionnée par des spasmes du col de la vessie, qui, empêchant l'urine de s'échapper, laissent la muqueuse de cet organe en présence d'un liquide dont le contact peut donner lieu à une hyperhémie catarrhale. Le plus souvent, ces spasmes sont déterminés par une excitation du système nerveux cérébro-spinal et coïncident avec des phénomènes morbides qui attestent une suractivité maladive de la force nerveuse. Dans ce cas, on se trouvera bien des douches, des affusions et des bains de siége tempérés. Lorsqu'on jugera opportun de faire intervenir l'eau froide, il faudra commencer avec une grande précaution, ne pas exposer le malade à un grand refroidissement et ne pas déterminer de réactions trop vives. On emploiera à cet effet des douches froides à percussion légère, des affusions ou une immersion fraîche extrêmement courte.

Lorsque la cystite chronique sera occasionnée par une névrose vaso-motrice et que les symptômes concomitants feront supposer une parésie des nerfs émanant du plexus hypogastrique qui se distribuent dans le corps de la vessie, on emploiera la douche froide tonique en pluie et en jet, la douche hypogastrique, la douche lombaire, le bain de siége froid, etc., tout en évitant d'exposer les malades à un grand refroidissement.

Si le catarrhe vésical est symptomatique d'une affection organique des centres nerveux, le traitement hydrothérapique peut quelquefois convenir, mais il sera nécessaire, bien entendu, de l'adapter à la nature de la lésion.

En cas de diathèse rhumatismale, goutteuse ou herpétique, il faut joindre au traitement local le traitement général que nous avons conseillé contre chacun de ces états diathésiques.

Enfin, l'hydrothérapie pourra être encore employée contre les troubles digestifs et les désordres nerveux qu'engendre souvent la maladie dont il est ici question.

Hématurie. — Nous ne saurions parler ici de l'hématurie due à une altération histologique des reins ou de la vessie. Nous ne voulons parler que de l'hématurie fréquente chez les gens nerveux ou épuisés par les excès, chez ceux qui ont vécu longtemps dans les pays chauds et qui présentent un grand affaiblissement du système ganglionnaire. Cette sorte d'hématurie se produit toutes les fois qu'il y a une certaine perturbation dans le nerf grand sympathique et reconnaît pour cause une congestion accidentelle des capillaires vésicaux, produite par une parésie des nerfs vaso-moteurs.

Contre cette affection, nous avons obtenu d'excellents résultats des bains de pieds froids à eau courante dirigée sur la plante des pieds. Cette application, qui peut durer de vingt à cinquante secondes, est le point de départ d'une sensation qui influence le centre hypogastrique pour venir ensuite se transformer en une contraction dans les fibres motrices qui se distribuent à la vessie. Cette contraction resserre les vaisseaux et dure d'autant plus que l'impression primitive a été plus courte ; elle s'oppose ainsi à l'écoulement du sang. Au procédé que nous venons d'indiquer, on joindra une douche générale en pluie, froide et courte. La douche hypogastrique froide et le bain de siége froid, court et à eau courante, ont des effets moins certains et moins prompts.

Névroses de la vessie

Avant d'aborder cette question, il est nécessaire de dire quelques mots sur la distribution du système nerveux dans les organes génito-urinaires. Le corps de la vessie reçoit ses fibres nerveuses du système sympathique, tandis que les nerfs du col viennent du système cérébro-spinal. Cette différence d'innervation du corps et du col peut mettre sur la voie de la névrose qui trouble le fonctionnement de la vessie. On ne saurait donc perdre de vue ces considérations physiologiques qui permettent de reconnaître qu'une affection nerveuse du col dépend d'une névrose cérébro-spinale, et qu'une affection nerveuse du corps dépend d'une névrose du grand sympathique.

Névralgie et spasme du col vésical. — Contracture des sphincters externe et interne. — Constitué par le col de la vessie proprement dit et par la portion membraneuse de l'urèthre, le col vésical peut être le siége de phénomènes douloureux. Ceux-ci coïncident, en général, avec le premier ou le dernier jet d'urine ; cette névralgie se complique toujours d'un ténesme plus ou moins prononcé et d'hypéres-thésie du col. Les désordres nerveux sont d'autant plus pénibles que la contraction des muscles de Wilson et de Guthrie peut devenir permanente, en même temps que celle des lèvres de l'orifice du col.

Ce trouble fonctionnel des voies urinaires peut exercer, par action réflexe, une influence maladive sur toute l'étendue du système nerveux, produisant des phénomènes douloureux, convulsifs et paraly-tiques dans toutes les régions du corps, et détermi-nant sur le moral du malade une perturbation capable de donner lieu à l'hypochondrie et à la mé-lancolie.

La cause la plus fréquente de cette affection est l'uréthrite chronique. Pour combattre, dans ce cas, les désordres de l'innervation, il faut, avant d'em-ployer l'hydrothérapie, soumettre le malade au trai-tement spécial de l'uréthrite. Si cette médication est insuffisante, on aura recours alors aux bains de siége chauds et froids, à la douche périnéale alternative, et l'on terminera la séance par une douche générale froide. Si les phénomènes douloureux ne sont pas très-accentués, on pourra employer le bain de siége à eau courante, froid et de courte durée. Sous l'in-fluence de ce traitement, qu'il faut surveiller avec soin, une action résolutive s'exerce sur les organes intéressés ; l'uréthrite disparaît et, avec elle, les phé-nomènes douloureux et spasmodiques qu'elle avait produits.

Lorsque ces troubles nerveux sont liés à une exci-tation du système cérébro-spinal, il faut débuter par des applications sédatives destinées à calmer les centres nerveux, telles que : les douches, les affusions, les piscines tempérées ; on n'aura recours à l'eau froide que lorsque la susceptibilité du malade sera apaisée. On pourra alors faire intervenir les bains de siége tempérés de longue durée, ou les bains de siége écossais si la douleur est vive et persistante. Il importe de savoir que, quand la contracture est très-prononcée, le calorique convient mieux que le froid et qu'il ne faut recourir aux applications froides localisées qu'après avoir acclimaté le malade à l'aide d'applications générales froides et courtes.

Quand ces accidents se produisent chez les personnes nerveuses, ils déterminent des actions réflexes morbides très-variées. Cette aptitude pathologique tient, en partie du moins, à l'excitabilité de la moelle épinière ; dans ce cas, il est nécessaire d'essayer les affusions fraîches, qu'on remplacera plus tard par des affusions froides, et l'on fera ensuite usage du sac à glace de Chapman ou du col de cygne dirigé sur la colonne vertébrale.

Si la névralgie, le spasme et la contracture du col vésical sont sous la dépendance d'une diathèse, il faut avant tout combattre cette diathèse par les applications hydrothérapiques appropriées. On pourra, plus tard, c'est-à-dire quand l'état général sera modifié, utiliser les applications locales dont nous avons parlé.

Névralgie et spasme du corps de la vessie. — Surcontractilité et anesthésie de cet organe. — La névralgie du corps de la vessie s'annonce par des besoins fréquents et irrésistibles d'uriner. Sous l'influence de cette excitation douloureuse, qui tient la plupart du temps à une parésie vaso-motrice, la vessie se contracte et revient sur elle-même. Quelquefois la membrane muqueuse, après avoir été le siége d'une hypéresthésie très-prononcée, perd sa sensibilité, et l'on observe à la fois de la contracture et de l'anesthésie. Ces faits sont rares, et nous ne les avons guère rencontrés que chez les hystériques.

Contre la névralgie de la vessie et la parésie vaso-motrice, nous conseillons la douche hypogastrique courte et froide, ou bien encore le bain de siége froid ou alternatif. S'il existe en même temps une diathèse rhumatismale, il faut aussi que le malade soit soumis à l'influence du traitement hydrothérapique qu'exige cette diathèse.

Dans les cas, assez rares d'ailleurs, ainsi que nous l'avons dit tout à l'heure, où l'anesthésie vésicale succède à l'hypéresthésie ou à la névralgie, comme il existe presque toujours un état spasmodique des vaso-moteurs, il est préférable d'employer le sac à glace lombaire, le bain de siége chaud prolongé et toutes les applications qui peuvent apaiser l'excitation nerveuse de la vessie.

Le spasme de la vessie peut survenir d'emblée et ne pas succéder à une névralgie de cet organe. Dans ce cas, on le combat efficacement par une douche générale froide et courte, précédée d'une douche hypogastrique froide ou alternative. S'il est compliqué d'une excitation nerveuse très-prononcée, il faut recourir aux applications locales sédatives.

Nous dirons, en terminant, que l'hydrothérapie est inutile lorsque les désordres nerveux dont nous parlons tiennent à des rétrécissements, à des calculs, etc.... Ce n'est que lorsque l'on aura fait disparaître la cause du mal, que l'hydrothérapie pourra intervenir s'il reste quelques troubles fonctionnels à combattre.

Rétention d'urine. — Dans les cas de rétention d'urine, l'hydrothérapie n'est applicable que pour combattre la surcontractilité de l'urèthre ou du col de la vessie; et, dans ce cas, il est préférable de recourir aux applications sédatives. Lorsque la rétention tient à une lésion organique, il est inutile de recourir à la méthode hydrothérapique.

Atonie vésicale. — *Paralysie vésicale.* — On distingue deux espèces d'atonie vésicale : l'atonie avec amincissement des parois, et l'atonie avec hypertrophie de ces parois. Dans les deux cas, l'urine ne peut être évacuée complétement et par conséquent le résultat pathologique est le même; mais les symptômes sont différents.

Dans l'atonie avec amincissement des parois, le besoin d'uriner ne s'annonce que par un léger malaise qui ne ressemble pas à la sensation provoquée ordinairement par l'envie d'uriner; le malade est obligé de faire des efforts, surtout à la fin de la miction; le jet est faible, souvent l'urine sort en bavant. L'exploration au cathéter montre que la capacité de l'organe est considérable.

Dans l'atonie avec hypertrophie des parois, il existe de véritables besoins d'uriner qui deviennent parfois assez fréquents. Le cathéter fait constater une hypertrophie des parois. C'est dans cette espèce d'atonie qu'on observe surtout les incontinences d'urine par regorgement. L'hypertrophie est due aux efforts que fait la vessie pour lutter contre les obstacles qui siégent dans le col ou dans le canal uréthral. Il importe donc de faire, avant tout, disparaître ces obstacles et de ne recourir à l'hydrothérapie que lorsque les troubles nerveux et musculaires ont une prédominance bien marquée sur tous les autres.

Si l'on joint à ces procédés l'usage des injections intra-vésicales, dans le but de réveiller les fibres contractiles de la vessie, il faut agir avec prudence et ne pas recourir trop vite à l'eau froide, de peur de provoquer une cystite aiguë.

Incontinences d'urine. — L'incontinence d'urine est caractérisée par l'impossibilité de retenir ce liquide dans la vessie.

Il y a deux espèces d'incontinence : l'incontinence *fausse*, ou par regorgement, résultant d'une parésie de la vessie, et l'incontinence *vraie*, résultant de la paralysie absolue ou relative du col vésical.

Dans l'incontinence fausse, il faut employer les applications générales reconstituantes et les applications locales qui, par leurs effets excito-moteurs, sont capables de réveiller la force contractile de la vessie. Ce sont les modificateurs que nous avons indiqués contre la rétention d'urine et contre l'atonie vésicale.

L'incontinence par regorgement coïncide avec une paralysie du corps de la vessie et une plénitude de cet organe. Tout ce qui peut diminuer la force contractile de la vessie, comme les maladies de l'appareil urinaire ou les affections organiques du cerveau et de la moelle épinière, contribue à la produire. Ces indications montrent que l'hydrothérapie ne peut jouer ici qu'un rôle secondaire. Par des applications excitantes, il faut chercher à donner plus de force aux fibres contractiles de la vessie; c'est, croyons-nous, le seul bénéfice qu'on puisse retirer de l'hydrothérapie.

L'incontinence *vraie*, au contraire, c'est-à-dire celle qui résulte de la paralysie absolue ou relative du col de la vessie, est justiciable de l'hydrothérapie. Quelquefois l'incontinence dépend de la surcontractilité du corps de la vessie, le col pouvant être à l'état normal ; c'est ce qu'on observe le plus souvent chez les enfants forts. Dans ces sortes d'incontinence, on ne doit recourir, surtout au début, qu'aux applications hydrothérapiques sédatives, telles qu'affusions, immersions et douches tempérées, précédées d'un bain de siége tiède assez prolongé. Si l'on parvient à calmer l'excitabilité nerveuse, on pourra abaisser peu à peu la température de l'eau, en se gardant bien toutefois, dans cette variété d'incontinence, d'avoir recours aux applications franchement excitantes.

Il est une autre sorte d'incontinence, fréquente chez les enfants et chez les personnes nerveuses, coïncidant parfois avec certaines altérations de l'axe cérébro-spinal et qui est due à l'épuisement ou à la paralysie du col vésical. Contre cette nature d'affection, on devra utiliser les modificateurs excitants, puisque les symptômes dominants sont constitués par l'affaiblissement ou par la paralysie du col de la vessie. Mais, pour éviter des réactions trop violentes, il faut que les applications soient modérément froides, courtes et à percussion légère. On commencera par les affusions et les immersions, on emploiera ensuite les douches générales à douce percussion, et l'on terminera le traitement par des douches localisées sur la colonne vertébrale ou sur la région hypogastrique, et par des bains de siége froids.

Ce traitement est celui qui convient le mieux aux enfants atteints d'incontinence d'urine avec épuisement de la contractilité du col vésical. Cet épuisement est souvent le symptôme ou le prélude d'une névrose générale qui fera tôt ou tard son évolution si l'on n'y prend garde. On ne saurait donc prendre assez de précautions pour combattre cette affection à sa première apparition, puisqu'elle est l'indice d'un défaut d'équilibre du système nerveux.

Maladies du canal de l'urèthre

Uréthrite chronique. — *Blennorrhée.* — Il ne peut être ici question que de l'inflammation chronique de l'urèthre, produisant à la longue une perturbation dans les fonctions génitales, donnant lieu à des névralgies ou des spasmes de l'urèthre, et constituée par un engorgement de la muqueuse, avec sécrétion plus ou moins abondante, et avec difficulté relative dans l'émission de l'urine. Contre cette affection, la douche froide générale, le maillot, le bain de siége court et froid et la douche périnéale sont d'excellents adjuvants du traitement dirigé habituellement contre la blennorrhagie chronique.

Lorsque l'uréthrite chronique est sous la dépendance d'une diathèse, comme on l'observe souvent chez les goutteux et chez les rhumatisants, il faut d'abord soumettre les malades à un traitement hydrothérapique destiné à combattre à la fois l'état général et l'état local (voy. *Goutte* et *Rhumatisme*). On devra donc, en premier lieu, employer les applications générales de l'hydrothérapie ; plus tard on aura recours aux bains de siége froids ou aux douches périnéales courtes et à percussion légère. Ce traitement complémentaire local, qui est impuissant au début de la cure, produit, en général, un très-heureux effet quand il intervient d'une manière opportune.

Engorgement de la prostate. — Prostatorrhée. — La prostatorrhée peut être classée dans le groupe des écoulements uréthraux dont nous venons de parler, dépendre comme eux d'un état diathésique et guérir par l'application des mêmes procédés. Mais, quand elle s'accompagne d'un engorgement de la prostate, il faut agir avec méthode. Ainsi, en cas de phénomènes douloureux, on emploiera des bains de siége chauds dont on élèvera graduellement la température, et on terminera l'opération par un bain de siége froid et très-court. On pourra aussi appliquer, suivant les mêmes procédés, la douche périnéale. S'il n'y a pas de phénomènes douloureux, les applications froides localisées peuvent suffire, mais nous leur préférons les bains de siége et les douches périnéales alimentées par un courant alternatif et de très-courte durée d'eau chaude et d'eau froide.

Lorsque la prostate est hypertrophiée ou subit une dégénérescence, l'hydrothérapie est à peu près impuissante. Toutefois les douches froides peuvent encore, surtout lorsqu'elles ont été précédées de l'intervention du calorique, modifier la circulation pelvienne et s'opposer aux stases sanguines si fréquentes dans les sinus de la prostate et du col vésical.

Névroses de l'urèthre. — Ces névroses consistent dans des troubles qui atteignent à la fois les nerfs sensitifs et les nerfs moteurs qui se rendent dans le pénis.

La névralgie, ou plutôt l'hyperesthésie de l'urèthre, qu'elle occupe toute la longueur du canal ou qu'elle soit limitée à sa portion spongieuse, ou bien encore qu'elle s'étende dans les testicules, est due à un grand nombre de causes ; on peut dire pourtant qu'elle est surtout favorisée par certaines névroses ou par le rhumatisme. Quelquefois elle existe seule, mais, le plus souvent, elle s'accompagne de désordres nerveux dans la portion profonde ou membraneuse de l'urèthre, et alors les troubles moteurs, comme les spasmes ou les contractures, l'emportent sur les troubles sensitifs. De là dérive cette névrose bizarre que nous avons observée et guérie plusieurs fois et qui est essentiellement caractérisée par une érection permanente, sans désirs voluptueux.

Contre cette affection, les applications franchement excitantes de l'hydrothérapie ne donnent que des résultats incertains. Nous employons de préférence les affusions, les lotions, les immersions et les douches à percussion légère et modérément froides, c'est-à-dire les modificateurs qui, tout en provoquant une action reconstituante sur l'organisme, exercent sur le système nerveux une influence relativement sédative. Quelquefois même, surtout quand la névralgie est très-accusée dans les lombes, c'est à la douche écossaise ou aux maillots humides qu'il faut recourir.

Désordres des fonctions génitales

Spermatorrhée. — On donne ce nom à une maladie caractérisée par l'évacuation involontaire de la liqueur séminale.

Cette affection est généralement facile à reconnaître ; cependant il n'en est pas toujours ainsi, et pour cette raison il importe d'en signaler les caractères saillants.

Le malade atteint de spermatorrhée se présente au médecin avec une certaine crainte ; sa démarche est chancelante ; son regard, mal assuré, trahit les troubles d'une âme inquiète et soucieuse ; la tête est généralement portée en avant ; le visage, au lieu de présenter ce teint qui atteste une circulation active, est pâle, sans fraîcheur, et quelquefois livide ; les yeux sont entourés d'un cercle bleuâtre et les paupières sont souvent œdémateuses ; les chairs sont molles, flasques et laissent supposer l'existence d'une atonie générale. Ces symptômes extérieurs ne se manifestent pas toujours simultanément et ne suffisent pas à la rigueur pour établir le diagnostic. Cependant lorsqu'ils existent, le médecin doit diriger ses investigations du côté des voies génito-urinaires. C'est là qu'il trouvera le siége et la cause du mal.

La spermatorrhée présente dans son évolution trois périodes :

1º Les pollutions qui surviennent la nuit, après

un orgasme vénérien très-prononcé, chez les sujets
continents et en bonne santé, ne sont pas des accidents maladifs. Néanmoins, si ces pollutions deviennent fréquentes, le médecin doit être en garde contre
cette prédisposition aux pertes séminales involontaires. Cet état constitue le premier degré du mal.

2º Dans la seconde période, l'éjaculation a lieu
sans être provoquée par des pensées voluptueuses ;
elle est moins prompte et ne produit aucun plaisir ; l'érection est incomplète ; le malade reste en-
dormi et, lorsqu'il se réveille, il éprouve une lassi-
tude extrême accompagnée le plus souvent d'un
engourdissement momentané des facultés intellectuelles.

3º Quand la spermatorrhée atteint le troisième
degré, les pollutions ont lieu sans érection, au moindre frottement, à la suite de la plus légère excitation ; et, sans cesser d'être nocturnes, elles deviennent diurnes.

Dans les deux premiers degrés, le sperme est
toujours reconnaissable et son émission peut être
facilement constatée. Au troisième degré, sa nature et son aspect sont tellement changés, qu'il est
nécessaire de se servir du microscope pour le reconnaître, surtout si, ce qui arrive fréquemment, l'écoulement a lieu pendant la miction ou la défécation.

Lorsque les pollutions sont devenues fréquentes,
elles ont un grand retentissement sur l'économie
et provoquent des désordres dont il est quelquefois très-difficile d'apprécier la nature et qu'il importe de bien connaître.

Les organes génitaux sont les premiers atteints.
L'orgasme vénérien s'affaiblit de plus en plus, la

verge reste flasque, les sensations voluptueuses n'apparaissent qu'à de longs intervalles et le malade devient impuissant ou infécond. Cette déchéance virile qui tient à la fois au défaut d'érection et à la dégénérescence des germes, est importante à signaler ici, car l'hydrothérapie est l'agent thérapeutique qui lui convient le mieux. Nous prions le lecteur, s'il veut se convaincre de ce fait, de lire les pages que nous avons consacrées à la spermatorrhée dans notre *Traité théorique et pratique d'hydrothérapie.*

Tels sont les désordres qui affectent les organes génitaux ; mais ils ne sont pas les seuls. Lorsque la maladie arrive au second degré, l'appétit est troublé, les digestions sont pénibles, irrégulières, la diarrhée survient souvent et alterne avec la constipation, enfin les fonctions assimilatrices sont atteintes à leur tour ; cette altération de la nutrition générale amène la décoloration des téguments que nous avons signalés. Certains malades tombent dans le marasme ; le pouls devient lent et faible ; des douleurs passagères, mais violentes, surviennent à la région précordiale et sont accompagnées parfois d'une toux sèche ou d'une vive oppression ; le larynx et les bronches deviennent à leur tour très-impressionnables, et il n'est pas rare qu'une altération de la voix se manifeste sous l'influence de pollutions opiniâtres.

Quand la spermatorrhée arrive à son troisième degré, les forces s'épuisent de plus en plus, et les membres inférieurs deviennent même quelquefois le siége d'une véritable paralysie. Les fonctions de l'innervation perdent tout équilibre et peuvent

même donner naissance à une véritable névrose.
C'est dans ces conditions que se développe ce qu'on
appelait autrefois la consomption dorsale, ou le
tabes dorsalis.

Les causes de la spermatorrhée sont très-variées
et très-nombreuses. On peut les diviser en trois
classes : Les causes mécaniques, les causes organiques et les causes constitutionnelles.

Parmi les premières, la plus fréquente de toutes
est la constipation. Les efforts de la défécation et la
pression exercée par les matières excrémentitielles
sur les vésicules séminales déterminent, chez un
grand nombre d'individus, l'expulsion du liquide
spermatique. Les affections organiques du rectum,
les fissures, les hémorrhoïdes, les vers intestinaux,
l'équitation, le repos prolongé sur le siége sont
aussi autant de causes pouvant amener la spermatorrhée.

Le phimosis ne peut être admis parmi les causes
de spermatorrhée que parce qu'il provoque la masturbation, laquelle devient à son tour une cause
évidente de spermatorrhée.

Au premier rang des causes organiques, il faut
placer, sans contredit, la blennorrhagie. L'inflammation uréthrale se propageant, par voie de suite,
jusqu'à la muqueuse des conduits spermatiques
peut déterminer une expulsion du liquide par
excitation. Ce fait n'a plus besoin d'être démontré.

Il ne faudrait pas croire cependant que toute
blennorrhagie puisse amener de la spermatorrhée.
Il est nécessaire, pour que le fait se produise, qu'il
existe d'autres causes ; ces causes sont celles que
nous avons appelées constitutionnelles.

Comme leur nom l'indique, elles tiennent à la constitution même du sujet et relèvent presque toutes des excès vénériens et de la masturbation.

Assurément, ces deux causes peuvent agir en produisant une irritation dans les canaux spermatiques et dans la prostate; mais, pour que leur influence nocive se manifeste, il faut qu'il existe, en même temps, une susceptibilité nerveuse inhérente à la constitution de l'individu, favorisant toute la série des actions réflexes morbides qui conduisent à la spermatorrhée. Cette prédisposition doit être admise; elle explique pourquoi, dans le grand nombre de malades chez lesquels on peut invoquer l'influence de ces causes, quelques-uns sont frappés tandis que d'autres sont complétement garantis.

Cet état particulier se traduit par un tempérament délicat et impressionnable, par une imagination exaltée et rêveuse, par une sensibilité excessive et avide d'émotions, et enfin par une irritabilité outrée qui rend toujours l'esprit troublé, inquiet et mécontent.

Lorsque l'enfant devient homme, il recherche les plaisirs voluptueux avec avidité et même avec furie. Ne connaissant pas l'importance et le danger de ces dépenses organiques, il escompte l'avenir, use l'économie sans discernement et favorise le développement de cette période morbide pendant laquelle surviennent les rêves érotiques, les pollutions et tous les symptômes précurseurs de la spermatorrhée.

Quelquefois cette susceptibilité nerveuse produit le contraire. Elle rend les individus qui en sont atteints d'une réserve insurmontable qui, en les rendant concentrés en eux-mêmes, les empêche de rien oser. Cet état conduit également aux rêves amoureux, à l'onanisme et aux pollutions nocturnes.

Parmi les causes de la spermatorrhée, il faut signaler la privation des plaisirs sexuels. Chez les gens continents, à l'âge de la vie où la fonction génitale est sollicitée par la nature, il est naturel qu'il survienne des émissions involontaires de sperme ; rien d'étonnant à cela. Mais si l'inaction des organes génitaux continue, les évacuations, en se renouvelant, prennent un certain degré de gravité et condamnent l'économie à une habitude nuisible. Il en est des organes génitaux, a dit Civiale, comme des autres appareils de l'économie animale ; l'exercice les fortifie, l'inaction les énerve, l'excès les appauvrit et les tue.

Mentionnons enfin, parmi les causes constitutionnelles, la vieillesse qui, en favorisant le relâchement des fibres, provoque la spermatorrhée, le lymphatisme, et l'anémie qui enlève à l'économie la tonicité nécessaire à la régularité des fonctions.

En résumé, nous dirons que, rarement, la spermatorrhée est due à une seule influence morbide ; elle résulte, le plus souvent, de l'action combinée des diverses causes que nous avons énumérées, et parmi lesquelles il faut citer au premier rang les causes constitutionnelles. C'est en vertu de cet ordre d'idées qu'on a pu dire que la spermatorrhée est un simple symptôme d'une affection générale du système nerveux. Nous insisterons sur ce point, pour en déduire que, dans le traitement, toute médication locale est le plus souvent insuffisante.

Il faut qu'elle soit aidée par un traitement hydrothérapique général reconstituant ou sédatif, suivant le degré de faiblesse ou d'excitation du malade.

Lorsque la spermatorrhée est due à des obstacles mécaniques qui s'opposent à la défécation, l'intervention immédiate du chirurgien est nécessaire; si elle est entretenue par une constipation opiniâtre, il faut combattre cet état par un traitement approprié. En un mot, il convient de faire disparaître la cause avant de combattre l'état général.

Lorsque les pertes involontaires sont entretenues par une atonie générale produite par une irritation chronique ou par une parésie nerveuse, les applications excitantes locales, telles que le bain de siége froid, court, suivi de frictions énergiques, et la douche périnéale froide, rendront de grands services. Nous conseillons de joindre à ces applications locales l'usage d'une douche générale excitante, dans le but de soutenir le fonctionnement de l'organisme et d'éveiller la vitalité de l'appareil génital. On combattra par les mêmes procédés la spermatorrhée des anémiques et des dyspeptiques; on ajoutera seulement aux modificateurs déjà indiqués le bain de cercles et les applications spéciales que nous avons recommandées contre certaines affections du tube digestif.

Si la spermatorrhée est symptomatique d'une névrose générale, il faut, avant d'agir, bien apprécier la nature et surtout la forme de cette névrose, et se rappeler que le traitement local doit être sous la dépendance du traitement général.

Quand un malade affecté de spermatorrhée présente une certaine surexcitation intellectuelle et affective, une augmentation du pouvoir réflexe, une exaltation des sens spéciaux, un accroissement factice du pouvoir locomoteur, des spasmes, de la raideur, des contractures et une activité circulatoire exagérée, il faut recourir aux applications sédatives, telles que l'affusion, l'immersion ou la douche tempérées, précédées d'un bain de siége à la même température et d'une durée très-prolongée. On pourra ensuite refroidir l'eau, mais il faudra toujours éviter les procédés franchement excitants qui conviennent si bien à la spermatorrhée de nature atonique.

Lorsqu'il y a dépression de l'influx nerveux et que le malade présente de l'affaissement intellectuel et moral, de la tristesse, de l'abattement, une insensibilité pouvant aller jusqu'à l'anesthésie, de la parésie locomotrice et un affaiblissement dans les fonctions des divers appareils de l'organisme, on doit mettre en usage les applications excitantes de l'hydrothérapie, en se gardant toutefois de recourir, dès le début, à des procédés trop violents. Il faut que l'eau soit fraîche et que les applications soient légères. On emploiera les frictions avec le drap mouillé, les piscines, les affusions, puis les douches ; on aura soin d'observer les mêmes progressions-dans l'emploi des applications localisées.

Si la spermatorrhée est le point de départ du trouble qui peut atteindre les fonctions du système nerveux, on peut recourir, dès le début, aux applications excitantes locales, telles que le bain de siége froid à eau courante, la douche périnéale, etc. Quand les symptômes annoncent une excitabilité médullaire trop prononcée, il faut employer les affusions froides et les douches tempérées dirigées sur la colonne vertébrale, ou bien encore le col de cygne et le sac à glace.

Lorsque le pouvoir réflexe de la moelle est amoindri, on doit choisir les procédés appropriés à la nature du mal et aussi à la nature des accidents qui surviennent après cet épuisement médullaire. C'est ainsi que l'hydrothérapie a pu rendre tant de services à ceux que la maladie avait rendus impuissants ou inféconds.

CHAPITRE XVIII

AFFECTIONS CHRONIQUES DE L'UTÉRUS
ET DE SES ANNEXES

Le rôle de l'hydrothérapie dans la thérapeutique des maladies utérines est très-considérable, et nous pouvons dire, avec les auteurs qui ont décrit ces maladies, que, sans elle, il est difficile de conduire à bonne fin la cure de la plupart de ces affections. Toutefois il importe de bien préciser ses indications et ses contre-indications ; car elle peut, lorsqu'elle est employée d'une manière inopportune ou empirique, provoquer des accidents sérieux et compromettre la santé des malades.

Disons tout d'abord qu'il est nécessaire, ainsi que nous l'avons établi dans notre *Traité théorique et pratique de l'hydrothérapie,* d'éliminer des applications de l'hydrothérapie toutes les affections inflammatoires aiguës de l'appareil utérin, ou celles même qui, dans les maladies chroniques, gardent un caractère d'acuité ou une tendance aux redoublements d'inflammation. Il en est de même de la grossesse, de l'accouchement et de ses suites, malgré leur influence sur le développement des maladies utérines. Nous en dirons autant des affections décrites sous le nom de néoplasmes utérins et qui comprennent les tumeurs fibro-musculaires, les polypes fibreux et muqueux, les carcinomes soit squirrheux, soit encéphaloïdes, et enfin les diverses variétés de kystes de l'ovaire, ainsi que les tumeurs pelviennes qui appartiennent à la catégorie des tumeurs ovariques et participent de leur nature. Dans ces divers cas, les derniers particulièrement, ce n'est qu'à titre de palliatifs ou de reconstituants que les moyens hydrothérapiques, maniés avec prudence, peuvent venir en aide à ce qu'on entend par traitement médical des tumeurs kystiques de l'ovaire. Mais ce sont là des indications exceptionnelles, et qui relèvent de la sagacité et de l'expérience de celui qui est appelé à décider si l'eau froide doit être employée en pareille occurrence.

Occupons-nous tout d'abord des maladies utérines qui peuvent être traitées par l'hydrothérapie.

Affections utérines proprement dites

Congestion utérine. — On comprend que, tous les mois, le système utérin, devenant le siége d'une congestion physiologique temporaire, qui caractérise les règles, les phénomènes de cet afflux de sang menstruel puissent, dans certains cas, ou dépasser l'activité normale en se prolongeant outre mesure, ou se répéter avec trop d'intensité ; il en résulte alors une véritable fluxion morbide.

La fluxion utérine n'est point particulière aux

femmes qui ont conçu; on la rencontre aussi chez
les jeunes filles, provoquée par des difficultés de la
menstruation ; elle est assez fréquente également à
l'époque de la ménopause. Des causes variées, locales ou générales, une fatigue, un choc, des émotions morales, peuvent développer, isolément ou
concurremment, ce désordre pathologique.

Lorsque le mouvement fluxionnaire, ainsi produit
dans l'appareil utérin, devient chronique, il aboutit nécessairement à la congestion et peut provoquer en même temps l'engorgement et l'hypertrophie de la matrice. Des hémorrhagies menstruelles
abondantes signalent les symptômes de fluxion, et
bientôt il y a dérangement des règles. Les signes de
cet état morbide sont trop connus pour que nous
nous y arrêtions; mais ce qu'il importe de savoir,
c'est que la répétition de ce mouvement fluxionnaire exagéré, soit qu'il se maintienne pendant les
règles, soit que diverses causes le rappellent et
l'entretiennent dans l'intervalle des époques menstruelles, amène bientôt l'appauvrissement du sang,
l'anémie et la débilité.

La persistance et une grande difficulté à la résolution spontanée s'imposent dans l'appréciation de
la gravité des congestions utérines. Aran a dit, avec
raison, que la congestion l'emporte sur l'inflammation dans les altérations morbides de l'utérus; et,
au point de vue de la chronicité, c'est bien là le
caractère prédominant qui doit guider les applications du traitement. Aussi, qu'elle soit idiopathique
ou symptomatique, du moment où la congestion
utérine affecte le type passif, il faut lui opposer une
énergique révulsion, et l'hydrothérapie réalise ce

but de la manière la plus efficace. Elle a surtout pour effet de rendre aux vaisseaux la tonicité qui leur manque et de réagir à la fois, dans un sens de déplétion et de reconstitution, sur la circulation utérine et sur la circulation générale, trop souvent solidaires l'une de l'autre.

C'est, en général, aux effets reconstituants de l'hydrothérapie qu'il faut recourir pour combattre les congestions utérines passives compliquées d'hémorrhagies. Les douches générales en pluie et en jet, les frictions avec le drap mouillé peuvent être utilisées avec grand avantage, et il importe, au moins au début du traitement, de ne pas localiser les applications hydrothérapiques sur la région du bassin; on devra, en conséquence, insister spécialement sur l'usage de la douche en pluie, qui exerce une action tonique incontestable et qui, en agissant sur les parties supérieures du corps, a l'avantage de déterminer une révulsion capable de contre-balancer la fluxion utérine. Ainsi donc, reconstitution générale, fluxion compensatrice de la surface cutanée, tels sont les effets que l'on doit rechercher à l'aide des applications froides.

La congestion utérine peut être symptomatique d'altérations de l'utérus, telles que : présence d'un corps fibreux, maladies des trompes, etc. D'ordinaire, le raptus sanguin observé sur l'utérus ou ses annexes est plutôt secondaire que symptomatique. C'est à la congestion idiopathique, en définitive, que les procédés dont nous disposons s'adresseront de préférence, puisqu'à elle seule elle peut débiliter l'organisme et, en altérant les fonctions de l'appareil utérin, devenir le point de départ de diverses dé-

sorganisations, ou la traduction de l'état diathésique
auquel est vouée la malade.

Engorgement de l'utérus

Il ne faut pas confondre l'engorgement de l'utérus
avec l'hypertrophie, ainsi que le font quelques auteurs. Nous reconnaîtrons, avec M. Courty, l'existence d'un état morbide spécial dans l'engorgement,
et, comme lui, nous nous proposerons, à l'aide de
l'hydrothérapie, de favoriser la résorption des liquides infiltrés dans les mailles du tissu normal de
l'utérus.

On s'attachera, dans cette pratique, à la donnée
de l'engorgement simple et existant en totalité, celle
de l'engorgement isolé se reliant à d'autres affections et à une symptomatologie différente. Toutefois,
si l'engorgement de l'utérus proprement dit apparaît seul et spontanément chez beaucoup de femmes,
on le constate aussi concurremment avec la congestion, avec l'hypertrophie, ou bien associé à l'inflammation chronique. En pareils cas, il est subordonné
à la marche de ces différents états morbides ini-
tiaux.

De toutes les causes de l'engorgement simple, les
plus actives sont les anomalies de la menstruation,
surtout celles qui tiennent à une flexion de la matrice, si légère qu'elle soit. Les accouchements ou
les avortements répétés, l'abus des plaisirs vénériens, les excès de coït, etc., peuvent entraîner le
développement des engorgements utérins ; et il
n'est pas douteux que les diathèses rhumatismale,

herpétique, scrofuleuse, n'interviennent en majeure partie dans l'étiologie de l'engorgement, même dépendant de causes efficientes déterminées.

Des signes et des moyens de constatation de l'engorgement, nous n'avons pas à faire ressortir d'autres notions que celles qui ont cours en médecine. Nous allons donc aborder la question du traitement. Et d'abord, nous devons dire que la période de la vie sexuelle chez la malade influera beaucoup sur les résultats de la médication. Plus on aura à compter sur l'activité des fonctions utérines, plus rapide sera la résorption des liquides interposés aux éléments organiques normaux. On ne soumettra pas aux mêmes prescriptions les malades de l'âge critique et celles qui ont encore la plénitude de leur activité utérine.

Dans les cas où nous devons intervenir, ce qu'il importe, c'est : 1º de lutter contre les causes d'hyperhémie et de faciliter la résorption de l'engorgement ; 2º de combattre les influences diathésiques qui ont développé ou entretenu cet état morbide ; 3º si ces indications ne peuvent être remplies, en raison du degré d'intensité de l'affection ou pour d'autres motifs, de chercher, par tous les procédés appropriés, à modifier les conséquences de l'engorgement les plus difficiles à supporter, telles que la douleur, la constipation, l'inaptitude à la locomotion, etc.

L'hydrothérapie répond à ce programme, et nous allons indiquer comment il convient de l'appliquer.

Si la malade supporte difficilement l'eau froide et réagit mal, il est indispensable de commencer par des douches, des frictions ou des lotions tempérées.

Si ces applications sont insuffisantes, il faut, par des applications préalables de calorique, préparer le tégument externe à l'action de l'eau froide dont l'emploi intempestif aurait pour conséquence de refouler le sang dans les parties profondes et d'aggraver la maladie.

. La douche froide et la friction avec le drap mouillé fortement tordu, malgré les avantages qu'on en retire souvent, sont parfois insuffisantes. Dans ce cas, il faut adjoindre aux douches froides certaines applications du calorique et recourir, en même temps, aux bains de siége à eau courante, froids ou alternatifs, et aux douches utérines. Parmi les applications du calorique mises en usage, il faut citer les douches chaudes, les maillots et l'étuve à la lampe. L'eau chaude convient moins que l'étuve à la lampe quand on veut provoquer une transpiration abondante, comme dans l'herpétisme et l'arthritis. Le maillot prépare bien à l'action de l'eau froide, mais il exige de la prudence quand on a affaire à des malades disposées aux congestions viscérales.

C'est en agissant sur la circulation générale et sur l'innervation, c'est en accélérant les échanges organiques que les douches froides ou les frictions mouillées font disparaître les engorgements de la matrice. On complétera, s'il y a lieu, leur effet thérapeutique en employant, concurremment avec elles, les bains de siége à eau courante, froids ou alternatifs. Quand l'eau qui les alimente est froide, il faut que l'application soit courte, surtout au début du traitement; on pourra en prolonger la durée quand la malade sera bien acclimatée, afin de rendre l'action de l'hydrothérapie plus énergique et ses effets résolutifs plus marqués. Si la malade ne peut supporter l'eau froide, il faut alors employer le bain de siége alternatif.

Lorsque les applications reconstituantes et résolutives de l'hydrothérapie sont insuffisantes, on peut leur adjoindre les cautérisations et surtout celles qui sont faites avec le fer rouge. Seulement, comme la malade qui a été cautérisée est condamnée au repos, nous supprimons toute application hydrothérapique pendant cette période, à l'exception, bien entendu, des injections vaginales tempérées qui calment l'irritation produite par la cautérisation. Puis, lorsque l'état de la malade le permet, c'est-à-dire quand les effets directs de la cautérisation sont apaisés, on peut revenir, en suivant une progression graduelle dans l'application de l'eau froide, aux procédés employés avant l'opération. Telle est la ligne de conduite adoptée par le professeur Depaul, dont la compétence dans ces questions spéciales ne saurait être contestée.

En résumé, l'engorgement de la matrice est difficile à guérir et nécessite, dans la plupart des cas, un traitement hydrothérapique assez prolongé.

Métrite

La métrite chronique, la seule forme d'inflammation de l'utérus dont nous ayons à parler, peut survenir d'emblée ; mais elle est, le plus souvent, la conséquence d'accidents puerpéraux, de manœuvres obstétricales ou d'un traumatisme provoqué par des applications de pessaires, des cautérisations intempestives, ou des excès vénériens survenant surtout à l'époque menstruelle ou peu de temps après la parturition. Une série de congestions actives et le trouble des règles qui signale cette hyperhémie rendent parfois obscure cette étiologie. Quoi qu'il en soit, il est une remarque de Bennet dont nous devons faire notre profit, à savoir que l'utérus paraît s'enflammer chez les femmes à constitution appauvrie, à tempérament lymphatique, vouées à des influences d'affaiblissement physique et de dépressions morales. Il est aussi incontestable que les diathèses influent sur le développement et sur la durée de cette affection. Tous les praticiens ont assisté aux coïncidences des affections utérines, non-seulement avec l'expression du vice dartreux, dermatoses, granulations pharyngiennes, etc., mais encore avec les manifestations scrofuleuses, rhumatismales et tuberculeuses. Nous notons encore, pour mémoire, que des inflammations déjà existantes dans les organes voisins, telles que l'ovarite, l'inflammation des trompes, etc., peuvent se propager à l'utérus.

Il est inutile d'entrer dans le détail des lésions de la phlogose utérine dont les diverses formes sont décrites dans les traités récents de gynécologie. Ce qui nous importe dans les signes de la métrite chronique, à peu près identiques à ceux de l'état aigu, c'est que les symptômes généraux prédominent alors sur ceux de l'affection locale, au point qu'il a pu en résulter pour les malades des méprises sur le siége ou la nature de leur maladie.

Des phénomènes locaux qui caractérisent la métrite chronique, nous n'avons pas à faire ressortir d'autres notions que celles qui ont cours dans les traités spéciaux, mais il importe d'attirer l'attention sur les symptômes généraux. Toujours sous la dépendance des. fonctions d'innervation, ils se traduisent par des malaises, des tiraillements dans les membres, dans la tête et le cou, par de la dyspepsie avec rapports, vomissements, tympanite ou constipation, par de la dyspnée, des palpitations, de l'hystéralgie et tout ce qu'embrasse l'état nerveux ; la conception n'est plus possible et on peut constater du côté de la vessie et du rectum des symptômes de voisinage. L'état hémorrhoïdaire, en particulier, est surexcité par l'inflammation chronique de l'utérus.

Aran a proclamé l'hydrothérapie la clef de voûte du traitement de la métrite chronique ; et M. Gallard, dans sa clinique de l'hôpital de la Pitié, a confirmé cette assertion par l'expérience. Les faits sont venus contredire de la façon la plus formelle l'opinion de Wirchow et de Scanzoni qui pensaient que les pratiques hydrothérapiques avaient pour effet de refouler vers les viscères intérieurs, et en particulier vers le système utérin, une partie du sang qui circule à la surface du tégument externe. Mais personne n'ignore le caractère de rapidité de l'afflux sanguin de la peau vers les cavités splanchniques, que détermine une douche en pluie administrée méthodiquement, et à une température relativement basse. Cet effet, dit M. Gallard, est aussi passager que l'impression même du froid, et un courant en sens inverse du premier se rétablit aussitôt la douche terminée. De là, une nouvelle congestion réactionnelle de la peau qui rappelle dans ses réseaux capillaires une quantité de sang plus abondante encore que celle qui a été refoulée dans

les organes internes qui se décongestionnent à leur
tour.

Dans la plupart des cas, il faut recourir aux applications reconstituantes de l'hydrothérapie ; les
frictions avec un drap mouillé fortement tordu, les
douches froides en pluie et en jet, courtes et douées
d'une certaine force de projection, sont les meilleurs
procédés lorsque la métrite se complique d'appauvrissement du sang et d'affaiblissement des forces.
A ces moyens, on ajoute quelquefois la douche hypogastrique, le bain de siége froid ou alternatif, et
les douches utérines ; mais il faut renoncer à l'intervention de ces modificateurs locaux, si la matrice
est le siége de poussées congestives actives, et rechercher, dans ce cas, les effets sédatifs de l'hydrothérapie.

Quand les procédés que nous venons d'indiquer
sont insuffisants, il est permis de supposer que la
métrite est entretenue par un état diathésique
comme l'herpétisme ou l'arthritis, et, dès lors, il
faut recourir aux moyens hydrothérapiques qui conviennent dans cet état. Lorsqu'on doit faire intervenir le calorique, les étuves, l'eau chaude appliquée méthodiquement, les maillots secs ou humides,
peuvent être employés avec avantage. Toutefois les
maillots, et surtout les demi-maillots, offrent plus
de ressources que les autres procédés et exercent sur
la métrite une influence des plus heureuses.

Lorsque l'inflammation chronique de la matrice
est accompagnée de troubles nerveux, il faut joindre
au traitement local les applications conseillées contre
les névroses.

Catarrhe utérin — Leucorrhée. Pertes blanches.

Le catarrhe utérin est l'exagération pathologique de la sécrétion muqueuse qui se relie à l'hyperhémie menstruelle, la précédant et augmentant alors qu'elle diminue. Toutes les causes morbifiques de modification dans la menstruation peuvent donc engendrer le catarrhe de l'utérus.

La stase sanguine dans les vaisseaux de la matrice se range parmi les causes occasionnelles du catarrhe ; en effet, des lésions même éloignées, comme les affections du cœur et du poumon, mettant obstacle au retour du sang dans le cœur droit, peuvent produire l'embarras de la circulation dans les veines de l'appareil utérin. D'autres fois la cause est plus rapprochée ; là compression exercée sur les vaisseaux splanchniques par des tumeurs ou par une accumulation de matières fécales dans le gros intestin peut favoriser cette stase du sang. Le catarrhe utérin reconnaît encore pour causes les excès vénériens, l'abus ou la violence du coït, l'usage des pessaires, etc., et, comme toutes les affections de la matrice, il subit l'influence des diathèses.

Les symptômes de cette affection sont connus ; l'écoulement morbide est le symptôme le plus saillant. Des contractions douloureuses connues sous le nom de coliques utérines accompagnent de temps en temps l'issue de ce flux. Un état particulier de la muqueuse utérine, dont la surface se couvre de granulations ou de végétations polypeuses, signale le processus. La dysménorrhée fait partie des symptômes concomitants. Notons en passant que les catarrhes utérins deviennent souvent une cause de stérilité.

Si, malgré l'influence fâcheuse exercée par cet écoulement, certaines femmes conservent leurs forces, d'autres, et c'est le plus grand nombre, s'affaiblissent graduellement. Pâles, amaigries, tristes, abattues, elles ne tardent pas à devenir anémiques et présentent des troubles variés de l'innervation.

La leucorrhée, fréquemment symptomatique, peut aussi n'être qu'une simple modification fonctionnelle des organes sécréteurs, provoquant des sensations douloureuses et des contractions morbides sans inflammation des follicules ; parfois il y a une altération de la structure de la muqueuse. Enfin, il existe une hypersécrétion leucorrhéique d'origine réflexe. Comme dans tous les appareils sécréteurs, les excitations directes ou éloignées, affectant le sens génital et les organes afférents, peuvent déterminer une surabondance du mucus utérin et vaginal. C'est ainsi que parfois la leucorrhée procède des troubles de l'innervation. Il est de fait que cette affection, dans l'état chronique, appartient le plus souvent aux sujets lymphatiques ou débilités. Ce que nous avons dit de l'intervention des diathèses dans le développement de la métrite s'applique aussi bien à la leucorrhée ; il est hors de doute qu'il existe une sympathie très-marquée entre les fonctions de la peau et l'intégrité de la sécrétion utérine chez beaucoup de femmes. De là ces leucorrhées dues au défaut de transpiration cutanée sous l'influence de l'inaction physique, de l'air froid ou humide, du séjour dans des habitations mal aérées et malsaines. On connaît aussi l'influence pernicieuse du séjour dans les grandes villes.

L'utilité de l'hydrothérapie contre la leucorrhée chronique est incontestable ; le traitement sera général et local concurremment.

C'est aux applications froides générales, aux frictions, aux lotions et aux douches en pluie et en jet qu'il faut recourir. Quand, sous l'influence de ces procédés excitants, l'organisme s'est relevé ; quand la circulation générale est devenue plus active, on peut joindre aux applications générales l'usage des bains de siége excitants et des douches vaginales. On s'abstiendra néanmoins d'avoir recours à ces deux derniers modificateurs, si l'appareil génital est le siége de phénomènes douloureux ou de phénomènes congestifs à caractère aigu.

En général, on administre la douche vaginale et le bain de siége froid à eau courante simultanément : la durée varie entre une et deux minutes, et leur application est immédiatement suivie d'une douche générale froide. Telle est la méthode généralement usitée, mais il est parfois nécessaire de la modifier et de l'adapter à la nature de l'affection et à la constitution du malade.

Déplacements utérins

L'utérus, qui est un des viscères les plus mobiles, peut se déplacer dans toutes les directions. On a suffisamment traité des signes objectifs de ces lésions dans les ouvrages spéciaux, pour que nous soyons dispensé de les énumérer ; nous devons seulement insister sur le rôle important que joue l'hydrothérapie dans la guérison de ces affections, rôle incontestable, puisque cette méthode de traitement, en même temps qu'elle tonifie les tissus ligamenteux et les parties molles en rapport avec l'utérus, combat la congestion, l'engorgement, et favorise en même temps la reconstitution générale.

Contre les déplacements de toute sorte que peut éprouver la matrice, nous avons recours à la méthode du docteur Fleury, méthode qui consiste dans l'application combinée de la douche froide générale, de la douche hypogastrique et des bains de siége froids à eau courante.

Les **déviations** sont toujours difficiles à guérir ; elles sont produites par des causes qui souvent les entretiennent (coït, grossesse), et se compliquent de lésions qui exigent un traitement spécial (ulcérations, congestion, engorgement, etc.).

Les indications du traitement des déviations utérines se tirent de la nature de la maladie et des complications qu'elle comporte ; on s'attachera, en outre, à remédier aux conséquences de la déviation et surtout à combattre les affections congestionnelles ou inflammatoires qu'elle a provoquées, les diathèses qui peuvent les entretenir et l'état général d'affaiblissement qui les accompagne. L'hydrothérapie a des procédés résolutifs et tonifiants à la fois pour rendre au système de sustentation de la matrice l'énergie qu'il a perdue, en même temps qu'elle concourt à relever l'économie.

Des indications identiques se reproduisent à l'endroit des flexions utérines qui ont bien des points de ressemblance avec les déviations. Dans ces cas, l'hydrothérapie interviendra encore avec efficacité.

Altérations organiques de l'utérus *

Parmi les altérations organiques de l'utérus, il en est qui affectent exclusivement les éléments histologiques de l'organe, telles que l'hypertrophie du tissu, et d'autres qui se distinguent par la production d'éléments hétéromorphes, comme les fibromes, les cancers, etc. Quelquefois l'hypertrophie est symptomatique de ces productions et n'est qu'une complication de la maladie ; nous n'en parlerons pas ici, où il ne peut être question que de l'hypertrophie essentielle. Or cette affection, qu'elle envahisse la totalité ou une portion de l'utérus, se rattache de si près à la congestion, à l'engorgement et à la métrite, que ce serait risquer des répétitions inutiles que d'entrer dans le détail de sa pathogénie.

Le traitement général appliqué à l'hypertrophie utérine devra être résolutif. On devra donc recourir aux méthodes hydrothérapiques déjà recommandées pour des affections analogues.

En ce qui regarde les affections de l'utérus rentrant dans la classe des néoplasmes, ce n'est qu'eu égard à l'état des forces générales, et dans des conditions déterminées, qu'il est permis de recourir à nos procédés hydrothérapiques ; encore faudra-t-il agir avec la plus grande prudence lorsqu'il s'agira d'un cancer ou de tubercules du parenchyme utérin.

Altérations fonctionnelles de l'appareil utérin

I. — Aménorrhée

La suppression de la menstruation, si elle apparaît comme symptôme d'autres maladies, doit participer aux indications de ces états morbides auxquels elle est liée. Mais à côté de l'aménorrhée symptomatique on a souvent à constater l'aménorrhée *idiopathique* ou *essentielle*, c'est-à-dire celle qui est due à une cause qui a porté directement son influence sur cette fonction. L'appareil génital féminin est si impressionnable, que les causes les plus légères, en apparence, peuvent produire une perturbation plus ou moins marquée dans la menstruation. Parmi les causes générales, il faut signaler celles qui ont une influence débilitante, telles que : le tempérament lymphatique, les mauvaises conditions hygiéniques, les affections tristes, la convalescence de maladies antérieures, les excès de travail, l'abus des plaisirs sexuels, etc. Signalons encore l'impression du froid sous toutes ses formes, les violences extérieures, les médications intempestives et les impressions morales vives. Dans beaucoup de ces dernières circonstances, on est autorisé à considérer l'aménorrhée comme produite par action réflexe sur l'utérus, et à admettre cette variété d'aménorrhée qualifiée sympathique par quelques auteurs.

Le plus souvent l'aménorrhée essentielle donne naissance à des symptômes de congestion du sys-

tème utérin et à des phénomènes nerveux et héma-
tosiques qu'on ne saurait mieux définir que par une
chloro-anémie résultant du délabrement de l'économie. Cet état pathologique, qui existe quelquefois
chez des femmes en apparence pléthoriques, doit
être considéré comme un des effets de l'asthénie
que nous avons déjà rencontrée dans beaucoup de
maladies utérines, et dont les phénomènes congestifs sont ici l'expression morbide.

Le traitement doit s'inspirer des variétés d'aménorrhée auxquelles il s'appliquera. S'il existe de
l'anémie ou une pléthore apparente, il faut relever
les forces ; mais dans le cas où des fluxions répétées auront prédisposé l'utérus à devenir un centre
d'appel, ou un foyer d'irradiation de *molimens* sanguins, les indications et les procédés différeront à
l'avenant.

Le meilleur procédé pour combattre l'aménorrhée
est la douche mobile, courte, froide et à percussion
assez énergique. Il est nécessaire de mouiller rapidement toute la surface du corps, en insistant toutefois sur les reins, le siége et les parties inférieures,
au détriment des parties supérieures. Malgré ses
effets excitants et reconstituants, la douche en pluie
est moins efficace, parce qu'elle provoque dans les
régions supérieures un appel de sang qui peut entraver le rétablissement des règles.

Si la matrice devient un centre d'appel et que le
molimen hémorrhagique se produise sans donner
lieu à un écoulement de sang, il faut aider l'action
de la douche mobile. Les bains de siége froids à
eau courante et de courte durée sont indiqués dans
ce cas; il en est de même des douches utérines

froides, dirigées sur le col et très-courtes. On aura aussi recours à la douche chaude et aux pédiluves chauds, à eau courante, immédiatement suivis d'une douche générale. La douche chaude employée pour provoquer le retour des règles devra être dirigée sur la partie interne des cuisses ; la température de l'eau augmentera progressivement ; l'application sera longue et se terminera par une courte aspersion d'eau froide sur les parties préalablement chauffées. Dans les cas où le molimen hémorrhagique semble arrêté dans son évolution par le spasme des vaisseaux, on emploiera le col de cygne dirigé sur la colonne vertébrale, et surtout le sac à glace de Chapman qu'on laissera appliqué sur la région lombaire pendant une heure ou deux, selon les cas. Ce procédé exerce, par l'intermédiaire des nerfs vaso-moteurs, une action dilatatrice sur les vaisseaux et rend par suite la circulation du sang plus libre et plus régulière. Cet effet paralytique s'étend jusqu'aux nerfs vasculaires des pieds et se manifeste par un accroissement de chaleur dans ces extrémités. C'est un avantage qui peut être utilisé chez les femmes aménorrhéiques qui se plaignent d'un froid aux pieds continuel.

II. — Dysménorrhée

Les phénomènes qui accompagnent la *menstruation difficile* s'observent spécialement chez des jeunes filles et chez des femmes qui n'ont pas été enceintes.

La dysménorrhée essentiellement fonctionnelle,

ou idiopathique, est caractérisée par la lenteur et la difficulté avec lesquelles s'établit l'écoulement menstruel, par l'irrégularité de sa marche et par le développement de douleurs dans le système utérin ou dans d'autres appareils de l'organisme. Ces douleurs augmentent sans cesse et ne sont apaisées qu'au moment où le flux sanguin apparaît.

La nature de la dysménorrhée se différencie selon les causes qui la déterminent. On admet une dysménorrhée nerveuse, spasmodique et hystériforme, et une dysménorrhée sanguine, vasculaire ou congestive. Dans la première, c'est la douleur qui prédomine ; la congestion l'emporte dans la seconde. Selon Aran, les troubles de l'innervation pelvienne ou générale, beaucoup plus qu'une localisation exclusive dans l'utérus, donnent la signification de la dysménorrhée nerveuse, coïncidant avec un tempérament favorable au développement des névropathies et de l'hystérie. Au contraire, les lésions de l'utérus et des ovaires, surtout de l'ovaire gauche, sont appréciables dans la dysménorrhée congestive, laquelle, soit dit en passant, comme l'aménorrhée congestive, se rencontre plus rarement chez les femmes pléthoriques que chez les femmes anémiées. Ici encore, les affections générales ou diathésiques peuvent compliquer l'état morbide ; il faut alors joindre au traitement de la dysménorrhée les applications générales que l'hydrothérapie met à notre disposition pour combattre l'influence des maladies diathésiques.

Lorsque la dysménorrhée est escortée de troubles nerveux et qu'elle est dominée par de l'hystéralgie, il faut d'abord recourir aux applications sédatives, si l'excitation nerveuse est générale, et aux applications analgésiques si les phénomènes douloureux prédominent.

Contre la dysménorrhée de nature congestive, le traitement est identique à celui de l'aménorrhée de même origine. Ainsi, on emploiera la douche mobile, courte, froide et spécialement dirigée sur les reins, sur le siége et sur les parties inférieures. Le bain de siége froid à eau courante est très-efficace, surtout quand il a été précédé d'un bain de siége chaud prolongé. On se trouvera bien aussi de l'emploi des douches chaudes sur la partie interne des cuisses, des bains de pieds chauds administrés avant la douche mobile et des autres moyens destinés à faciliter l'apparition des règles.

Chez les femmes dysménorrhéiques, l'intervention de l'hydrothérapie pendant la période cataméniale est nécessaire. Les malades souffrent parce que la circulation est troublée dans sa marche ; il faut donc, pour les soulager, faciliter l'écoulemént du sang menstruel et agir, par conséquent, au moment des règles pour essayer de donner une issue facile à la fluxion sanguine qui se produit dans le système utérin. Dans ce but, on pourra quelquefois employer la douche chaude dirigée sur les parties inférieures et les bains de pieds chauds à eau courante ; mais c'est la douche mobile, froide et courte, qui, dans l'espèce, rendra le plus de services.

Dans les cas, rares d'ailleurs, où la dysménorrhée dépend d'une simple névralgie et particulièrement de la névralgie lombo-sacrée, la douche écossaise localisée sur les points douloureux et suivie d'une douche froide générale produit toujours de très-heureux effets.

Quand la dysménorrhée est liée à un état organique, l'hydrothérapie est inutile; c'est aux procédés chirurgicaux qu'il faut recourir.

III. — Ménorrhagie — Métrorrhagie — Hémorrhagies utérines

La *menorrhagie* est une exagération du flux menstruel; la *métrorrhagie*, une hémorrhagie utérine indépendante de la gestation et de la menstruation. Chez beaucoup de femmes, la métrorrhagie est due à une aptitude individuelle et héréditaire. La faiblesse de la constitution, innée ou acquise, la prédominance du tempérament nerveux et une certaine irritabilité de tout le système influent sur elle davantage que l'état pléthorique, qui est rarement observé dans ce processus. Dans ce dernier cas, les hémorrhagies utérines ont un caractère sthénique; mais il est plus ordinaire de rencontrer des hémorrhagies passives, en rapport avec un appauvrissement constitutionnel, avec la chloro-anémie, par exemple.

Rare chez les jeunes filles nubiles, plus fréquente à l'âge de l'activité sexuelle, c'est surtout à l'approche de la ménopause que la métrorrhagie est commune. Les émotions morales vives, les excès sexuels, une vie sédentaire, des exercices violents, etc., favorisent cette affection. Les drastiques, les emménagogues, le traumatisme, l'influence des climats chauds et l'usage immodéré des bains peuvent produire la métrorrhagie active.

L'eau froide se range dans les moyens hémostatiques les plus puissants, mais les médecins ne sont pas tous d'accord sur la manière dont il faut l'employer. Les uns veulent qu'on fasse intervenir l'hydrothérapie pendant la période hémorrhagique, les autres repoussent l'emploi de l'eau froide pendant cette période et ne l'acceptent que comme un moyen purement préventif. Cette divergence d'opinions est justifiée par les faits, et nous-même avons hésité avant de faire un choix. Aujourd'hui qu'une pratique variée nous a fourni tous les éléments qu'exige la solution d'une question aussi délicate, nous reconnaissons que chacune des méthodes peut rendre des services : seulement il importe de savoir dans quelles circonstances il faut les employer.

Lorsque la métrorrhagie est permanente et que l'écoulement de sang est assez abondant pour exposer la femme à un danger sérieux, il faut recourir à l'hydrothérapie et employer l'eau froide pendant la période hémorrhagique.

Si la ménorrhagie dépend d'une atonie des nerfs vaso-moteurs, comme on l'observe chez les chlorotiques qui ont le système utérin faible et irritable, il est préférable d'intervenir pendant la période cataméniale. Dans ce cas, cependant, les applications froides, pratiquées en dehors de la période hémorrhagique, ont souvent donné de bons résultats.

On ne doit pas intervenir pendant l'écoulement sanguin, quand on n'a pas à craindre de désordres sérieux; il en est de même lorsque la malade est très-impressionnable, très-nerveuse et lorsqu'elle présente une susceptibilité maladive du cerveau, des poumons et du cœur.

Telles sont les considérations dont il faut tenir compte ; il nous reste à faire connaître quels sont les procédés hydrothérapiques qui conviennent dans tous les cas. Parmi ceux-ci, il faut mettre au premier rang la douche en pluie. Par la réaction qu'elle provoque dans les parties supérieures du corps, elle produit dans cette région une révulsion qui contre-balance et annihile la fluxion hémorrhagique dont la matrice est le siége; l'application doit être froide, courte et énergique. Si la malade est très-impressionnable, on débutera par des applications froides plus légères et moins énergiques. On trouvera également dans la douche mobile, promenée rapidement sur la partie supérieure du corps, un excellent auxiliaire.

Le sac à eau chaude de Chapman peut rendre de bons services contre la ménorrhagie. Il se compose de deux conduits verticaux communiquant en haut et en bas par deux conduits horizontaux qui laissent entre eux un espace vide. On place ce sac de manière que cet espace vide corresponde aux apophyses épineuses et que les conduits verticaux, préalablement remplis d'eau bouillante, soient exactement appliqués sur les parties latérales de la région lombaire de la colonne vertébrale. Ce sac, qui est tout entier en caoutchouc, peut rester en place dix minutes ou un quart d'heure. D'après le docteur Chapman, il agirait sur les ganglions lombaires en les excitant et en provoquant une suractivité des filets nerveux qui partent de ces ganglions. Sous l'influence de cet accroissement fonctionnel, les nerfs vaso-moteurs qui se distribuent dans la matrice provoqueraient un spasme vasculaire et, par suite, une suspension de l'hémorrhagie. Le sac à eau chaude rend de réels services dans les hémorrhagies, mais nous préférons cependant les résultats que nous avons obtenus à l'aide des bains de pieds froids à eau courante, dont les jets sont principalement dirigés sur la plante des pieds. Au début du traitement, la durée de ces pédiluves ne doit pas dépasser quelques secondes; dans ces limites, son action thérapeutique est assez puissante pour produire, dans les parties inférieures du corps, des contractions très-appréciables, surtout dans les mollets et la partie antérieure des cuisses ; ces contractions sont suffisamment énergiques pour faciliter l'expulsion de caillots contenus dans les parties génitales. Ce spasme, développé par l'impression de l'eau froide à la plante des pieds, est parfois très-douloureux ; il se manifeste dans les nerfs vaso-moteurs de l'utérus et, après avoir parcouru cet arc excito-moteur qui va de la plante des pieds à la matrice, en passant par les cellules médullaires, il détermine un resserrement vasculaire qui arrête l'hémorrhagie. En général, après quelques applications, l'accident est conjuré et peu à peu la tonicité succède à la faiblesse du système névro-vasculaire, cause unique, le plus souvent, du flux hémorrhagique.

Quand les malades sont trop faibles pour être transportés ou pour marcher, nous employons le sac à glace vaginal. Ce petit appareil, en caoutchouc, qui a la forme et les dimensions d'un spéculum, est facilement introduit dans le vagin à l'aide d'une tige rigide. Il est préalablement rempli de petits morceaux de glace, et, après l'avoir fermé avec un compresseur analogue à celui de Chapman, on l'introduit de quelques centimètres dans le vagin. Quelques minutes suffisent pour produire l'action hémostatique ; mais comme cet effet n'est que momentané, il faut renouveler l'application jusqu'à ce qu'on ait tari l'écoulement du sang.

Quand la ménorrhagie n'est pas inquiétante, quelques applications froides excitantes suffisent souvent pour diminuer l'écoulement sanguin. Les frictions avec un drap mouillé, la douche froide en pluie et en jet, les bains de pieds froids à eau courante peuvent être employés jusqu'au jour présumé de l'apparition des règles. A ce moment, quand la gravité de la situation ne commande pas l'intervention de l'hydrothérapie, nous suspendons le traitement, la malade est soumise au repos, et nous recommençons les applications froides après la cessation de l'écoulement sanguin.

IV. — Ménopause

Assez souvent, à l'époque de l'âge critique, les irrégularités de la menstruation se prononcent et s'exagèrent sous forme de métrorrhagie ; la pléthore se localise aux vaisseaux du bassin, ou s'exprime d'une manière générale par des bouffées de chaleur à la tête, des sueurs profuses, des palpitations, etc. ; parfois encore, c'est une métrite chronique qui élit domicile. Chez d'autres femmes, les névropathies éclatent avec intensité ; chez d'autres encore, des affections diathésiques, jusqu'alors à l'état latent, se développent.

Toutes ces considérations méritent l'attention. L'hydrothérapie, administrée avec circonspection, sera souvent utile dans ces cas, et le choix des procédés sera indiqué par la nature des phénomènes prédominants.

V. — Stérilité

Les changements de situation de l'utérus, l'engorgement total ou partiel de cet organe, la métrite et la leucorrhée sont des causes fréquentes de stérilité; nous n'avons donc pas à répéter ici ce que nous avons déjà dit à propos du traitement de chacune de ces affections. Un état nerveux morbide peut aussi altérer l'acte normal de l'imprégnation, par défaut ou par excès, car il existe une étroite sympathie de tous les modes de l'innervation avec l'exercice du sens génital.

Les affections générales déjà citées (comme la chlorose, le rhumatisme, et la syphilis), ou celles qui agissent sur l'utérus en le congestionnant, étant justiciables de l'hydrothérapie, il n'est pas hypothétique de prétendre guérir par cette thérapeutique la stérilité, dans des conditions déterminées et relatives.

Névroses de l'appareil utérin

Hystéralgie

L'hystéralgie ou névralgie utérine, en dehors des cas où elle est symptomatique de lésions organiques ou d'affections diathésiques, se présente parfois comme une névralgie idiopathique. Cette forme, presque spéciale à la période d'activité sexuelle, est favorisée par un tempérament nerveux et par une complexion irritable. Née, le plus souvent, de l'excitation des organes génitaux, les passions érotiques et les émotions morales l'entretiennent et la moindre excitation l'exaspère. Cette affection est caractérisée par des élancements pénibles dans les profondeurs du bassin ; les douleurs s'irradient dans les aines, les flancs et les cuisses, et coexistent avec des douleurs semblables sur le trajet des nerfs du tronc et de la tête. La marche est parfois pénible et les membres inférieurs présentent même des phénomènes paralytoïdes. On observe, en même temps, une impressionnabilité excessive du système nerveux, des spasmes, et l'ensemble des phénomènes compris sous le nom de vapeurs ; souvent, chez beaucoup de malades, à ces symptômes viennent s'ajouter ceux de l'hystérie.

L'hystéralgie peut être primitive ou secondaire, idiopathique ou symptomatique. L'hystéralgie primitive est la névralgie qui débute dans l'utérus, pour se propager ensuite dans différentes parties du corps. Elle est secondaire quand, au contraire, elle succède à une névralgie développée sur un autre point de l'organisme.

L'hystéralgie idiopathique survient quelquefois chez les jeunes filles vierges ; mais, en général, elle se développe pendant la période génitale. Quant à l'hystéralgie symptomatique, elle se développe consécutivement à toutes les altérations matérielles de l'utérus.

Le traitement hydrothérapique de l'hystéralgie doit varier avec la nature et la cause de ce trouble de la sensibilité. Quand l'hystéralgie dépend de la chloro-anémie, avant de recourir aux modificateurs analgésiques spéciaux, il faut employer les procédés destinés à reconstituer l'organisme, tels que : douches froides, lotions, affusions, etc. Il en sera de même si la maladie est sous la dépendance d'une diathèse ; on combattra cet état constitutionnel avant de lutter contre les phénomènes douloureux.

Pour agir directement sur les troubles sensitifs de la matrice, le procédé le plus efficace est la douche écossaise appliquée sur la région hypogastrique, sur les aines et sur les reins. Cette douche doit être donnée avec prudence, surtout au début du traitement ; la femme sera assise, les jambes allongées, et, pour plus de précaution, on donnera à l'embout de la douche mobile la forme d'une pomme d'arrosoir, pour que l'eau soit très-divisée.

On peut encore employer le bain de siége tempéré à eau dormante, la douche vaginale alimentée avec de l'eau chaude et de l'eau froide, le bain de siége à eau courante administré dans les mêmes conditions, le maillot humide et surtout le demi-maillot ou la ceinture humide excitante qui, en déterminant une irritation de la peau autour du ventre, provoque une révulsion salutaire. Ces derniers moyens sont surtout fort utiles lorsque la névralgie de la matrice coïncide avec une diathèse goutteuse ou rhumatismale. Quel que soit le modificateur local que l'on adopte, son administration sera suivie d'une application froide généralisée (frictions froides, immersions courtes, affusions ou douches en pluie ou en jet), pour relever les forces de l'organisme.

Névralgie de l'ovaire

La névralgie de l'ovaire se présente dans des circonstances identiques à celles que l'hystéralgie nous a offertes. Son symptôme véritablement caractéristique est la localisation de la douleur à la région ovarienne, principalement du côté gauche. Elle détermine parfois une congestion de l'ovaire, que le professeur Charcot considère comme une des causes les plus fréquentes de l'hystérie. On sait en effet, ainsi que nous l'avons dit en décrivant cette névrose, qu'une pression sur l'ovaire peut déterminer une crise d'hystérie, et que, par contre, une pression méthodique exercée sur le même point peut arrêter instantanément la crise nerveuse la plus violente. Nous avons vu tout dernièrement une malade chez laquelle le docteur Gouraud pouvait arrêter, par une pression méthodique exercée sur l'ovaire gauche, des crises nerveuses qui résistaient à tous les moyens.

Sauf le point douloureux caractéristique localisé dans la région ovarienne et l'existence de pertes blanches extrêmement tenaces, la névralgie de l'ovaire se manifeste par des symptômes analogues à ceux de la névralgie utérine, et l'on peut même dire que ces deux névralgies se confondent ensemble.

Le traitement hydrothérapique de cette affection est absolument le même que celui que nous avons indiqué contre l'hystéralgie.

Vaginisme

Tantôt due à la propagation d'une névralgie voisine, tantôt isolée et éminemment nerveuse, la contraction spasmodique du vagin et du sphincter de la vulve peut être passagère, intermittente ou continue. Elle est fréquente surtout chez les jeunes femmes qui n'ont pas eu d'enfant; et comme elle peut devenir un mode de stérilité et se compliquer de spasmes uréthral, vésical ou rectal, il importe de la combattre en calmant l'irritation qui est le point de départ du spasme. A cet effet, les applications sédatives de l'hydrothérapie peuvent être appliquées avec avantage. Mais il peut se faire que le vaginisme soit le symptôme d'une névrose, comme l'hypéresthésie vulvaire, l'érotisme, etc.; il faudra joindre alors, aux moyens locaux, toutes les applications que nous avons indiquées pour combattre les nombreuses affections du système nerveux. Lorsque le vaginisme résulte d'une irritation simple ou spécifique du conduit vulvo-utérin, il est nécessaire, avant tout, de combattre cette irritation par des moyens appropriés avant de recourir à l'hydrothérapie. Nous avons eu l'occasion de voir, avec notre distingué confrère le docteur Siredey, un grand nombre de malades qui n'ont pu guérir qu'à l'aide de ce traitement combiné.

Hyperesthésie vaginale. Prurit du vagin

La névralgie des organes de la reproduction se présente sous deux formes : l'une avec les caractères du *prurit* du vagin, l'autre comme *hyperesthésie* de la vulve.

Ordinairement lié à l'herpétisme, le prurit, s'il apparaît idiopathique, avec tous les attributs de l'état nerveux, cédera aux moyens que nous opposons au nervosisme. Nous en dirons autant de l'*hyperesthésie de la vulve et du vagin*, qu'on a présentée comme un mode de névralgie du nerf honteux interne.

Les douches froides générales, précédées d'un bain de siége froid prolongé, se montrent souvent efficaces contre cette sorte d'hyperesthésie. Si ce procédé est insuffisant, il faut modifier le traitement de la manière suivante : on administre un bain de siége à eau courante, en commençant l'opération avec de l'eau à 32° centigrades ; on fait durer cette première manœuvre pendant un quart d'heure, puis on introduit dans le bain de siége des courants d'eau à température progressivement décroissante, jusqu'à ce que la malade éprouve la sensation du froid. A ce moment on recommence une manœuvre en sens inverse jusqu'à ce que le liquide ait repris la température initiale. L'emploi de cet excellent moyen doit toujours être accompagné d'applications hydrothérapiques générales capables, selon les circonstances, de produire des effets excitants ou sédatifs.

Anesthésie des organes génitaux

En dehors des cas où elle est liée à une des affections utérines que nous avons décrites, l'anesthésie du clitoris, du vagin et de l'utérus peut exister sans qu'on puisse bien apprécier son origine.

Les applications générales et locales, les douches en pluie, en jet, et les bains de siége froids ramènent ordinairement la sensibilité dans les organes de la volupté. Mais si l'anesthésie concorde avec un épuisement des centres nerveux, il est nécessaire de joindre aux procédés déjà mentionnés un moyen spécial qui nous a souvent réussi. Il consiste en une douche vaginale assez énergique, à l'aide de laquelle on projette sur les parties intéressées de l'eau alternativement très-chaude et très-froide. L'application de cette douche vaginale alternative doit être toujours accompagnée d'une application générale reconstituante.

Troubles de la motilité dans les maladies utérines

Les troubles de la motilité, dans les maladies utérines, consistent en parésies, en paralysies et en phénomènes convulsifs de formes variées. Ces derniers sont souvent limités à des rigidités, des contractures musculaires et à des convulsions toniques ou cloniques se compliquant parfois d'hypersécrétions humorales ou gazeuses, telles que la polyurie et le météorisme. La toux hystérique a été rapportée par Trousseau à une convulsion réflexe des muscles du larynx et du diaphragme, ayant son point de départ dans la matrice. On a attribué une origine semblable au ténesme vésical, à la dyspnée, aux palpitations, aux vomissements et à certaines crises nerveuses.

Ce qui frappe à première vue dans ces complications, c'est qu'elles coïncident toujours avec une altération de nutrition des centres nerveux ou avec un état anémique, et que, pour les faire cesser, la méthode reconstituante prime toutes les autres.

Les parésies et les paralysies ont déjà été étudiées dans le chapitre consacré à l'hystérie ; nous dirons seulement ici que l'opinion de Brown-Sequard, qui attribue ces paralysies à une série d'actions réflexes morbides, semble la plus acceptable.

Le traitement hydrothérapique de ces désordres fonctionnels ne peut être convenablement formulé qu'après avoir établi les relations pathologiques qui existent entre l'affection utérine, les centres d'innervation et les désordres qu'on observe dans le système nerveux périphérique. On emploiera les procédés qui conviennent contre les maladies ou contre les perturbations de l'appareil utérin, afin d'éteindre sur place la sensation morbide qui donne lieu aux divers accidents ; on aura soin, en même temps, d'atténuer, par des applications appropriées, l'exagération de l'excitabilité réflexe des centres nerveux, et l'on combattra enfin, par les divers moyens que l'hydrothérapie met à notre disposition, les désordres qui peuvent atteindre le système moteur.

Maladies des annexes de l'utérus

Périmétrite

En dehors de l'état puerpéral, l'inflammation des tissus qui environnent l'utérus peut se rencontrer assez souvent; elle coïncide alors avec des troubles menstruels. Lorsque la phlegmasie aiguë est conjurée par une autre thérapeutique que la nôtre, il reste un état maladif qu'il faut combattre ; l'hydrothérapie, par les moyens reconstituants dont elle dispose, peut rendre de grands services.

Hématocèle

L'hématocèle rétro-utérine, d'où qu'elle provienne, traduit une hyperhémie fluxionnaire et finalement une hémorrhagie avec extravasation. On l'observe chez des jeunes femmes dysménorrhéiques, sujettes aux molimens violents pendant les règles et au cortége de malaises ou de douleurs qui ne s'en sépare pas. Il est évident que les prescriptions tracées à propos de la dysménorrhée et de la métrorrhagie auront leur application dans les cas d'hématocèle en voie de résolution. Les indications de l'hydrothérapie seront encore plus formelles lorsqu'il faudra reconstituer l'organisme affaibli et combattre les troubles sensitifs et moteurs du système nerveux dont les tumeurs sanguines peuvent être la cause ou le point de départ.

Qu'il nous soit permis, à l'occasion de l'hématocèle, de revenir sur une question qui a été examinée par nous dans ce *Manuel,* dans notre *Traité théorique et pratique de l'hydrothérapie* et dans une brochure spéciale publiée tout récemment : nous voulons parler de l'application de l'hydrothérapie pendant les règles. Tous les auteurs qui ont écrit sur cette question sont d'accord pour reconnaître que l'eau froide appliquée pendant les règles est inoffensive. En général, le fait est vrai, et nous ne troublerions pas cet accord, si notre savant et distingué confrère le docteur Maurice Raynaud ne nous avait fait part d'une observation qui mérite d'être citée. Il s'agit d'une malade chlorotique, ne présentant aucun trouble menstruel, et à laquelle le docteur Raynaud conseilla l'hydrothérapie. La malade suivit ce traitement sans difficulté; arrivée à l'époque menstruelle, elle demanda au médecin hydropathe qui la dirigeait si elle pouvait prendre sa douche ; elle lui fut administrée par ce médecin au moment même où le sang faisait son apparition. Les règles furent supprimées après l'opération ; il se produisit une hématocèle qui amena des accidents inflammatoires suivis de suppuration, et la malade succomba au milieu d'horribles souffrances. Dans ce cas malheureux, il est impossible de nier l'influence funeste de l'hydrothérapie ; mais hâtons-nous d'ajouter que si l'on avait attendu, pour administrer la douche, que l'écoulement sanguin fût bien établi, l'accident ne serait certainement pas survenu.

L'hydrothérapie, appliquée pendant la période menstruelle, doit être soumise à des règles qu'il faut savoir respecter, si on ne veut pas exposer la femme à des accidents sérieux.

Quand on emploie l'hydrothérapie pour combattre

l'aménorrhée, la dysménorrhée ou la ménorrhagie, on peut intervenir sans danger, à la condition toutefois d'observer les indications que nous avons données en étudiant la thérapeutique de ces troubles de la menstruation. Nous avons, en effet, cité des cas où il fallait intervenir pendant la période menstruelle et des cas où il convenait de s'abstenir.

Quand les malades qui suivent un traitement hydrothérapique ont une affection qui n'intéresse pas le système utérin, il est inutile de faire des applications froides pendant les règles.

Dans les circonstances où le praticien croit ces applications nécessaires, il ne faut absolument les faire que lorsque l'écoulement sanguin est régulièrement établi.

Tels sont les préceptes généraux qui doivent présider à l'administration de l'hydrothérapie pendant les règles et fixer le choix des procédés à employer contre chaque cas particulier. Ils nous servent de guide dans notre pratique depuis bientôt dix-sept ans. En les défendant, nous sommes certain d'être utile aux malades et nous avons la conviction de conserver à l'hydrothérapie le rang qu'elle doit avoir dans la thérapeutique des affections de la femme.

———

TABLE DES CHAPITRES

TABLE ALPHABÉTIQUE DES MATIÈRES

P

Paris. — Imprimerie Motteroz, 31, rue du Dragon.

DU MÊME AUTEUR

Traité théorique et pratique d'hydrothérapie, comprenant les applications de la méthode hydrothérapique au traitement des maladies nerveuses et des maladies chroniques. — Un volume in-8 de 1,038 pages, avec figures dans le texte. Ouvrage couronné par l'Institut et par la Faculté de médecine de Paris.

De la migraine. Étude sur les causes des maladies du système nerveux. — Mémoire couronné par l'Académie de médecine.

Traduction des leçons sur les nerfs vaso-moteurs et sur les maladies fonctionnelles du système nerveux, faites par le professeur Brown-Sequard au Collége royal des chirurgiens de Londres.

De l'hydrothérapie pendant les règles.

De la névro-myopathie péri-articulaire.

Du goitre exophthalmique.

Divers mémoires sur l'hydrothérapie et sur les névroses, publiés dans les Annales de la Société d'hydrologie.